探读
Deep reading

A. C. Grayling
PHILOSOPHY AND LIFE
Exploring the Great Questions of How to Live

良好生活的哲学
为不确定的人生找到确定的力量

[英] A.C.格雷林 著
吴万伟 崔家军 译

金城出版社
GOLD WALL PRESS
·北京·

北京市版权局著作权合同登记号　图字：01-2024-5369

Philosophy and Life: Exploring the Great Questions of How to Live Copyright © A.C. Grayling 2023
First published as PHILOSOPHY AND LIFE in 2023 by Viking, an imprint of Penguin General.
Penguin General is part of the Penguin Random House group of companies.
Copies of this translated edition sold without a Penguin sticker on the cover are unauthorised and illegal.

图书在版编目（CIP）数据

良好生活的哲学：为不确定的人生找到确定的力量 ／（英）A.C.格雷林著；吴万伟，崔家军译. -- 北京：金城出版社有限公司，2025.5. -- ISBN 978-7-5155-2673-7

I. B821-49

中国国家版本馆CIP数据核字第2024DE5667号

良好生活的哲学：为不确定的人生找到确定的力量

作　　者	［英］A.C.格雷林
译　　者	吴万伟　崔家军
责任编辑	张超峰
责任校对	王秋月
特约编辑	何梦姣
特约策划	领学东方
责任印制	王培培
开　　本	880毫米×1230毫米　1/32
印　　张	13.5
印　　刷	天津鸿景印刷有限公司
字　　数	300千字
版　　次	2025年5月第1版
印　　次	2025年5月第1次印刷
书　　号	ISBN 978-7-5155-2673-7
定　　价	88.00元

出版发行　**金城出版社有限公司**　北京市朝阳区利泽东二路3号
　　　　　邮编：100102
发 行 部　（010）84254364
编 辑 部　（010）61842989
总 编 室　（010）64228516
网　　址　http://www.baomi.org.cn
电子邮箱　jinchengchuban@163.com
法律顾问　北京植德律师事务所　18911105819

大多数人都在盲目从众,思想是借来的,生活是仿来的,情感是套用别人的。

——奥斯卡·王尔德

目 录
CONTENTS

前　言　　　　　　　　　　　　　　　　　　01
绪　论　　　　　　　　　　　　　　　　　　07

第一部分　苏格拉底之问　　　　　　　　001

第一章　我应该过什么样的生活？　　　　　003
第二章　"我们"和人性　　　　　　　　　017
第三章　生活是一所学校　　　　　　　　　038
第四章　绕开弯路　　　　　　　　　　　　092

第二部分　活出生命的终极意义　　　　　107

第五章　幸福与追求幸福　　　　　　　　　109
第六章　伟大的美德　　　　　　　　　　　132

第七章 死亡是什么？	163
第八章 爱是什么？	184
第九章 运气与罪恶	216
第十章 职责是什么？	242
第十一章 与他人共处	255
第十二章 "人生的意义"和"值得过的人生"	273

第三部分　总有一天，生活会让你成为哲学家　313

第十三章 作为生活方式的哲学	315
第十四章 人生及其哲学	343
第十五章 为人生做准备	376

| 附　录 | 381 |
| 译后记 | 395 |

前　言

有一个问题是人人都不得不提出且不得不回答的——事实上，也是必须不断提出和不断回答的问题。那就是："我应该如何度过自己的一生？"意思是："我应该遵循什么样的价值观生活？我应该成为什么样的人？我的目标是什么？"绝大多数人都没有提出这个问题，他们只是不假思索地回答这个问题，随波逐流地跟随人群前行，按照群体的方式给出答案，既不需要提出问题，也不需要思考答案。

我将此问题称为"苏格拉底之问"，因为至少在有记载的哲学史上，苏格拉底是我们所知的第一个系统地提出此问题的思想家，以促使人们寻找符合理性的答案，即独立于从前传统或宗教观点的答案。

拿我们的时代来说，就像在苏格拉底的时代——事实上在所有的时代——绝大多数人都没有向自己提出苏格拉底之问，而是不假思索地回答，也就是说，虽然人人都有属于自己的人生哲学，但绝大多数人都没有意识到这一点。他们所拥有的人生哲学是从周围的社会中习得的，并与其他大多数人共享同样的价值观。这些往往是他们从父母、学校、朋友、电视、社交媒体或整个社会中无意识地吸收来的。事实上，他们努力工作——在很大程度上也是以无意识的方式——言谈举止尽可能模仿他人，并以他们可接受的方式行事。在他们的社交圈中，几乎人人都在复制其他人，坚持共同的价值观及目标，由此强化了他们已经采用的共同人生哲学。正如奥斯卡·王尔德所言："大多数人都在盲目从众，思想是借来的，生活是仿来的，情感是套用别人的。"

然而，在大多数人的生活中，有时会出现一些情况——一种困惑感，内心深处冒出未成形的疑问，也许是在抑郁、疾病、悲痛、失败的时刻——突然迫使人们停下来思考，让人产生一种想把事情弄明白的愿望。而在这些时候，人们无意中习得的人生哲学看起来就不够了。

但是，让人停下来思考的并非只有糟糕的困境。如果你在阅读本文时，思考哲学——价值观、目标、态度，即让你过现在这样的生活，选你所选之物。我的意思是指真正深思哲学，一旦你了解了真相，你是否会完全赞同它？你能为其价值观提供什么样的合理性辩护？它激发你去追求什么目标？有没有可能你不知不觉希望改变某些东西？果真如此，为何？若不想改变，又是为何？

本书的主题是"人生哲学"，或者说"生命哲学"。单单这个名称就已经说明了它何等重要，是我们所有人都应该思考的东西。然而，在大学里作为一门学科的哲学研究几乎完全忽视了它的存在。

学院哲学的关注焦点在现实、知识、真理、理性以及伦理学的原则（而不是实践）等问题上。这些都是深刻而重要的问题，历史上一些最优秀的头脑都对它们进行过研究，从古至今，产生了巨大的影响，因为这些研究而催生了自然科学和社会科学以及体现现代世界特征的政治和社会发展。但是，哲学的另一半——人生哲学、生命哲学、人类在复杂的世界里如何生存的哲学——在过去的一个多世纪里从所谓的"分析"哲学（英语世界大多数大学的理论性哲学）中消失得无影无踪，而在"大陆"（主要是法国和德国）的思想辩论中，哲学变得多样化，呈现为多种形式，并与社会学、文学理论、观念史、精神分析、电影批评和大众评论结合起来，而且未必立足于大学。为大陆哲学做出贡献的人被描述为"哲人"（philosophes），这个类别比英语里的"哲学家"一词所表示的范围更广，因为哲学在法语中基本上意味着"思想者""探究者""知识分子"。这的确也是"philosopher"在英语中所指的意思——哲学家，但是，到了现在，当哲学成为大学的一门专业，有自己的专业术语，设有自己的课程和考试，一切都不同了。

将哲学仅仅局限于大学和知识分子圈子之中，会把那些没有获得入学资格的人拒之门外。在被排除在外的人中，就有相当数量的人渴望知道有关人生最好的、最深刻的、最有见地和最有帮助的言论和思想，以便作为他们自己反思这些问题时的借鉴材料。请注意，我在此并不只是暗中谴责传统的分析哲学，社会学、电影评论、精神分析和其他哲学也应该受到谴责，因为它们已经堕落，哲学研究成了文字游戏，故弄玄虚，一味诡辩，晦涩难解，伪装乔扮成高深莫测的见解，天马行空的悖论成为辩论中的通行做法。在这两类哲学研究方法之中，干净、清晰、给人的生活带来巨变的深刻洞察力皆为凤毛麟角般的稀罕物。

但我想说的重点是，在"哲学的另一半"——人生哲学中，哲学家不仅仅是哲学家或哲学家本身，他们也是小说家、历史学家、剧作家、随笔作家、诗人和科学家，他们的探索和思考同样是有关人生的，是关于我们应该如何生活的。这是因为，反思生活，探索生活的复杂性和可能性，寻求先确保生存继而繁荣发展之道——在坏事中发现美好的一面，在好事中避免乐极生悲，并最终决定真正重要的选择——乃聪明头脑都必做的事，是他们根据自身情况或直接或间接回答的苏格拉底之问。

在西方哲学史上，古希腊和古罗马时期是人们最积极地追求如何度过人生问题，并将思考结果应用于生活本身的时期。大概在公元前4世纪到公元4世纪之间，斯多葛派、伊壁鸠鲁派和其他学派基本成形。

在印度哲学中，理解现实的本质与人该怎么办之间的联系从未断绝。基督教在西方思想界的统治地位始于公元4世纪，一直持续到17世纪，在道德生活方面的统治地位至今仍存在于某些领域，或作为一般的背景而存在，这是导致古典伦理学派文化丧失的主要因素。尽管事实上，基督教吸收了它们的很多教义和见解，并经常将其伪装成自己的东西。

近来，人们重新对以斯多葛学派为代表的古代伦理学派思想产生兴趣。随着宗教教义的说服力日渐消失，那些善于思考者对哲学生活方式的兴趣日益浓厚。这是可喜的发展，不过也存在一些阻碍。因为对哲学作为生活方式的太多描述都是单薄和肤浅的，"生活法则"或者"这个那个伟大人物能教你如何生活"之类的话术也是如此。这些江湖药很少管用，读者们可能会想，"如果全部都是这些玩意儿，那的确没什么用"，于是他们放弃了探索。因此，为形成自己对苏格拉底之问的独家答案，就需要更多材料；接下来的篇幅将为读者提供"更多材料"。

以哲学教授作为职业，我有幸有机会——实际上是一种特权——进行大量研究，并经常撰写有关苏格拉底之问的答案的文章，这些答案来自不同年代、不同文化的哲学家、科学家、诗人和其他各种思想家。这样做的主要目的之一是为我们所进行的或者至少应该进行的对话做出贡献，无论是与作为个体的我们自己，还是与社会上的其他人，就苏格拉底之问所提出的挑战进行对话。另外一个目的是教育和鼓励自己，借诗人保罗·瓦莱里的话，我可能会说："别人在创造书籍，而我在创造自己的思想。"当然（鉴于人性）只取得了部分成功。也许有人会说，竞技场上，最重要的见解来自失败和堕落的那个人。

在接下来的章节中，我收集并讨论了辩论的伟大传统对这些问题做出的回应，为那些会利用这些回应来反思自身观点的人提供材料。这种努力之所以具有合理性是因为我现在和以前一样坚信，苏格拉底之问是人人都需要回答的最重要问题。

绪　论

苏格拉底之问可以用若干替代性的、同样的方式提出:"我应该成为什么样的人?""我的人生应该遵循什么样的价值观?""我应该以什么为目标?"这既是邀请也是挑战。正如以下各章讨论所示,没有一个放之四海而皆准的答案,而是真挚邀请每个个体制定个性化的答案。对苏格拉底在2500年前发起并持续至今的辩论进行反思,是这样做的强有力帮助。这场辩论中有许多见解和建议,我们人人都可以拿来应用,用以追求自己的目的;我们能够自己拿来取用,因为智慧是免费的,属于每一个人。

本书由三部分组成。第一部分阐明了苏格拉底之问,并为第二部分需要的两个前提条件做了准备,即对人性的思考——回答苏格拉底之问中的"我们"是谁,以及对自苏格拉底时代以来的主要伦理思想流派的考察。这些流派——犬儒主义、逍遥学派、斯多葛派、伊壁鸠鲁派和其他流派的思想和原则将在下文中经常提及。附录给出斯多葛派和伊壁鸠鲁派观点在生活实践中应用的详细例子，还有对伦理学思考中"信仰与理性"对比的说明。

第二部分讨论了死亡与爱情、幸福与悲痛、成功与失败、勇气、仁爱、利他主义、善与恶、是与非、人生必然的挑战以及终极的意义等重大问题。所有的生命，从最平凡的到最不平凡的，无论是在积极的还是消极的意义上，都在这些问题上留下烙印，因此这些问题成为哲学反思的焦点，是人生哲学探索的内容。

死亡和爱情乃人类大事，都值得进行彻底的研究，并且都得到了这样的研究。美德——这个最经常与勇气、智慧、节制和正义等"基本美德"联系在一起的术语（与信仰、希望和慈善等"神学美德"非常不同）——为人们思考想成为什么样的人，以及在不同生活条件和环境下应该如何行动提供了重要的起点。这些条件（例如，此人健康与否？）和环境（例如，此人是生活在贫穷的战乱国还是富裕国家？）对他的哲学和生活中某些方面可能产生重要的影响，但是，反思也表明，有些事具有永恒的重要性，与其所处的环境并无关系。

有一种文学体裁以鼓励和安慰为主要目的来讨论这些。通常是彩色封面的小本书。它们引发的担忧是，许多读过它们的人可能会想："就这些了吗？哲学就是这么讲的吗？"然后就不再读了。更好的做法或许是更深入、更彻底地挖掘，带着诚实的态度，坦然接受哲学中的问题比答案多，我们必须自己去寻找答案。没有理由说这不能以通俗易懂和引人入胜的方式完成。哲学提供鼓励或安慰，是出于更深层次的原因；本书的目的是展示上述问题的若干最佳言论和观念，以便所有希望这样做的人都可以利用它来形成自己的人生哲学。

读者可能希望直接读第二部分，把第一部分的预备讨论留到之后再读，但这些预备讨论对于如何最好地利用第二部分必不可少，所以我安排了这样的顺序。

第三部分考察了哲学的存在方式和生活方式，特别是有意识选择的哲学，注意到无意识哲学是如何运作的，以及由于模糊性、内部矛盾和冲突而产生的问题就非常重要，冲突是个人同时试图应用的双方所造成，一方是社会当前盛行的哲学，一方是意识形态承诺（宗教、政治或其他）。在倒数第二章讨论到这一点时，我基本上保持冷静，简要概述了我的哲学生活：我做出的哲学选择以及这些选择背后的理由。

为了突出显示苏格拉底之问个人答案的重要性，我想引用希罗多德在其《历史》一书中讲述的故事，公元前6世纪初，雅典的梭伦拜访吕底亚国王克罗伊斯。梭伦是希腊七大圣贤之一，他的雅典同胞要求他给大家制定一套新法律。他这样做了，然后——为避免大家要求修改法律，直到他们有时间证明自己的要求合理——他开启了为期10年的埃及和亚洲之旅。在那些旅行中，他拜访了位于吕底亚萨迪斯的克罗伊斯国王的宫廷，也就是现在的安纳托利亚。克罗伊斯非常富有，是古代最有钱的富豪。他喜欢向访客炫耀他的宝藏。然后他会询问他们，谁是世界上最幸福的人，期待着他们会提名他，因为他既是国王而且还很富有。

当克罗伊斯向梭伦提出这个问题时，得到了令他非常惊讶的答案,因为梭伦在提到一位过着传统意义上的平凡生活的小国王之后,提名了一对兄弟,即克莱奥比斯和比顿,他们因为孝顺父母而得到了奖励。他们的母亲西狄普是赫拉——众神之后——神庙的女祭司,她急需参加纪念赫拉女神的盛大节日,却找不到牛来拉车。于是兄弟俩把自己套上了车,把她拉到6英里[1]外的神殿。西狄普祈求赫拉给她的儿子们应得的最好奖赏,赫拉的回应是,赏赐他们就在此时此地,平静而安逸地死去。

梭伦向克罗伊斯解释他选择兄弟俩时说:"任何人在死亡之前都不能说是幸福的。"他的意思是,在生命结束之前,你无法判断此人是不是幸福,因为有机会和变化、有不确定性。好运稍纵即逝,麻烦随时可能出现。顺便说一句,梭伦所说的"快乐"——直到最近,人人都是这样的看法——并不是指一种愉快和满足的情感状态,就像人们可能说的那样,"笑容满面"。事实上,他指的不是一种情感状态,而是一种生活条件:如果你通常是安全的、吃饱穿暖、清洁干爽,那么你就处于快乐的条件下。即使在这个特定时刻,你也可能为某事而烦恼或遭受牙痛的折磨。美国《独立宣言》谈到"生活、自由和对幸福的追求",这里所说的"幸福"并不是指"笑容满面",而是梭伦所指的安全、吃饱穿暖、清洁干爽——美好而令人满意的生活条件。

然后,梭伦谈到真正重要的部分。他对克罗伊斯说:"我不知道你是否幸福,但我的确知道,重要的是要思考使你幸福的因素是什

---

[1] 1英里=1.6093公里。——编者注

绪 论

么。因为人的寿命非常短暂：只有不到 1000 个月。在我们意识到它短暂之前，人生的很大一部分已经流逝了。"

不到 1000 个月。想想看。如果你活到 80 岁，你能活 960 个月。除非你是失眠症患者或派对狂，否则你有三分之一的时间（320 个月）处于睡眠状态。在剩下的 640 个月中，你的大部分时间都花在这些事情上，如购买日用品、支付电费、在公交车站等车、遭遇流感或感情破裂、看电视、玩手机游戏、宿醉后醒酒、在办公桌前工作、制订计划和排队。当你到了 20 岁，你已经度过了总共 960 个月中的 240 个月。

难怪一位佚名的阿兹特克族诗人说："我们来到这个世界是为了生活是不符合实际的。我们来只是为了睡觉。"这也是为什么古希腊伟大诗人品达说，人"不过是梦中的影子"。在墓地里走一走会提醒你，当一个人短暂的生命结束之时，人的存在就算是作为记忆也不会比那些仍然记得你的人的剩余寿命更长，这一点可真令人心酸。

这些都是令人沮丧的想法。但是，让我们假设，当我们还在做算术题时，购物、排队、流感等事情占了醒着月份的一半，因此我们可以有效度过的仅仅只有 320 个月。320 个月大概就是 26 年，所以事情其实还不算太糟：这 26 年可以用来生活，真正地生活，去做一些有意义的事，去寻找意义，去为个人的存在辩护，站起来观察这个世界，竭尽所能贡献给世界最好的东西，也从世界上获得最好的回报。

还有更好的消息。人们甚至可以忘掉 1000 个月和 26 年的说法，因为在一个重要的意义上，没有时间这种东西，有的只是体验。人能活多久不是以数量而是以质量来衡量的，质量决定数量，比如，假设你和非常喜欢的某个人去某个地方度过一个浪漫的周末。到了那里，时间就静止了。而当你回到家，周末似乎一眨眼就过去了。因此，时间在经验维度上是有弹性的，它以这样一种方式扩张和收缩，如果你的人生体验丰富，你就不是活了一辈子，而是活了很多辈子，用你的财富和经验的深度来衡量，也许有一千辈子。

看待这一真相的另一种方式是这样的：假设你每天都在同一时刻做同样的事。你每天都在同一时间起床，早餐和中晚餐都吃同样的东西，阅读同一本书同一页上同样的单词。你能活多少天？答案是：一天。只有一天，同样的一天，重复一次再重复一次。这证明了时间是由体验来衡量的，而不是仅仅记录时钟的嘀嗒声。

有些人认为"体验"指的是疯狂地聚会、饮酒、喧闹、兴奋（中文里表示开心的说法是"热闹"，字面意思是"又热又吵"）。这些当然是很好的逃避，在进行这些活动时，从自我中解脱出来是活动的唯一目标。叔本华观察到，其他动物都活在当下，只有人类活在过去和未来，这就是他所看到的人类痛苦的根源。疯狂地聚会牢牢抓住的是当下时刻，而这样的时刻可能包含兴奋、欢笑和高度的愉悦。聚会可以让人获得今天的、情感意义上的幸福。从自我中解放出来，从现有生活中更辛苦或更邪恶的方面解放出来自然受人欢迎。有些人把追求这样的时刻作为人生目的；他们活在聚会里。在这些人中，有一些人转而发现这种自我之外的体验是可注射的——这里的"注射"是字面意思。

这些想法让人们不禁提出疑问，如果幸福是生活目标，如果我

绪 论

们现在所说的"幸福"是指一种愉悦的、积极的——甚至是兴奋的——情绪状态,为什么我们不干脆把百忧解(就这里而言)倒进自来水供应系统?表达这种想法的另一种方式是引用古老的比喻:"做一头快乐的猪和痛苦的苏格拉底,哪个更好?"在此,苏格拉底之问的核心就显现出来:在此问题中,"更好"是什么意思?"我能过得更好或者最好"究竟是什么意思?

无论答案是什么,都是对苏格拉底之问的回答。

毫无疑问,接受社会当前历史阶段普遍接受的含蓄且大多无意识的一种人生哲学,要比思考如何回答苏格拉底之问更加容易。思考自己真正相信什么,看重什么,并为之辩护,也许之后会选择不同的价值观——也许根据这些价值观会设定新的目标——并以此为生,似乎是一项艰难的工作。人们可能会考虑这些问题,并最终决定接受当前社会的规定。人们可能会研究各宗教的信条教义,并决定接受它,相信它,并据此生活。如果有人认真而真诚地这样做,至少他会用自己的力量去思考,靠自己的意志去选择。可以肯定的是,审视社会规范——或审视宗教教义——对每个询问者而言,无论如何都是有益的。更好的赌注是,严肃认真地为自己回答苏格拉底之问,你的生活可能会因此而彻底改善。

哲学往往只涉及概念的概括和抽象。在接下来的几页中,概括性问题和抽象概念将通过具体的特殊性来举例说明。这一点很重要,因为人人都有自己的哲学,人人都按一种哲学生活,但是——正如前文提到的那样——大多数人并不知道他们拥有哲学,并按照一种哲学来生活,也不知道该哲学是为他们设计的并由社会习俗、历史以及他人的期望决定的。一旦我们审视自己的猜想、信仰和行为，我们就可能很乐意顺应这些规范和期望。但是，一旦我们审视了我们的猜想和信仰，思考了我们如何生活以及为何这样生活，我们可能会决定以不同的方式思考和生活，甚至与之前大相径庭。

无论做出什么样的决定，它都建立在思考如下事物的基础之上：我们对苏格拉底之问的回答。

PART I

第一部分

苏格拉底之问

当一个人可以为所欲为时,他最痛苦的磨难也就来了。

——赫胥黎

第一章　我应该过什么样的生活？

苏格拉底之问——"我应该成为什么样的人？"及其变体，"我应该过什么样的生活？""我应该遵循什么样的价值观？""我应该追求什么样的人生目标？"要求善于思考的人，在生活中的任何时刻停下来思考一番真正重要的东西是什么，并尽可能地按照自己给出的答案生活。斯多葛派哲学家爱比克泰德指出，人即使在晚年的最后时刻也可能深囿于苏格拉底的挑战，并在那一刻"开始"，正如他所说的，"成为智者"。这样的思考永远都不会太晚。

如果有人认为年轻人可以领悟人生哲学，也就是说年轻人可以思考苏格拉底之问，并做出决定，然后按照决定生活，这未免太过乐观。然而，虽然思考自己的人生哲学永远不会太晚，但也永远不会太早。生活是一条蜿蜒曲折之路，到处都是碎片化的体验，思考苏格拉底之问的答案是一个反复出现的挑战。我们必须能够在局势需要之时做出改变，但是，这并不意味着生活可以没有主题（包括对重要之事的看法和为自己设定的目标），即使这个主题在学习过程中不断添加新的音符或调到新的调子。主题可能会时常改变，但始终会有一个主题存在。

不思考如何回答苏格拉底之问就是背叛自己的智慧，可以说是在偷懒。更糟糕的是，这不仅把自己拱手交给规范，而且相当于把自己交到别人的手中，任凭他人随意操纵，因为那些人知道大多数人都不思考这一问题。广告商和政客、党派媒体、形形色色骗术的传播者都在利用这一事实为自己谋利。最重要的是，忽视苏格拉底之问就是在浪费自己的生命，是在梦游，是在错过一次次机会。俄罗斯有句谚语说："我们出生在一片开阔地，却死在一片森林中。"对这句话的一种解释是，当我们开启生命之旅时，有许多可能性摆在我们面前，但如果我们不主动选择，随着岁月的流逝，我们的选择所受到的限制会越来越多，直到不知不觉围于最后的圈地之中，没有了任何选择，只能被必然性的灌木丛悄然压住而动弹不得。

做一个"积极选择者"，但是规范和社会条件确实已经代我们做出许多选择，一般来说，我们对此无能为力。我们必须谋生，我们的行为方式通常必须得到社会的认同，标准的期待甚至也在我们的私生活中发挥作用。在成功之路上，大众认为值得向往的东西——财富、名声、影响力、登上阶梯的顶端，甚至是通往这些辉煌成功更次一些的邀请函——都在我们的眼前晃悠，令人眼花缭乱。但是，走在任何一座城市的商业街上，你都会发现：只有最富有的人才能买到商店橱窗里的诱人物品，这意味着绝大多数人都生活在欲望得不到满足的状态，更不用说拥有这些东西且被认为拥有这些东西的欲望了。

即使如此，选择仍然存在。正如终极选择的存在就证明了这一点：究竟是否要继续生活下去。对于古代哲学家来说，选择是自由的保证。他们说："学哲学就是学习死亡。"意思是说，一旦他们不再害怕死亡，而是把它看作对可能发生的最坏情况的最后缓冲，他们就可以自由和勇敢地生活，敢于面对一切。鉴于这一事实，无论摆脱规范和强制义务的束缚需要多么强大的英雄主义，这样做的可能性的确真正存在。这意味着我们在回答苏格拉底之问时，在某些意义及某些方式上的确可以成为积极选择者。

但是，请等一等。"选择的可能性的确存在；我们的确可以成为积极选择者。""我们"是谁，我们真的拥有做出终极选择的权利，也就是说，我们拥有这个术语完整意义上的"自由意志"？如果最后一个问题的答案是"不"，苏格拉底之问就没有意义。而关于"我们是谁"这一问题的答案则与之高度相关。在下文的恰当位置，我们将给出强有力的理由来假设自由意志问题的答案是"是"，而且给出与议题中的"我们"有关的更强有力理由。

鉴于此，人们会继续问：我们从哪里开始回答苏格拉底之问？这就是需要保持警惕以避免错误答案之地。从一开始，人们就必须理解该问题提出时业已存在的一些简单而深刻的假设。首先，我们必须思考，为自己而思考。其次，问题的答案依据寻求答案者的不同而不同。这一点极其重要，没有一个放之四海而皆准的答案。这就是意识形态（主要是宗教，但也包括所有意识形态）所提供的东西，就其本质而言，意识形态奏效就需要人类具有一体性、共通性和人性中缺乏多样性，因为只有当人们放弃自己的个性并服从直到符合所要求的模式时，其精髓才会奏效，这样"放之四海而皆准的答案"就能满足所有人。请注意，如果有人在真正审视了自己信奉的信条和承诺之后，选择服从遵守某个模式，那么没问题，一切都好。

但大多数"放之四海而皆准的答案"即意识形态，其追随者并没有选择性地（或没有理智地选择）将自己交给这一意识形态（这意味着将自己交给负责意识形态的人：牧师、煽动者）；不，几乎总是成长经历、社会压力、情感驱动导致他们被迫选择这一模式，与他们自己的理性选择毫无关系。举个例子：如果在智力成熟时，第一次听说基督教的故事，有多少人会相信它？在本质上，它与其他古代近东和希腊的许多神话一样，例如宙斯与阿尔克墨涅生下赫拉克勒斯的故事——赫拉克勒斯是奇迹创造者，他访问了冥界，然后在奥林匹斯山与他的父亲会合——展现了"上帝与一位凡间女子生下儿子，该儿子创造过奇迹，下过地狱，然后升入天堂"的故事，并在补充版本或类似版本中死而复生，就像埃及的奥西里斯、古代黎凡特的巴力和莫特、近古黎凡特的耶稣以及该类型的许多其他故事一样。

因此，下面的讨论以如下观点为前提：每个个体都必须为自己思考，为自己选择苏格拉底之问及其变体的答案，因为人类多样性这一事实本身告诉我们，放之四海而皆准的意识形态就其本质而言，永远无法完全满足任何人，如果不自我否定或自我欺骗的话。

这场讨论属于伦理学。不是"道德操守"，也不是"道德标准"，而是伦理学。伦理学与我们对苏格拉底之问的答案有关。它来自古希腊的"道德思想",意思是"个人特性",因此涉及我们是谁,我们的价值观和目标。道德与之不同。道德与行为有关,而且几乎只关乎个体之间的行为——遵守承诺,不说谎话,对配偶保持性的忠诚。随着时间的推移,道德的严格程度或者说自由主义程度也在不断变化:一些以前被视作不道德之事,如今变得可以接受了(例如同性恋,至少在思想开明者中是如此);一些曾经被视为可接受之事反而被普遍憎恶(例如奴隶制)。"道德"一词来源于西塞罗的创造,他将"mos"、"moris"(复数 mores)——含义有"习俗""礼仪""礼节"——改写为"moralis","道德"一词就是从该词演变而来。

伦理学关乎性格,关乎你是什么样的人以及你生活的本质;道德关乎行为层面。你的道德会从你的伦理学中流露出来,但两者不是一回事,明确区分这二者很重要。

与上文提到的我们作为"积极选择者"所面临的问题而提出的要点相关,在那方面我必须提一个词来描述这个重要现象,它在人们的生活中起作用。这个现象我已经间接提及,就是目前(对于任何"目前")流行的社会心态、观点、习俗、传统和期望,这个网络由地方、历史及他人编织而成,我们就像蜘蛛网中的飞虫一样被困于其中。尽管这个比喻有负面含义,但在网中纠缠也有好的一面:它赋予生活以定义和结构(赫胥黎所说的"当一个人可以为所欲为时,他最痛苦的磨难也就来了",是有一定道理的),而且不仅是赋予生活的外在以定义和结构,还包括我们的思维方式,这很重要,因为我们的思维方式有助于我们穿网而过,并理解被缠在网中动弹不得的其他人。但是,纠缠在网中也有不好的方面,它是限制性的、约束性的，有时令人窒息，而且负担沉重。有些人觉得恼火，他们明明没有要求来到这个世界，却被抛进这个世界——至少在来到人世间，他们意识到自己陷于网络纠缠的人生阶段——他们背负种种义务和责任，身上寄托了他人的期望。他们几乎不可避免地卷入社会、法律、习俗和他人组成的大网之中。有些人的确去了沙漠，独自生活在洞穴里，如今，洞穴更多是隐喻含义而非字面意思，他们化身成为嬉皮士和逃避社会的人。从藏身在紧闭窗帘后面的反社会独居者到街上的流浪者，无奇不有。

我将用"规范性"这个词来展现当前流行的社会心态、意见、习俗、传统和期望的网络。当然，这个词不具美感，但它比"时代精神"和"时代思想"等替代选择更好些，因为思想的浅薄，人类太容易将其解释为某种代理人，如精灵或上帝。这是危险的思想滑坡，因为社会不是一个代理人，而是一个由数千万社会单位组成的无声力量，每个人只能略微意识到，如果他们意识到的话，他们正在将这些心态和期望强加在自己和他人身上。缺乏意识正是问题的部分内容。规范性承载的重量有时甚至是摧垮人的沉重负担，在很大程度上，它要对如此多——也许是大多数——生命随着岁月的流逝而消逝负责。青少年时期的美好希望和雄心壮志在遭遇失望、抵押贷款、家庭责任、横亘在个体的努力（相比之下很微薄）面前的庞大力量冲击下而消耗殆尽。

因此，重申一下：我说的规范性是指主要的心态、规范和期望，而将这样理解的规范性事实置于思考生活的前沿和核心位置的原因之一是，它是——除了上述的好处之外——阻碍人们完全按照苏格拉底之问的答案生活的两大主要源头之一。另一大主要源头，上文已经提及过，是个形而上学问题，即是否存在"自由意志"这回事。请注意，即使在终极的形而上学意义上，人类有自由意志，规范性也仍然会在我们周围绑上相当结实牢固的锁链，以至于在实际生活中我们的形而上学自由根本无法行使。事实上，社会怀疑论者可能会说，尽可能多地否定我们的形而上学自由正是规范性的目的所在，它甚至要消除自由，尽可能紧密地把人们压在一致性的沙丁鱼罐头里动弹不得，难以脱身。

但我们不能忘记，许多人——再次强调，也许是大多数人——乐于接受规范性对生活的影响。规范性已经为他们做出了选择；规范性告诉人们他们需要知道的大部分事，即在一生中思考什么、做什么，成为什么样的人，等等。规范性规定了正常的生活是什么样子：接受教育，找工作，结婚，买房，度年假，支付养老金，退休，闲逛，死亡。与此同时，你在大部分时间里都投票支持同一个政党，对规范性显然不喜欢之事摇头表示反对，虽然你敢于在一两件事情上不认同规范性，尤其是当你没有投票支持的政党在执政之时。

在此过程中，你要应对爱情关系破裂的痛苦，父母或其他亲人去世的悲痛，对收入、体重、职业前景的焦虑，因为这些会随着岁月的流逝而每况愈下。在困难吞噬你、消耗你的决心时，你可能会求助于现成的江湖秘籍来寻求安慰：酒精、艳遇、认怂、妥协。与此同时，的确有一些你特别喜欢的东西：某部电视剧、某本书、某种品牌的啤酒、某次度假的海滩。这些东西让你勉强继续前行，好歹有一点儿值得你期待的东西，度过一周又一周，一年又一年。还有就是彩票，以及你的一些梦想——或许有些模糊，但总算是个盼头。当你不再有期待时，仍然可以做梦；一旦连梦都懒得做了，生命最后一抹亮色也就流逝了。

在规范性所规定的、大多数人所接受的生活的外围，有一些人在压力之下变得不健康，总之，他们以规范性不能也不会容忍的方式疯狂地扭曲和挣扎，从而跌出蜘蛛网。监狱和精神病医院将那些不守规矩的人禁闭隔离起来。但是请注意，这是在外围；这并没有必然性，人们寻找自由只有一种方式，但所有正常人，即社会人都极其需要爱情、友谊、共同体成员和归属感。因为即使是在沿着规范性确定的道路前行的旅途中，特别是在可以被称作生命和心灵的庞大内心宇宙之中，也有追求值得过的人生，追求意义，追求让存在比虚无更好之物的巨大空间。

有些社会在本质上是多元化的，允许生活方式的多样性；有些社会在本质上是一元化的，要求实践和信仰的高度一致性，通常只有一套信仰实践。所有社会几乎都是后者，其中规范性的主要源头就是宗教。在多元化的规范性中，人们在追求个人生活道路方面有更多的选择机会，而对于那些希望逃离的人来说，也有更多机会逃离。但是，即使在那里，规范性仍然是一种常态。规范性甚至通过否定定义了此处逃离的本质。例如，成为嬉皮士，就像老话所说，是"调入、开启和退场"——调入并开启另类生活方式的主旋律，然后从社会退场。进入什么？一个新规范性。也许真正的逃避是向内的：进入心灵，要么进入内心潜在的疯狂，要么进入能够创造和探索的思想宇宙。有如此多的人生哲学奏出深沉的低音，有一种解释是，个体的终极自由需要在内心找到。

现在是时候对我们在此所做之事补充一句既讽刺又质疑的话了。爱尔兰作家罗伯特·林德的文章《论不当哲学家》是任何开始探求人生哲学的人的必读之作。它有助于纠正以下想法，即人们可以拿起一卷经典哲学家的书，从中找到所关心的问题的现成答案。林德有趣的文章记录了他听到有人如何赞美斯多葛派哲学家爱比克泰德的智慧的感想："我开始感兴趣，开始对其好奇，因为我从来没有读过爱比克泰德，尽管我经常在书架上看他的作品——也许我甚至引用过他的话——我想知道这是否终于是我从上学时就一直在寻找的智慧之书。"

因此，他拿到了一卷爱比克泰德的书，在一张摇椅上坐下来。"我读他。我承认我读他的作品时相当兴奋。他是我喜欢的那种哲学家，不用艰涩难解的术语争论生活，而是将生活与其他事情放一起讨论，讨论人在日常生活中该如何行动。"林德发现自己同意爱比克泰德所说的一切。"对痛苦、死亡、贫穷无动于衷——是的，那是非常值得向往的。不为自己无法控制的任何事情而烦恼，无论是暴君的压迫，还是地震的危险，在这个必要性上，我和爱比克泰德是一致的。"

但是，在阅读过程中，林德感觉到，虽然他和爱比克泰德的观点是一致的，但爱比克泰德是明智的，而他，林德，不是明智的。他可以同意爱比克泰德的观点，但在面对"死亡、痛苦和不幸"时，他没有一丝一毫的把握，爱比克泰德说我们必须对这些东西漠不关心，但林德认为这些东西是"非常真实的邪恶，除非我在摇椅上阅读哲学家的书。如果在我读哲学书的时候发生了地震，我就会忘记那本哲学书，只想着地震，想着如何避免墙壁和烟囱的倒塌，尽管我是苏格拉底、普林尼这类人的最忠实崇拜者。尽管我听起来好像是坐在摇椅里思考的哲学家，但在危急时刻，我发现精神和肉体都十分脆弱。"

然而，林德继续说，几乎人人都接受哲学大师们的观点，即"我们所费心的大多数事情都不值得如此费心"。因此，这里出现一个悖论。因为即使承认哲学家们是对的，"如果我们最亲爱的朋友之一开始把爱比克泰德的哲学付诸实践，大多数人都会感到震惊。我们在爱比克泰德身上视为智慧的东西，到了熟人身上会被视为精神错乱。或者，也许不是熟人，但至少是近亲……我确信，如果我像爱比克泰德那样对金钱、舒适及其他所有外部事物都漠不关心，并以他的方式——脸上带着快乐的微笑——处理财产和小偷问题，和我打交道的人会更加紧张不安"。

的确如此。规范性和哲学家智慧的分歧似乎相当大，如果一个人对爱比克泰德和其他人言论的理解相当浅薄的话。让我们来看看林德所理解的爱比克泰德，即看他作为斯多葛派对物质财富和我们无法控制之物（如地震和死亡）应该采取的态度。斯多葛派并没有建议你在听到你的住房倒塌的声音时，仍然平静地坐在摇椅上。他们会认为逃到安全之地是理性的，就像你和我的看法一样，因为安然无恙总比伤亡更好。但他们认为，通过教育认识到——并采取相应的行动——生活中最重要的不是财富或社会地位，而是你是否敢忠于自己和自己的原则，这样就是帮了你自己一个大忙。

英国散文家和小说家卢埃林·波伊斯与林德形成了直接的对

比，他不仅阅读哲学家的作品，而且还按照此人的信条生活。他对伊壁鸠鲁的理性唯物主义的应用更加令人震惊，因为理性唯物主义支撑他一直在死亡阴影下积极地生活，创造力满满；他在年轻时患了肺结核，在接下来的30年里时常咳血，行动受阻，经常卧床不起——这对年轻时曾是优秀徒步者和乡间爱好者的人来说是极大的苦恼——他既支持伊壁鸠鲁的哲学，又按这种哲学身体力行。请注意，现代意义上的"伊壁鸠鲁派"指的是只致力于无忧无虑地追求快乐的人，是一种享乐主义生活方式，而不是伊壁鸠鲁或波伊斯的本意，我们将看到这一点。

思考生活就是思考可能性和必然性，好坏皆有。就是思考那些已经提及且值得再次重复的一连串基本事物：爱与亡、奋斗、胜利、失败、欲望、绝望、得失、悲伤、喜悦、希望、痛苦、幸福。这些都是人类生存境况的共性。在有记载的历史上，不仅是各地哲学家和诗人，还有善于思考的人，他们都在思考这些问题，与之斗争，要么屈服于它们，要么赢得胜利。这些宏大主题的普遍性——它们的永恒性、它们在人类生活条件中不可撼动的地位——很容易得到证明。从有记载的上千年中，我们看到且感受到人类刻骨铭心的种种体验。想想悲痛欲绝的阿喀琉斯在特洛伊海滩上悼念他心爱的帕特罗克洛斯。

> 阿喀琉斯陷进了痛苦的黑云，他用双手抓起地上发黑的泥土，撒到自己的头上，涂抹自己的脸面，他随即倒在地上，摊开魁梧的躯体，弄脏了头发，伸出双手把它们扯

乱。被阿喀琉斯和帕特罗克洛斯俘来的女仆们悲痛得一起失声痛哭,双手捶打胸脯,纷纷扑倒地上。安提洛科斯也在一旁泣涕涟涟,一面伸手抓住哀痛得心潮激荡的阿喀琉斯,担心他或许会举铁刃自戕。[1]

在《伊利亚特》之后近3000年,丁尼生在《祭文》中哀悼了他的朋友阿瑟·哈勒姆:

> 悲哀啊,残酷的友伴,
> 哦,死亡墓穴中的女祭司,
> 一口气中的甜与苦啊,
> 你说谎的嘴唇在发出什么低语?
> ……就像清晨的光从来无法走进
> 黑夜,但有些心确实碎了。

至于爱情和欲望,在公元前4000年苏美尔时代的一块美索不达米亚楔形文字碑上,我们读到:

> 我的爱人把我带到他家,
> 他让我躺在散发着蜜香的床上,

---

[1] 此段借用荷马著,罗念生、王焕生译《伊利亚特·荷马史诗》,北京:人民文学出版社2015年版,第十八卷,第2028—2029页。——译者注

当我亲爱的爱人离我很近的时候，
一个接一个地吻，一个接一个，
我仿佛被亲蒙了，向他移动，
在下面颤抖着，我悄悄地推他，
我的甜心，我的手放在他的大腿上，
所以我在那里和他一起打发时间！

2000年后，我们在《圣经·雅歌篇》中看到了同样的主题：

他把我带到了酒馆，
他看向我的眼神是爱；
用葡萄干蛋糕支持我，
把我放在杏子中间；
因为我得了相思病。
他的左手在我的头下面，
他的右手拥抱着我。

而后1000年，奥维德也写下如此诗篇：

如此可爱的臀部，如此丝滑的大腿，
为什么要进一步逐项说明？一切都是完美的。
我把她赤裸的身体压在我身上，
谁不知道其余的呢？

> 之后，我们缠绵地睡在一起，
> 愿我有许多这样的下午！

随着历史的车轮滚滚向前，风俗习惯、制度、礼仪、道德、事物的外观和构造可能会发生很大变化；但在所有这些变化之下，人生体验的基本要素依然存在，就像上文描述的悲痛和爱情的愉悦。很少有人喜欢寒冷、饥饿、痛苦、恐惧、疾病、悲痛、失恋、压迫、囚禁；大多数人喜欢阳光照在脸上的温暖，喜欢小溪潺潺，喜欢朋友的欢笑，喜欢美食的味道，喜欢爱人的抚摸，喜欢展望没有劳作和忧虑的日子。从这些基本事实中，我们可以推断出，遇到深陷痛苦或危难的人时，我们应该如何回应，因为我们很清楚，我们自己有多么不喜欢这两种状态。我们也知道什么样的事可以改善生活，解放生活，给生活带来快乐。鉴于这些简单的事实，人们几乎没有理由不懂道德。

但是，若遇到生命的负面因素时，我们该如何应对呢？而在寻求生命的积极因素时，我们如何明确——我们每个人都有自己的个性——要追求什么？为什么要追求这些？回答这些问题就是回答苏格拉底之问。回答苏格拉底之问就是在探索哲学。鉴于很多事实，探索哲学不是选择项，而是必修项，比如，我们是社会性动物；我们有天生的本能、需求和欲望；我们的选择和行动主要受情感的支配；大多数资源都很稀缺；我们拥有智慧，或者说，我们能够动用智慧；我们都会犯错误；我们都将死去。

第二章 "我们"和人性

在上文中已经提到"我们",而且还会继续提到。"我们"是谁?这是一个足够复杂的问题,已经成为冲突的焦点。

还有一个问题是,什么是"人性",在人类文化、社区和个人之间是否有足够统一之物可以被定义为人性。这本身就表明,将"我们"理解为"通常情况下的我们人类"是存在问题的。

在思考"我们"是谁时,我们必须考虑到交叉性和位置性的相关问题。把"中产阶级异性恋白人全职女性公民"的每一个形容词都拿出来,逐一替换,然后用两个单词和三个单词组合,最后是这样,"黑人/非白人、'同性恋'/'变性人'、工人阶级、失业者",并加上关于教育水平、残疾状况、年龄、移民身份、少数族裔和宗教团体成员的身份。然后问:在一个高度多元化的世界中,"我们"是谁?

事实是,一方面,大多数人(如果不是所有人)并不是由一个单一自我组成的，而是由许多自我投射到世界上——投射给不同的人，不同的环境——甚至是面向内心，投射到自身，这取决于心情和他们在特定时间占支配地位的生活条件。许多人不断地，或者至少经常性地努力改变自己，或者发展出一个主导性的自我，以控制他们内心的其他自我，但他们发现其中有自我背叛的自我，这些自我不能集中精力，不能睡觉，不能对抗恐惧，不能面对现实，没有自制力以坚持达到一个目标。在这方面，人们会忘记"我们是谁？"而问出："我是谁？"

但另一方面，有关人类，的确有一些可普遍化的事实。如上文所述，几乎所有人都能体验到寒冷、饥饿、痛苦、孤独和恐惧。他们也能够体验到快乐、幸福、满足和舒适。大多数人都有一种相当不错的认知，即在他们可能遇到的各种情况下，什么会导致第一种体验和第二种体验。导致第二种体验的因素包括住所、温暖、食物和安全，以及对这四种因素持续存在的自信心，此外还有陪伴和生活值得过的一种感觉，至少对未来抱有合理的希望。这些事实是思考道德义务、法律制度和人权合理性的基础。事实上，如果没有这些可普遍化的事实，就不可能解释通讨论交叉性和立场性的意义——如果我们不关心公平正义或权利，就不会关心歧视和痛苦——与此同时，有了它们，我们就可以对人类以及美好的和有价值的生活的重要基本要素进行一番有用的概括。

回答苏格拉底之问——"我应该成为什么样的人？"——就是从这后一种思想开始的，但必须始终牢记它所抽象出来的东西。把人看作理想化的单独实体，抛开社会和自然界，在琢磨别人的时候，大部分时间都要抵制诱惑；在琢磨自己的时候，至少有一半时间要抵制诱惑。这似乎让人很难透过社会和世界的构成要素，即纠缠和依赖的面纱——因此也构成了人由规范性所构成的大部分自我——看到个体在其生活中有哪些选择的可能性。一方面，在大多数情况下，关于"我是谁"的真相是个故事，是社会历史环境及其关系网的结晶，因为人的思想——人格、角色——是环境和众多遭遇的产物。

但另一方面——再次强调——确实有个人思考的空间，作为反思和自我意识中的一点，众多自我中的"我"，是这些自我展开叙述的参考。这个"我"被我们认为是有记忆的，会感到羞耻或骄傲，知道快乐和绝望；这个"我"不仅是外部环境的囚徒，而且是自身情绪的囚徒，实际上，他们自己感觉到的是最原始的情绪：恐惧、悲伤、贪婪、渴望、色欲、愤怒、羡慕、仇恨、怜悯、爱、欲望。我——"我"——也许希望学习古希腊语或掌握微积分（"我"可能热切地希望学习这些事），但这个"我"不是那个胆小、有不成熟渴望的"我"。它是"我"赋予特权的自我，是"我"认为或希望成为的"我自己"。它是一个特殊的、私密的自我，即法国作家普鲁斯特所说的"我"（moi profond），对他人，有时候对它自己来说，它无疑是难以捉摸的，但它是所有自我中最真实的，世人的存在就是由此形成的。所以，无论如何，我们要憧憬并相信它。

无论人们如何怀疑这样一个"真正的自我"作为事实的真实存在——或者更好一点儿：作为我们所寻求的，或者通过回答苏格拉底之问而力图创造的东西——正如逻辑学家所说，这样的事物存在的假设是不可解除的，我们不能没有它。因为没有它，其他一切都会瓦解，一切都没有意义。那么，世界和其中的生命就只是一连串瞬时印象，仅此而已。然而，神秘的是，构成我们体验的印象似乎是以一种大体连贯的方式联系在一起的，这让我们不禁要问：是何人或何物？为何？

这个基本上被定为起支配作用的私人自我就是德尔斐大门上的格言："认识你自己。"命令访客去寻找的自我，因为人第一个骗到的受害者通常是他自己，所以要遵守这一命令并不容易。

在寻找（或创造）这个深层个人自我时，人们必须意识到，他们自传中的自我绝不能保证是这个自我，因为他们的自传是建构的，为了向外部世界展示而不断修改和调整——他们自己必须认为其建构几乎完全可信，以便在别人看来是可信的。在任何情况下，人们都希望相信自己的自传；他们的自传中囊括了所有的借口、自我辩护和开脱，而他们需要这些借口、自我辩护和开脱以便撑起他们的自尊，为他们制造的混乱推卸责任。像精神分析这样的手法是企图逃避自传宣传的表现，试图找到支撑和激励所有其他自我的那个自我。回答苏格拉底之问可以理解为：寻求或成为那个最根本的自我。

根据上述评论，"我们"和每个"我"所表示的"自我"在本书中应被理解为：构成上述言论讨论的"我们"的"我"的实例，都是潜藏在历史和社会建构的自我中基本的私人自我，这些自我被作为公共的"我"呈现到世人面前。为回答苏格拉底之问而反思哲学，而反思要达到的理想境界是促使基本的自我成为这个公共的"我自己"，或者至少成为其主宰者。

第二章 "我们"和人性

与此同时，如果说这本书的"我们"是所有人类，那是不正确的，因为事实上，这里的"我们"最多是那些阅读或可能会阅读这样一本书的人，因此"我们"是少数人。除此之外，在所有生命中，这些"我们"是那些在某些时候停下来思考苏格拉底之问的人，他们可能因此而做出选择。

最后的这些言论提出一个重要问题。尽管"我们"的提法被限制在刚才描述的方式中，但重要的是谈到普遍的人性，要对其含义有所了解，因为——现在去掉"我们"的"吓人引号"——我们完全是自然和社会及其各自的进化历史的一部分，而我们不受它们决定性方面支配的程度对于我们是否真的能做出选择很重要，而不是仅仅认为我们能做选择。在这一关键点上，"我们是否能对苏格拉底之问给出个人答案"这一问题发生了转变。

用最简单最原始的语言来说明这个问题：我们是否有"自由意志"，是否有能力在没有事先不可抗的限制或强制情况下，至少在重大事件中，在可靠的备选方案之间做出选择；否则，难道我们所做的一切都是决定性因果过程的结果，也就是说，我们所做的一切，如果没有这些先行条件，就不可能发生吗？我们是曾经的施动者，一直在世界上行动；还是我们曾经只是病人，是事件在时间中传递的消极接受者，我们的行为其实不是行为而是偶发事件，是很久以前就开始的因果链条中的一个环节而已？

生物学，特别是神经心理学上的动力对"我们是施动者吗？"的回答是"不是"，对"我们是病人吗？"的回答是"是的"。他们说，如果"自由意志"的理念是我们可以启动全新的因果序列，或者可以从外部干预因果世界并重新引导因果流，那就不存在自由意志这回事了。

这是一个重大问题，它有可能迫使本书所要达到的目标在此戛然而止，这令人不寒而栗。鉴于我们认为我们会做出选择，我们相信可以通过这样做而带来改变，认为我们对人类和道德体系的整个描述是建立在自由意志之观念上的。这意味着，我们努力奉行对自己的行为负责之观念，并且可以得到相应的赞扬或指责，因为我们在需要选择的情况下有真正最好的、引入新意的选择，如果我们选错了，就必须把自己看作是庞大的系统性错误的受害者。

果真如此，进化论在给我们灌输这一错误观点时耍了一个大花招。但是，如果真是这样，那么自然界以这种方式欺骗我们，很可能会有某种进化方面的好处；假设一切生物最终都受生存和繁殖的目标——活得足够长久以便繁衍后代——驱使，我们也许能够书写一个传宗接代的故事，相信我们有自由意志可以完成此项工程。

我们可以看到，在认为我们真正能够在真的（而不仅仅是表面的）备选项中进行选择，以及将我们视为因果关系明确的过程的被动接受者和传播者这两者之间，任何一方都存在猜测和风险。因此，施动者与病人这两种观点有鲜明的对比。

施动者的观点认为人性至少有一定程度的可塑性，例如经验、教育、文化——一般来说，先天与后天的"养育"方面，包括自我培养和努力——影响个人性格的形成。人类在教育、道德、法律，实际上是几乎所有的社会机构和实践方面大量投资，简而言之，一切有可能影响我们的想法和行为的事，都建立在这样的前提下，即我们可以被教化、被影响、被说服，并且可以相应地做出改变。

病人观点认为，这大部分（如果不是全部的话）归因于我们的基因及其与我们大脑的硬连接。对同卵双胞胎的研究表明，我们的偏好，甚至包括政治倾向，都是由基因预先决定的，而在对我们做选择的实验观察中，对大脑激活的研究似乎表明，在我们自己意识到做出决定之前，"大脑就已经做出了决定"。在这种观点下，人类相信通过教育、说服甚至惩罚等努力，我们可以做出不同的选择。但是，这种信念是徒劳的。例如，如果罪犯实际上没有能力采取其他行动，那么旨在惩罚或改造的监狱系统又有什么意义呢？这是非常古老的希腊思想，即人注定犯下罪行，所以无论如何还是要受到惩罚（这就是俄狄浦斯的命运，在现代人看来，他遭受了极不公正的待遇）。如果犯罪是人性格中预先确定的一面，那么改革又有什么希望呢？

不用说，有一个哲学大辩论——有人会说已经成为一大产业——专门讨论自由意志问题，因为它是所有哲学问题中最难的一个，也是最重要的一个。粗略来说，有三种立场：支持自由意志加反决定论；支持决定论加反自由意志；以及"相容论"，正如其叫法所示，它试图将我们是负责任的施动者这一理念与我们是因果世界中的物理实体这一事实重新联系起来。在后一种观点中，我们合理地指出，作为施动者，我们希望与我们的行为所产生的结果确立因果关系，这样我们就可以在适当时候得到赞扬，万一出了差错和故障，我们希望让其他人（有时是我们自己，实话实说）负责，因为是他们造成了这种情况。因此，在这里，我们的代理机构本身就需要成为因果世界的组成部分。永久的难题是，这些行为本身就是前面原因的结果——如果没有一个新的起源原因，真正的第一因（这东西会是什么，一个无因的原因？），原因的追溯论证似乎必须得回到大爆炸时期——在此情况下，无论发生什么，都与我们或任何机构没有什么关系。

在解开这个戈尔迪之结之前，有一个值得引起注意的想法，自由意志的困境本质上是将世界视为一个因果世界。我们对世界运作方式的所有寻常性思考都是基于这个想法。然而，请注意，呈现在我们普通体验中的世界是虚拟现实，它是我们认知心理学机能处理经验数据输入的方式的投射。康德很久以前就注意到，我们在管理体验时应用的概念范畴为我们创造了一个世界，该世界是由在空间和时间上彼此有因果关系且带有特定属性的事物所组成。

但是，所有这些概念——"特殊事物""空间""时间""因果律"——都是我们的头脑强加在体验的原始数据之上并赋予其形状和连贯性的；它们是我们建构而成的。康德认为，根据定义，它们不是对现实本身的描述，那被他称为"本体"实在（noumenal），以区别于呈现在我们眼前的世界，即"现象"实在（phenomenal）。在这种观点下，因果关系的概念是一种认知便利，而非终极实在的事实。

还有两种原因大大增强了这一观点的说服力。原因之一是，在我们目前最前沿的物理学理论中，因果关系的概念充其量只能扮演一个模棱两可的角色——如果有的话——正如"量子纠缠"的出现（已经被实验观察到）所表明的那样。原因之二是，我们在体验周遭世界时应用的概念是"次协调逻辑",也就是说,只在它们自己的应用范围内一致,而在其他范围内与其他人并不一致。我们有不一致的时间和空间概念:我们认为视觉和触觉的空间是一个三维的、连续的欧几里得领域,但事实上它既不是欧几里得的也不是连续的;一些标准视错觉(如平行箭头、鸭子与兔子和"大猩猩视频")充分阐明大脑是如何组成我们认为我们所能看到的东西。我们的感知器官和与之相关的概念,其中的因果关系,有时是相互冲突的便利、有益的幻觉、实用的假话。因此,至少,由于我们接受因果律是终极现实牢不可破的铁律,而拒绝将我们自己称为施动者——能够选择、启动和干预事件,从而改变事件——这一选择的确颠覆了世界观。

但是无论如何,戈尔迪之结可以解开,而且事实上必须解开。在这一术语的完整意义上,把我们自己当作"拥有自由意志的人"——真正能够在多个备选项中做出选择,施动者、事件的发起者和干预者,负责任的、可问责的——与我们每个人都拥有"真正的"自我的假设一样,都是不可解除的假设。就像后一个假设一样,否认我们拥有自由意志意味着到此为止,没有进一步讨论的空间。苏格拉底之问假定有一个"我",而且假定它可以做出真正的选择,可以做出改变,从而实现自我创造。

但是——另一个"但是"—— 在这个词的充分意义上的"拥有自由意志的人"?这些话立即敲响了另一组警钟。一个重要的案例是:一些对同性恋性取向持敌对态度的人声称,这是一种选择,而不是天性禀赋,而且男孩子年轻时会受到他人影响而"变成"同性恋者。同性恋者自己否认他们的性取向是选择问题。那些努力否认自己性本性的人饱受悲伤和痛苦的折磨，他们相信——其他人相信——他们本可以"选择"成为异性恋，或者可以通过心理分析成为异性恋。这一点更普遍地适用于性、性取向和性别问题，涉及广泛的可能性。这是一针见血的提醒，对自然、遗传、大脑的硬连接方面的考虑，不能因人类对自我感知的自由确认而被搁置，也不能因为这一令人信服的事实，即这是文明本身所建立的原则而忽视。因此，人们将两难困境经过略微包装后重新提出来。在这个新伪装下，它呈现为一个涉及人性本质的问题，特别是有关基因及其进化发展对人类构成的贡献。

除了明显错误的理论（如果有这样的理论），即人类根本没有本性，人类在出生时完全是可塑性的、空白的（一张白板）之外，有关人性本质的任何理论都意味着，在人性中都存在某种程度的决定论，或者至少是本性中隐含着一种强烈的倾向性。所有这样的理论都是以某种可被视为人类本质的东西为前提的，因此，从定义上来说，在某种程度上可视为"本质主义者"。决定论者是硬性本质主义论者；软性本质主义论者是我们所称的倾向论者。那些认为我们的基因为我们设定了强大参数的人处于硬性本质主义的极端，他们认为基因决定了我们能成为什么人，可能如何行动。像亚里士多德的观点，即拥有理性是人的定义性特征则处于软性本质主义的极端，因为其前提是，如果我们让推理能力发挥作用，理性有可能使我们做出良好的选择。

很明显，硬性本质主义和软性本质主义之间的区别，涉及先天和后天在个人性格形成中的影响程度。但要注意的是，不可解除的自由意志假设不仅仅是指个人能够在多大程度上违背天赋遗传的冲动（相关案例有攻击、性欲望等冲动），还包括（通过抚养、教育、团体的一致性压力等）后天形成的强烈倾向。因此，该假设也突破了先天与后天二元论。

在社会生物学及其后继者（应用于人类），即进化心理学出现之前，这两项研究几乎与遗传学同时进行，且紧随其后的是神经心理学，所有这些研究都建立在实证性科学的基础上——人性论都是基于经验、反思和教义；最后这项研究往往反映出理论家把愿望当作研究发现。为了简便起见，让我们把近来以科学为基础的理论与其哲学前身区分开来，把前者归类为"生物学的"，后者归类为"体貌特征的"（因为它们侧重于人类心理逻辑禀赋或倾向性的某些体貌特征，在理论家看来都是有典型特征的）。

首先考虑一下体貌特征理论。古希腊哲学家都认为，人类（或人类男性）因拥有理性和自由意志而有别于宇宙其他生物——除了神灵之外——因此有能力驾驭他们天性中消极和有害的冲动，并引导自己踏上美德之路。他们承认，鉴于懒惰、懦弱等天然习性，这需要付出努力，但他们并不质疑以下假设，即理性之所以选一种行为方式而非另一种行为方式是有理由的，即这样做的充分动机。这一观点在多个世纪之后遭到大卫·休谟的直接反驳。他认为，只有情感才是行为动机，理性是远远不够的。这两种观点标志着体貌特征理论的两个对立面，即理性和情感究竟哪个是行动来源。

在中国儒家传统中，也存在同样激烈的意见分歧，尽管是在不同的问题上。据《论语》记载，孔子本人对人性和培养"仁"，即"君子之德"的可能性持理想主义和乐观态度。孟子是儒家传统的第二位大师——他生活在孔子时代之后的一个世纪——同意人性本善，因此，发展理想社会前景光明。两代之后，第三位儒家大师荀子在此问题上提出强烈异议：他认为人性本恶。

孟子将不法行为解释为外部力量如贫穷和饥饿造成的结果，认为是苦难（困难时期）使人们犯罪，因为他们的生存很艰难。他说，人们并非天性如此，但苦难的经历让他们的心沉沦和被淹没。孟子引用下面这个现象作为性本善的证明：当人们看到孩子有掉进井里的危险时（孺子入井）都会有不忍之心，赶紧出手相助；他们有这种感觉并非因为他们想取悦孩子的父母或者得到社会认可；这种情感是自然而然地在他们的"心"中产生的。

相比之下，荀子认为，人天生倾向于恶，由此可见，做好人需要刻意努力。人是贪婪的，他们追求个人利益，他们视他人为竞争对手；结果，嫉妒和敌意涌上心头，引发犯罪与背叛。人们生来就有感觉器官，这使得他们寻求放纵的快乐。因此，荀子说，需要基于正直的行为模式进行教育。只有这样，才能培养出礼貌、有教养和忠诚的品质。他写道："笔直的木材，合乎墨线的要求，如果把它煨烤，就可以弯成车轮，弯曲的程度能够合乎圆的标准了，这样即使再暴晒，木材也不会再变直，原因就在于被加工过了。所以，木材经过墨线量过才能取直，刀剑经过磨砺才能变得锋利。"[1]

---

[1] 原文为荀子《劝学篇》："木直中绳，輮以为轮，其曲中规，虽有槁暴，不复挺者，輮使之然也。故木受绳则直，金就砺则利。"——译者注

第二章 "我们"和人性

所有的印度传统思想，无论是"正统"的阿斯提卡派还是"异端"的那斯提卡派（后者包括佛教和耆那教），都带有苦难主题或全是苦难主题，宣扬通过涅槃来解脱苦难，这种解脱是在知道万事皆空（人生体验中所遇到的虚幻本质）之后，通过苦行、冥想和积累慈善功德来实现脱离轮回。这些思想在所有学派中反复出现，并聚焦它们共同的首要目标上：摆脱痛苦。它们是救世论，即关于救赎的教义。在其看来，通过摆脱生命的本质——痛苦和困扰，可以实现救赎。印度传统思想的另一个共同特点是，它们是可知论的，认为获得知识之后可以解脱，因为苦难的根源是无知。这些言论和形成印度教的各种实践在过去和现在都表明，大多数印度流派都是无神论的；他们的教导是哲学性的，而不是宗教性的。

鉴于印度学派专注于作为生命本质的苦难之源，以及摆脱苦难的方法，他们对人性的看法是隐含的而不是明确指出的。提及承受痛苦的能力、受表象迷惑、欲望以及对事物和人的依恋，共同描绘了一种生物，它既极其脆弱又有可能达到大悟从而摒弃事物虚假表象，一种可能通过严格的自律克服欲望和依恋的生物能够为解放做出巨大努力。

基督教是另一种救赎论，这次是以人类的无助、脆弱以及无法自救为前提。救赎学说要求有一些需要得到拯救之物。印度传统思想实际上是说，我们需要得到救赎，摆脱无知；基督教则说，我们必须先消除自己与生俱来的罪恶和弱点才能得到救赎，这种弱点使我们无法摆脱其支配。我们生来有病，因罪而病——全人类都因亚当的原罪而被定罪——必须得到拯救。如果我们相信在近代历史的某个时刻，神化身为人，并将自己作为血祭献出，为人类赎罪，我们就能得到拯救。我们需要"上帝的恩典"才能得救，我们通过以下方式得到拯救，即相信、服从、奉上我们的意愿。

这种观点隐含的意思是，人们可以反抗神的命令，这意味着他们作为个体，有自由意志和足够强大的力量，至少在一段时间内可以违抗重典威胁和服从的压力。这就是自负之罪，是对人类自主权的承认。然而，这些宗教同样承认人类有能力自主行动；道德行为在很大程度上包括抵制人性的需求——驯服它、控制它、消灭它——除非人们有能力做到这一点，否则，无论需要付出多少努力都是不可能的。

尽管这些观点各有不同，但都认为人类是会思考的生物，无论他们受到社会和其他因素多么大的制约——即使这些因素包括一些强烈的天生冲动和本能——都有自由意志。即使是认定大多数人又懒又笨的犬儒学派也假定，人们有理性和意志，只要愿意，他们就可以使用这些东西。毕竟，犬儒学派认定，人类不怎么使用或根本不使用他们的推理能力，他们满足于让别人替他们思考，他们希望别人告诉他们做什么，而不是自己思考。

最新最科学的观点是，犬儒学派在这最后一点上充其量只是部分正确，理由是人性——人类心理学——是进化的产物。根据这种观点，人类的种种行为，如择偶和竞争、社会等级的形成、对蛇和蜘蛛的本能反应、厌恶（如对腐烂食物的厌恶）、对乱伦的厌恶等都是至少在1.2万年前（目前的全新世时代开始）结束的更新世时代以来200万年里自然选择的结果。早在全新世开始之前，前智人和新兴智人的心理装置就已经达到"极限",这些适应性结果是因为应对更新世甚至更早（200多万年）之前的环境所带来的"进化适应性环境"（EEA）的挑战。正如一句用来概括此观点的口号所言,我们的头骨因此保留了石器时代的思维,一些人引用该观点来解释,在后石器时代条件下人类生活体验的不适应性。

进化心理学是有争议的。在进化心理学理论提出的最初几十年,争论尤其激烈,这一概念以及产生争议的原因如下。

长期以来,人们认为大脑几乎是一块白板,仅仅配备了一些基本能力,有助于它从体验中接收印象,并从中形成信念,发展心智功能。这些能力在输入刺激之前是潜在的；它们需要体验来供给内容,并赋予它们力量,或者至少唤醒这些力量的活性度。这是17和18世纪经验主义哲学家的观点,即使在哲学和心理学发展出更多有关心智的精巧隐喻时,它仍然是一个基本假设,例如,其功能类似电话交换机或通用计算机,但"通用目的"概念是关键。学习、记忆、推理、吸收文化等能力被认为是大脑具有的通用能力,因此,它们在这些方面获得的一切是人们接触体验的结果。这一理论似乎得到经验数据的支持,如果你把一个婴儿放在他出生地之外的任何一种语言文化环境中,他长大后就会受这种文化的影响,而不是受其生母文化的影响,这说明了大脑的广泛可塑性。

根据此大脑运作的"领域—通用性"观点,诸如解读他人情绪、学习一门语言、理解互惠的目的和价值以及几乎所有其他能力,都被认为是运用了相同的基本心理官能,认为其本身没有内容,而是依赖体验来获得表现其各种特征和功能的东西。但随着心理学、神经学以及生物学和动物行为学（对动物行为的研究）中的进化论解释的发展，这种观点的依据逐渐显得越来越不充分。特别是，大脑是身体中的重要器官，它是在长期的自然选择压力下进化而来的，这使得人们不得不认为，其各种功能也是与处理特定任务的方式进化而来的，因此，与其说大脑的能力是"领域—通用的"，倒不如说是高度"领域—专有的"，因而存在语言进化模块，有单独进化的面部识别模块，有单独进化的厌恶反应模块，其余的精神、知觉和心理素质等能力也是如此。

所以进化心理学的基本原理是，作为一个物理系统，大脑的结构是在进化压力下"设计"出来的，以应对它所面临的生存和再造挑战。因为在人类历史百分之九十九的时间里，人类及其祖先都是狩猎采集者，所以人类的大脑已经进化到可以应对那种生活形式的地步。正如进化心理学的两位主要支持者（勒达·科斯米德斯和约翰·托比）所写的那样：

> 理解现代人心智方式的关键是认识到，其回路不是为了解决现代美国人的日常问题而设计的——它们是为了解决狩猎采集者祖先的日常问题。石器时代的这些优先事项产生一个大脑，擅长解决某些问题，而在其他问题上略逊于此。例如，对我们来说，应对小规模狩猎采集者队伍比应对成千上万的人更容易；对我们来说，学会害怕蛇比害怕电插座更容易，尽管在大多数美国社区，电插座构成的威胁比蛇大得多。在许多情况下，我们的大脑更善于解决

人类祖先在非洲大草原上面临的各种问题，而不是解决我们在大学课堂或现代城市中更熟悉的任务。谈到我们的现代头骨容纳了石器时代的心智，这并不意味着我们的思想是不成熟的。恰恰相反，它们是非常复杂的计算机，其电路经过精心设计，用来解决人类祖先经常面对的各种问题。

在发展的早期，进化心理学曾遭到许多知名批评者批评，尤其是斯蒂芬·杰·古尔德和理查德·列万廷。古尔德反对的理由是他认为的硬性决定论的基本含义，其中唯一起作用的因素是自然选择，但其在很长的时间范围内会趋于固化，相反，他认为进化也可以通过文化压力和随之产生的"拱肩"而产生，这些是两种不相关的发展相互作用并为新事物的产生创造条件所带来的结果。在承认生物学对心理学重要性的同时，他主张潜在性，反对决定论，主张适应中的灵活性，即"允许我们具有攻击性或和平性，支配性或顺从性，恶意性或慷慨性……暴力、性别歧视和一般的下流行为是生物性的，因为它们代表一系列可能行为的子集。但是，和平、平等和善良也是生物性的，如果能够创造出允许它们壮大的社会结构，我们就会看到其影响力在增加"。

正如这句话的主旨暗示的，反对进化心理学是有潜台词的。这涉及古尔德等批评家所描述的"政治正确"的反对意见，即人类行为的某些方面，如攻击性、男性支配和残酷性已经融入人类的本性，因此战争是不可避免的，等级差异制和不平等是不可避免的。在那些否认行为形成中存在遗传因素的人看来，小男孩吵吵闹闹和破坏性倾向以及小女孩喜欢玩具娃娃的倾向完全归因于社会化,并且能通过给小男孩玩具娃娃,给小女孩塑料枪的方式来纠正这种社会化倾向。他们的确在很认真地这样纠正。

理查德·道金斯的"自私基因"和所谓的圣巴巴拉进化心理学学派(该学派得名于加利福尼亚大学圣巴巴拉分校,托比和科斯米德斯曾在这所学校任教)可能会被理解为决定论,但另一位生物进化人性的捍卫者史蒂芬·平克则更温和一些,他承认环境和天赋遗传在个人性格的形成中相互作用,同时也证明了"白板"观点是不成立的。认识到针对这一点的有力实证性证据,同时证明不同版本的"白板"理论(包括"高贵的野蛮人"和"机器中的幽灵")的不足之处,他列举了对"我们这一物种在外貌和地方文化的粗略差异下的心理统一性"的认识。人类有一个潜在的、由基因决定的心理共性,这一观点有助于解释"心智理论",即人们成功地识别和预测的意图、欲望和行为,有跨文化的,也有文化内部的——哭泣、大笑和感到剧痛的面部表情就是简单例子。

早期进化心理学中暗含的硬性决定论,以其对"石器时代思想"观点的承诺是建立在如下观点之上的,即自然选择是基于大时间跨度运作的。自全新世开始以来的短短1.2万年(与新石器时代人类文化发展的开始时间大致同时)若与自然界反复试验进化策略的35亿年相比,似乎只是稍纵即逝的短暂瞬间。但这一观点因以下事实而有所改观:据观察,一些进化过程的发展速度要比这快得多。例如,人类的乳糖耐受性——消化非母乳的能力——仅在旧石器时代晚期就在一些人群中进化,进化最显著的时期是自马、山羊和奶牛等产奶动物的驯化开始（2万年或更少）的。

但有关进化速度的争论并不是这方面的决定性问题。与之相关性更强的一个问题是，是否接受大脑的"模块化"理论，即大脑是一大批特定能力的集合，每一种能力都只用于一种功能，意味着不存在通用能力，也就是说，允许个人在其一生中适应新条件、状况的快速变化和全新环境的那种广泛能力。想想看，从解剖学和行为学上讲，大约6万年前，现代人从非洲迁移，到了1.5万—2万年前，他们已经适应地球陆地上的几乎每一种气候和生态系统，从永久冰冻的荒原到茂密的丛林再到炎热的沙漠。这说明适应时间远比缓慢的进化决定论所允许的时间要短。在北极的生活和在澳大利亚内陆的生活，在亚马孙丛林的生活和在太平洋岛屿之间长途跋涉的生活，在高山上的生活和在肥沃山谷中的生活，这些都需要因地制宜。不同条件、不同工具，为利用不同类型的资源和避免不同类型的危险来制定不同策略——简而言之，就是头脑、想象力和技能的高度灵活性。而在进化过程上，这就是一眨眼的工夫。如果文化进化比生物进化要快得多，那么，生物进化赋予人类大脑的适合如此快速的文化进化的潜能就不可能被用来应对50万年前人类在非洲草原面临的挑战。

因此，即使承认人类的心理潜能是进化出来的，而且是模块化的，但似乎与几乎所有其他动物死板的行为模式形成了明显的对比，人类的头脑有办法将其能力结合起来，有时甚至凌驾于其之上，并经常将其潜能通用化。一个非常贴切的例子大概是，人类的语言能力是硬连接的，但个体所说的语言取决于他们在早期生活中所接触到的环境，这非常清楚地表明了神经学和脑外环境之间的互动——简而言之，先天与后天的互动。

进化心理学家通常不喜欢谈论先天与后天、可塑性、灵活性、通用潜能等，因为它们太模糊了，而且不符合为特定目的而进行的特定适应等明确概念。蜘蛛恐惧症、乱伦厌恶症、憎恶感、骗子辨别、配偶偏好等例子，都很符合主流进化心理学提出的"大脑的大规模模块化"范式。人类对截然不同的环境和新挑战的适应性，以及几乎人人都展现出从头开始学习复杂的文化传播技能的能力，都显示出通用潜能，这与大多数功能的模块化是一致的，要么与它们并行，要么是在它们之后。

如果可以从关于进化论和心理学的辩论中得出有关"人性"问题本身的结论的话，那就是上面所说的"软性本质主义"结论，即承认人类心智的进化性质的人性，并至少承认其在许多潜能方面的模块化，同时为经验性数据留出空间，即它也表现出相当程度的可塑性和领域通用性。对于一个依赖智力——而非爪子和牙齿、皮毛和鳞片、大小和速度——以便生存和发展的生物来说，这两者本身都具有明显的进化优势。两者都是人类普遍自我认知的基础，即在他们所做之事中至少有一些是自愿的，至少在某些重要方面能够改变自己，并且在大多数时候能适应新情况和新环境。就本书读者的目的——回答苏格拉底之问——而言，已经足够了。

因此，总结一下：我们——读过这本书的读者——最终是自由的，尽管我们在历史和社会上有许多纠葛，但在我们应该如何生活，以及应该遵循什么价值观方面，我们可以做出选择。我们能够回答苏格拉底之问，每个人都能为自己的利益找到或活出最好的、最真实的自我——存在是苏格拉底追求的主要目标。接下来的讨论都是基于这些不可解除的假设。

第三章 生活是一所学校

从20世纪下半叶开始,人们对古代哲学家(主要是斯多葛学派,其次是伊壁鸠鲁学派)的伦理学说重新产生了兴趣,而且此后兴趣越来越浓。也许"复兴"一词并不十分恰当,因为自古以来,各种哲学流派就一直令人感兴趣,尽管后来仅限于那些有机会了解它们的人。然而,的确可以说,这种兴趣已经扩大,越来越多的人注意到这一点,并且出版了越来越多的文章和书籍(其中一些是通俗的,一些更详细)。对这一现象的一个主要解释是西方文明在过去2500年中的历史形态。

在这段时间的头1000年里,从公元前6世纪古希腊哲学开始被认可到公元4世纪末——准确地说是公元380年——皇帝狄奥多西一世颁布了《帖撒罗尼迦敕令》,将基督教确立为罗马帝国的官方宗教(同时禁止所有其他宗教),伦理讨论和反思是一个世俗问题,在某种意义上,它并不以神灵的命令为前提,而是人们努力工作的问题，因为他们自己以及与他人讨论如何最好地生活。公元4世纪基督教以及后出现的其他宗教各自垄断的出现极大地改变了这一点。

这些宗教要求每个人都相信相同的教义并以相同的方式行事。这些教义声称是从天上传下来的，这些行为对于死后的存在是田园诗般的惬意还是接受惩罚至关重要。然而，前基督教时代的伦理反思一直是一个值得争论的问题和选择问题，不同哲学流派强调不同的原则，要求人们思考并采取相应的行动，在相关方面，宗教明确并断然禁止人们独立思考。这听起来像是一个纯粹的争论点，但正如前面指出的，它的确是正确的。对教义毫无疑问地信仰以及服从和完全符合要求（对纯粹主义者来说仍然是）是任何一种信仰的本质，并被视为美德。在基督教中，"傲慢"（为自己着想；独立自主，不依赖神的拯救恩典）是一大罪过——"按照你的意愿，而不是我的意愿去做"。

请注意基督教的历史轨迹：在狄奥多西时代，教父们撰写了"护教学"，这是一种旨在说服人的文学。毕竟，他们面对的是一个成熟而先进的文明，这里受到良好教育的精英们不愿意接受过多的魔法思考。教会最终的胜利成功地将这个文明推入被称为"黑暗时代"的境地，这种描述并不完全是误导性的。读书识字、知识、技能和社会组织都急剧下降，直到公元8世纪末的查理曼统治时期，它们才开始缓慢地恢复。在中世纪后期的权力鼎盛时，教会不再需要说服，因为它开始下命令了。"不信教就死"是基本要求。不信教已经成了刑事犯罪。最晚到17世纪中期——1633年伽利略被起诉——基督教已经失去了强制的力量，不得不回到护教学上来。因此,自启蒙运动以来,说服(一个著名的例子是威廉·佩利的《基督教的证据》及其对神创论的"钟表匠"论证;还有许多其他的)再次成为其唯一手段。

现代西方宗教信仰的衰落解释了今天人们对古代伦理学派重新产生兴趣的原因。这种兴趣在受过教育的人中从未消失。兹举若干说明问题的案例,想想16世纪的伊拉斯谟和18世纪的休谟对西塞罗的评价:伊拉斯谟说,他应该改名为"圣西塞罗",而休谟说,他希望给他读的是西塞罗,而不是灵修小册子。文艺复兴时期古代文学、哲学、科学和医学的复苏,从文艺复兴的角度来看,实际上是这些领域最新、最先进思想的复苏,因为除了那些维护神学的哲学方面之外,在教会的霸权下独立探究几乎不允许进行。同样,今天对斯多葛派、伊壁鸠鲁派和其他学派的兴趣回归,是对最新和最先进世俗思想的回归,这些思想在此被概括为"苏格拉底之问"。

斯多葛派、伊壁鸠鲁派和其他学派实际上构成了关于如何回答苏格拉底之问的——"我应该成为什么样的人,我应该如何生活?"——最新和最先进世俗思想。在这个世界上,至少从20世纪中期以来,西方地区在道德和个人生活问题上,只是明显地、有意识地、公开变得更加世俗化。这就是为什么斯多葛派和伊壁鸠鲁派重新引起人们的兴趣,因为在这个新的世俗道德世界中,有回答苏格拉底之问的需求,许多不同机构、群体所提供的答案只能让人获得暂时的满足,并不令人满意——不再只是教会,还有广告商、政党、阴谋论者、营养师、健身专家,以及形形色色的权威人士。人人都有相互对立的观点,其中大多数都极其肤浅,只专注于一招,用他们追求幸福的秘方（如物质财富、苗条腰围、低税、廉价假期）让我们不知所措。那我们到何处寻找便于反思的辅助工具呢？答：在哲学流派1000年的思想和实践的丰富资源中，仍然有关于这些问题的最新和最先进的世俗思想。

必须补充的是，印度传统中也有这类资源，主要是佛教和瑜伽，就瑜伽而言，其表现形式为早期与由圣人迦毗罗所发展的数论派之间的关联；此外，还有中国的道家学说。随后会有更详细的介绍，它们对西方人的吸引力本身就是此处所描述情况的一个标志。

因此，这里对古代哲学流派提供的最新和最先进的思想做了调查，针对的就是如何回答苏格拉底之问的。在第二部分中，他们的许多想法都会得到应用。正如这句话表明的那样，这里没有敦促读者接受任何一个学派主张的问题。在某种程度上，独立思考就是从各处挑选出任何能引起共鸣并有助于形成自己观点的见解和建议。从苏格拉底开始，这项调查将按照他死后一个世纪出现的顺序，带领我们了解犬儒学派、亚里士多德学派、昔勒尼学派、伊壁鸠鲁学派和斯多葛学派的观点。

我们从苏格拉底开始并非偶然。在他之前，几乎所有古代哲学家都致力于探讨现实的本质（在希腊语中称为"physis"，意思是物理）以及我们对它的认识。只有毕达哥拉斯及其学派添加了如何生活的教义，主要是基于他们对灵魂轮回的信仰而采取的一些饮食限制。他们相信死者的灵魂会转移到豆子里，因此，他们不吃豆子，也相信灵魂会转移到动物中，这使得毕达哥拉斯学派成为素食主义者。

然而，苏格拉底将他的注意力完全转向伦理学，他曾经尝试过各种"物理学"学派，并发现他们彼此之间无法得出一致的结论，更糟糕的是，他们忽视了他认为更紧迫和更直接的问题，即人应该如何生活。他是一位个性鲜明和魅力无穷的人——坚持原则、善良、幽默、聪明、极具挑战性；他是雅典的名人，得到某些人的喜爱，但也得罪了其他很多人——尽管他没有留下任何著作，但他对后世哲学学派产生了巨大影响。人们可以看到他树立的榜样如何影响了这些学派：他对财富和世俗物质追求的冷漠被犬儒学派模仿；他的自律和对公民义务的坚定承诺为斯多葛派追随；他对"审慎生活"的赞美激发了亚里士多德的观点，即将理性应用于伦理是最好生活的基础。他是其最著名的学生柏拉图的起点，虽然柏拉图在更广泛的主题上提出自己的哲学观，但他仍保留了苏格拉底有关知识和美德关系的重要思想，即知识就是美德。

公元前5世纪中期的雅典处于鼎盛时期。这是伯里克利时代的雅典：在5世纪早期，它带头击退了薛西斯统治下的波斯对希腊的大规模入侵；它是希腊世界的中心，从意大利南部一直延伸到现在土耳其安纳托利亚的沿海地区；尽管科林斯、斯巴达、底比斯等城邦是独立的，但其中一些城邦与雅典结盟，以至于称雅典为"雅典帝国"并不为过。在这个伟大时代，雅典修建了美丽的神殿、公共建筑、剧院和雕塑，并度过了民主时期（当然是成年男性公民的民主）。在此时期，轮流担任公职的义务和辩论所需的技能导致了由智者提供的高等教育激增。这不是唯一的原因。知识和智力技能受到重视的程度逐渐可以与希腊人一直对身体之美和技能的推崇相提并论，甚至更高。古希腊的"旧教育"侧重于体操和"音乐"（缪斯女神的艺术，主要是诗歌），前者是为了身体健康，后者是为了吸收赫西奥德和荷马提供的文化形成传统。它只持续到青春期开始为止。从公元前5世纪中期开始，人们对哲学探究、知识的普遍兴趣促进了继续教育和高等教育。起初是由著名的诡辩家，如高尔吉亚、普罗泰戈拉、希皮亚斯和克里蒂亚斯主导，到了公元前4世纪及之后，逐渐形成正式组织的学派，如伊索克拉底的修辞学派、柏拉图学院、亚里士多德学院、伊壁鸠鲁花园和西提姆的芝诺柱廊。

"诡辩家"这个词现在具有贬义，因为柏拉图给予诡辩家负面评价，柏拉图不喜欢他们教授辩论技巧，他们不是认真地致力于追求真理，而且（更糟糕的是）他们还为此收费。但他对他们的指责并不完全公正。诡辩家是公共话语艺术和辩论技巧方面的专业导师，同时也要了解历史和法律等方面的知识。而且，正如相关谚语所说，"人必须生活"，"工人配得上他获得的工资"。诡辩家靠自己的努力赚取报酬。

苏格拉底是一位诡辩家，但他在很多方面与其他诡辩家形成鲜明的对比。他也招收了一帮学生围在他身边，却并没有教授学生在公共生活中取得成功所需的技能，而是向学生发起挑战，激励他们思考道德的基本概念，例如勇气、诚实、正义、自我约束、智慧和美德的本质。他不收取任何费用，也不试图强加给学生任何教义，只是敦促他们独立思考。事实上，我们知道苏格拉底只提供两个积极的教导：值得过的生活是经过深思熟虑并由个人自主选择的生活；"知识即美德"，也就是说，当一个人知道什么是正确之事时，就不可能做错事。

第二点不具有说服力。人类经验中的一个普遍现象是，我们知道什么是正确之事，但却不做，甚至可能做错事，一个小例子就是自己明明在节食，却依然忍不住吃巧克力蛋糕。在这一点上，亚里士多德比苏格拉底更接近现实，他认为这是"意志薄弱"。但在第一点上，即有关深思熟虑的生活，苏格拉底做出了重大贡献。事实上，他是这样表达的：未经审视的生活是不值得过的，因为它不是自己的生活，充其量只是别人对生活应该是什么样子的想法。按照别人的想法去生活就像是别人比赛中的足球，自己的前进方向是由别人选择的结果。值得过的生活是个人因为刻意选择而拥有的生活。而"刻意"的意思是：在思考的基础上。

这个看似简单的观点，其实既深刻又具有颠覆性。它之所以深刻，是因为它有意识地审视价值观问题，即什么才是真正重要的，无论是其本身还是对思考者本人来说，皆被视为生活的基础；它之所以具有颠覆性，是因为它说个体必须自己思考和选择，它挑战了大多数人在大部分历史时期生活在那种"放之四海而皆准"的意识形态。这些意识形态（主要是宗教）声称拥有适用于任何人的"标准答案"，无论个体在时间、地点和特殊性上存在怎样的差异。

苏格拉底之后的所有思想流派都同意他的观点，即美好而值得过的生活是基于理性而有意选择的生活。因此，像他一样，这些学派的老师和追随者接受这样的假设：我们可以自由选择，我们可以改变自己，并且生活中有些值得做和值得追求之事。如果使用在前一章讨论这些观点时所使用的术语，这些是不可解除的假设。苏格拉底的贡献是将伦理学置于哲学思想的核心位置，因为这些假设必然涉及其中，他为以后的所有伦理学思考设定了框架。

尤其让苏格拉底的追随者们印象深刻的是他对幸福的看法，即"灵魂的健康"，正如该短语本身所暗示的那样，这是一种彻底的内在主义。这种观点导致一些人，尤其是伊壁鸠鲁将哲学视为一种实用的灵魂疗法。柏拉图和色诺芬在他们的著作中都强调苏格拉底有能力掌控欲望，对大多数人来说，它是干扰源——对食物、舒适和性的欲望——因为它们是不良行为的主要驱动因素。色诺芬写道："苏格拉底是所有男人中对性和身体欲望最具自制力的人，对冬天和夏天以及所有体力活动最具适应性，因此他训练自己的需求做到适量，当他只有一点点时就感到很满足了。"

柏拉图早期的对话无疑相当准确地描述了苏格拉底的挑战和质疑之法，虽然往往没有得出结论，但却在很大程度上阐明了主题。柏拉图本人在其漫长的哲学生涯中还有更多、更大的问题需要解决，而在他的大部分对话中出现的"苏格拉底"只是一个代言人——在某些情况下，甚至并非辩论的胜利方。不过，正如上文提到的那样，柏拉图从未质疑过有关深思熟虑的生活观或"知识即美德"的观点，甚至将后者扩展成为他的复杂观点，即知识（真正的知识），只涉及完美的、不变的和永恒的东西，这些是"存在领域"中的"形式"，只有当脱离肉体的灵魂与它们直接交流时，我们才知道它们。批评家可能会指出，如果在我们有形生活中无法获得真正的知识——柏拉图将普通世界称为"生成领域"（realm of becoming），因为其中的一切都是不断变化的，总是在生成某种东西，因此我们只能对此发表意见——那么，似乎很难看到任何人除了渴望过上幸福生活之外还能做更多的事。事实上，这可能是柏拉图的真实想法，至少对于非哲学家来说都是如此。

苏格拉底之后的第一个伦理学派是犬儒主义，如果说"学派"这个词不太精准的话，也许"运动"更准确，指一个相对较小、边缘但持久的观点。它始于苏格拉底的一个同事安提斯泰尼，他钦佩苏格拉底无视社会规范和期待，坚忍顽强和漠视物质享受，以及他不屈不挠追求独立的精神。在希腊语中，kyon指的是"狗"，kynikos是"像狗一样"的意思，这个标签被贴在比安提斯泰尼更著名的继任者第欧根尼身上是有充分理由的，那就是他的确像流浪狗一样生活。犬儒主义的信条是"按照天性生活"，第欧根尼严格遵守这一信条：他不穿衣服，睡在桶里，在公共场合撒尿、排便和自慰。他在光天化日之下提着一盏点燃的灯笼，在被问及为何这样做时，他说他在"寻找一个人"，并补充说他"曾经在斯巴达见过一些男孩"。他的观点是，不怕艰苦的斯巴达生活方式比雅典的生活方式要轻松得多。

安提斯泰尼是该运动公认的创始人，他出生于公元前5世纪中叶的雅典，活了80岁，这意味着在公元前399年苏格拉底被处死时，他已经40多岁了。苏格拉底被指控"腐化雅典青年"（让雅典青年思考和质疑的罪名，当时雅典处于一个紧张而独裁的政权统治下，这是伯罗奔尼撒战争失败后政治崩溃的结果）。安提斯泰尼最初跟随著名的诡辩家高尔吉亚学习，成长为一名出色的演说家，但后来转而效忠苏格拉底。他受到苏格拉底的启发，认为美德是幸福的基础，美德在于自我克制和节俭。与苏格拉底有关知识和美德关系的观点一致——即"知道是非对错意味着不会做错事"——安提斯泰尼相信美德是可以教授的；为了学习它，他说，人们只需要拥有"苏格拉底的力量"，他指的是勇气和自律。美德体现在行动而不是言辞上——事实上，它很少需要言语。人的生活方式应该由美德的原则来决定，无论是否符合国家法律。为此，安提斯泰尼教导说"行善者值得被爱"，实际上是敦促那些坚持美德而与国家法律发生冲突的人团结起来，就像苏格拉底那样。

因此，拒绝社会规范和严格自律是犬儒派观点的定义性特征。安提斯泰尼通过全身心地拥抱贫穷和禁欲主义来证明这一点。在接下来的几个世纪里，犬儒派的象征——手杖、小袋子或"钱包"以及一件破旧的斗篷（他曾说，你唯一需要的床是折叠的斗篷）——据说皆起源于他。

安提斯泰尼写了很多书，但他的作品几乎没有流传下来。他对追随他和进一步发展他思想的人都产生了巨大的影响。他们包括第欧根尼、底比斯的克拉特斯和西提姆的芝诺，后者是斯多葛派的创始人。研究古代哲学家生活和观点的历史学家第欧根尼·拉尔提乌斯在公元3世纪写道，安提斯泰尼"激发了第欧根尼的超脱、克拉特斯的克制和芝诺的坚毅"。

最臭名昭著的犬儒派第欧根尼将拒绝一切规范观念的想法推向了极致。他并非出生在雅典，而是出生在黑海的西诺普镇，活到90岁，于公元前323年去世。这意味着在苏格拉底去世时，他只有13岁。他因与父亲共同犯下的罪行而被驱逐出西诺普，罪行是贬低了该镇的货币（他父亲经营西诺普的铸币厂）。当他到达雅典时，第欧根尼坚持追随安提斯泰尼，尽管安提斯泰尼不想招收任何学生，并试图摆脱他。有人认为"犬儒主义者"这个名字的起源——来自对"像狗一样"的较为积极的解释——第欧根尼对安提斯泰尼不懈追求，无论到哪里都忠实地追随他。

第欧根尼热情地接受了简朴生活的理念。再次，"像狗一样"，他不仅随时随地地执行自己的天生本能，包括饥饿时随时进食，而且对于可食用的物品没有任何禁忌，甚至从寺庙祭祀中获取食物。他自称是"世界公民"。他谴责同时代人的虚假生活，称他们的思想因为对地位和财富的愚蠢渴望而变得模糊或"烟雾弥漫"。他坚持认为，生活的目标应该是心智的满足和清晰（他用 atuphia 这个词来表示，其字面意思是"无烟雾"），通过禁欲主义来实现，这样可以获得自给、力量和平静。这意味着毫无羞耻地生活，拒绝任何与简朴自然的生活相冲突的国家法律和社会规范。

不同历史时期的其他人，在追求美德的过程中，拒绝了社会及其人为因素，例如基督教的隐士和修道士前往沙漠逃避诱惑。第欧根尼就在这富裕繁荣的首都直接挑战诱惑。他和后来的犬儒派并没有舍身前往荒野寻找简朴，而是在诱惑最多之所寻求并践行简朴生活。他们的目的是通过向人们展示一个榜样来向人们提出犬儒派生活方式的挑战。他们不仅通过榜样来做到这一点，还通过批评、取笑甚至以令人尴尬乃至害怕的方式促使人们思考。

有故事说，后来第欧根尼被海盗绑架并卖到科林斯当奴隶，在那里，他被一个叫色尼亚德斯的人买下，并让他担任儿子的家庭教

第三章　生活是一所学校

师。在此，第欧根尼成为这个家庭中深受爱戴的一员，并与他们一起度过了余生。在有关他死亡的许多不同传说中，有一种说法是他被狗咬伤而中毒身亡，对于犬儒派来说，这真是一个再合适不过的结局。尽管据说第欧根尼写过戏剧和书籍，但他的教义主要是通过生活中的逸闻趣事来传达的，其中许多无疑是杜撰的。故事之一说亚历山大大帝拜访他，并提出满足他的任何请求，而第欧根尼——我们必须想象他蜷缩在木桶里，皇帝大驾的身影落在他身上——他的回答是："请别挡住我的阳光。"

人们可能会认为第欧根尼主张并过着狗一样的生活，这没有什么损失可言，毕竟他是犯罪流放者，后来又成为奴隶。而下一位主要的犬儒派代表底比斯的克拉特斯和他的妻子马罗尼亚的希帕蒂亚的情况则恰恰相反。两人都生来富有，但在听了第欧根尼的演讲并目睹了他的坚守后，他们放弃了财富。克拉特斯自称为"第欧根尼的同胞"，意思是世界公民和犬儒派追随者。因此，他和希帕蒂亚选择过着乞丐的生活。他们在雅典广为人知，因其幽默、善良和原则性立场而备受尊敬，并且无论在哪里都受到欢迎，尤其是作为家庭争吵的安抚者和调解者。他们对犬儒生活的理解比第欧根尼的要温和得多，更注重通过摆脱规范观念所带来的内心平静，而不是攻击那些持有规范观念的人。

据说，克拉特斯的哲学信笺写得像柏拉图对话一样优美，可惜没有留存下来。他主张哲学生活，因为他说，这样的生活使你摆脱烦恼和不满：有钱时，你可以自由地分享它；要是没有钱，你不稀罕钱的事实意味着你不会因为贫穷而抱怨，而是会满足于你拥有的一切。他建议简单的扁豆食谱，理由是奢侈的生活会引发纷争，因为地位和财富是获得奢华和维持奢华的必要条件，迫使人们不得不相互竞争。

简朴生活是通往幸福之路的捷径，克拉特斯和希帕蒂亚是这一观点颇具吸引力的倡导者。可以想象，他们的旅程之所以成功，就是因为他们的彼此陪伴。

犬儒主义始终是少数人的观点，甚至是边缘性的观点。犬儒主义者是最早的嬉皮士，他们过着一种与社会规范格格不入的另类生活。这是一场持续很久的运动，8个世纪后仍有自封的犬儒主义者，比如埃梅萨的萨卢斯提乌斯。尽管有些人（如萨卢斯提乌斯本人）是大声喊叫、咆哮的类型，但其他人更像克拉特斯和希帕蒂亚，例如塞浦路斯人德莫纳克斯，他生活在公元1世纪的雅典，像他们一样因擅长调解和善良而受人爱戴。该流派的一个显著特点是它追求人人平等，一个显著的例子是犬儒主义者希拉克利乌斯在公元362年与朱利安皇帝进行讨论时对朱利安的说话方式，这促使朱利安在其第七次赦令中写道，哲学家更应该学会尊重他人。

早期的犬儒主义者不喜欢贵族出身和富有的柏拉图。安提斯泰尼指责他骄傲和自负，有一次看到一匹华丽的马在游行队伍中跳跃，对他说："如果你是一匹马，你就会像它那样的。"第欧根尼同样与柏拉图关系紧张，批评他参加宴会，还在家里铺设地毯。有一天，他踩着柏拉图的地毯说："我践踏了柏拉图的骄傲。"柏拉图回答说："是的，第欧根尼，你带着另外一种骄傲。"某种阶级情感显然在此发挥了作用：柏拉图是雅典上层阶级中人脉广泛的成员；安提斯泰尼是"私生子",而且他母亲并非雅典人而是色雷斯移民,所以他没有资格获得雅典公民的身份;正如前文提到的那样,第欧根尼的背景有些可疑,他因犯罪被驱逐出西诺普。

但是,哲学坚守本身并不遵循阶级出身的界限。克拉特斯和希帕蒂亚一开始都是精英阶层的富人后代,而从犬儒派发展而来的影响深远的学派,即斯多葛派则成为从奴隶(如爱比克泰德)到贵族(如塞涅卡)再到皇帝(马可·奥勒留)的全社会的世界观。

斯多葛派与犬儒派一致认为,幸福来自与自然和谐相处,而这种和谐是依靠自我克制和自律来实现的。文明生活中的事物(财富、资产、地位、权力)在本质上并没有价值,它们是社会的人造物。对重大事物的错误信念会导致情绪困扰和虚弱,而且是不快乐的根源。因此,他们从犬儒派那里继承了节制和自律等承诺,但明显不同的是,他们关心自己对社会的责任,而犬儒派则拒绝与社会接触。在分享犬儒派的世界主义观念(对所有人友爱和平等的承诺)的同时,他们还增加了一种责任感:如果你和其他人一样都是宇宙公民,你就不能忽略由此带来的义务。犬儒派在公众面前展示他们的美德,斯多葛派则将这些美德内在化。与犬儒派厌恶财富和地位不同,斯多葛派对待它们是冷漠超脱,也就是说,尽管他们认识到包括自己在内的大多数人宁愿拥有它们而不是没有,但他们并不认为缺少这些东西,就成为真正重要的障碍。真正重要的是要以荣耀的方式生活,勇敢面对不可避免之事(如衰老和死亡)和自主控制内心的色欲、食欲和恐惧。

斯多葛派和犬儒派之间的另一个主要区别是,前者发展了有关宇宙本质以及逻辑和理性的哲学观点，使其成为成熟的哲学学派，而犬儒派则不然。斯多葛派形而上学（他们对宇宙本质的看法）的关键方面是认为它是物质的，并且体现了"logos"（逻各斯），这是古希腊哲学中一个非常重要而且具有深意的术语，其字面意思是"词"，引申出来的意思包括"理性""原则""合理的事物""有序"等。在斯多葛派创立若干世纪之后，其后继者——罗马帝国时期的哲学家，其中主要是爱比克泰德、塞涅卡和马可·奥勒留——已经停止了有关形而上学和逻辑思想的讨论，仅仅专注于伦理学方面，并同时将"逻辑"解释为一种守护力量——神，尽管是一种相当抽象的神，它并不被视为传承了斯多葛派教义，也没有向信徒承诺，如果遵循这些教义就会得到死后的奖励，因此，它并非宗教意义上的神。然而，若干世纪之后，在发觉自身特别需要一种比福音书中的"放弃所有财产，不做任何计划"的道德更具生活可行性的道德时，基督教发现斯多葛学派和其他希腊伦理学派是很方便的思想资源。

斯多葛派的创始人芝诺于公元前334年出生在塞浦路斯岛上的希腊殖民地西提姆。他起初是一名商人，但在阅读了色诺芬的《回忆录》中关于苏格拉底的文章后，他开始关注哲学。他来到雅典寻找一位哲学导师，传说他正向一个书商询问哪里可以找到导师时，正好犬儒派哲学家克拉特斯走过，书商就指给他看。

芝诺从克拉特斯那里学到了犬儒派崇尚的简朴和节制等美德，但他的谦逊使他不愿公开展示，尤其是不愿以犬儒派偏好的"无耻"方式生活，因此，他试图内化这些美德。除了谦逊，他还有强烈的公民责任感，认为一个人应该尽到自己作为公民的责任。当雅典出于对其生活和教义的钦佩，向他授予公民身份（这是一种非常珍贵的身份）时，他却拒绝了，理由是保持对其家乡西提姆的忠诚。他给家乡捐赠了公共浴室，并受到父老乡亲的高度尊敬。

除了跟随克拉特斯学习之外，芝诺还在麦加拉逻辑学派学习，并在雅典学园参加哲学讨论，该学园是柏拉图在将近1个世纪之前创立的。犬儒派启发了他的伦理学观点，他又从其他来源发展了逻辑学和物理学理论。他在雅典集市的彩绘柱廊建立了自己的学校。他的学校也因此得名。当他于公元前262年去世时，他的学生兼同事克里安西斯接替他成为学校校长。克里安西斯及其继任者克利西波斯都最彻底地发展了斯多葛派的逻辑学和物理学见解。

斯多葛派伦理学使其长期产生巨大的影响，尤其是在罗马人中。斯多葛派的基本观点是，幸福在于实现内在的平衡，而这又是通过"按照天性生活"来实现的。符合天性的东西就是"善"，善的意思是在所有情况下对我们有利之物，而不是只在某些情况下有利而在其他情况下不利的东西（例如财富，富有通常可能是好处，但也会引起问题）。斯多葛派将那些有时好有时坏的事物称为"不相关因素"。而总是好的事物包括谨慎、勇气、节制和公正。鉴于财富有时可能是善，尽管与谨慎不同，它不是一种绝对善，我们必须区分什么总是善，什么有时候是有价值的。通常情况下，我们会更喜欢那些有时有价值之物而非相反——显然，健康、财富和荣誉优于疾病、贫穷和耻辱——因为它们通常对我们有利，这就难怪我们有一种理性地去追求它们的倾向。但是，如果他们干扰了完全无条件的善，那么它们就不是优先选择，并且没有它们也不会否定整体的和无条件的善。

过上美好的生活在于选择那些无条件的善以及在符合善的情况下的适当之事。这些选择本身应受制于追求与自然天性相符之物。我们可能无法成功地获得一些"不相关因素",比如财富,我们的追求是足够理性的和合适的。但是,如果我们仍然拥有内在始终是善的品质——勇气、谨慎、节制——我们将实现平静、内心的和谐,即心神安宁。

这种态度的一个关键原则是我们应该掌握我们所能控制之物,特别是我们的欲望和恐惧,但对于我们无能为力之事,如衰老或患病或自然灾害的折磨,我们必须勇敢面对。这里的关键在于行动和激情之间的差别:行动是我们所做之事,激情乃我们作为接受者在毫无选择的情况下所经历之事。勇敢地承受激情意味着不让它们支配我们,我们必须对它们无感。这就是该词的原始含义。对于斯多葛派来说,概括这一原则的口号是"克制,然后忍耐"。

古代哲学家认为,我们现在认为主动的情感,如愤怒和爱实际上的确是激情,虽然被我们现在矛盾地称为"激情"。这是因为它们是强加在我们身上的,我们作为接受者是被动地接受的。例如,色欲被认为是一种折磨,甚至是一种惩罚。因为过度的激情是"违背理性的",所以我们需要进行自我教育以做好准备,这样我们就能够做到对其保持镇静。

雅典人立刻对芝诺的教义印象深刻。柏拉图和亚里士多德的哲学专业技术性很强,而且晦涩难解,犬儒主义者虽然很有趣,但其教义在生活中有些不可行。芝诺的教义则是一种非常有意义的哲学,雅典人钦佩它进而也钦佩传授它的人。人们竖起一座芝诺雕像，上面刻着这样的铭文："西提姆的芝诺——一位有价值的人——他告诫自己的青年学生追求美德和节制，他自己以身作则，行为完全符合他宣扬的教义"。这种哲学理论非常受欢迎，得到广泛认可，其中包括马其顿国王安提戈努斯·戈纳塔斯，他年轻时曾在雅典听过芝诺的讲座，并试图聘请芝诺搬到马其顿辅导他的儿子，但没有成功。斯巴达的统治者克莱奥梅涅斯根据芝诺的教义进行了改革，到公元前1世纪，斯多葛派思想已成为罗马贵族教育的重要特征之一。后来成为奥古斯都皇帝的屋大维，在年轻时有一位斯多葛派导师——阿西诺多罗斯·卡尔乌斯。

公元前1、2世纪的斯多葛派领袖是爱比克泰德和马可·奥勒留，他们用希腊语写作。在他们之前，还有塞涅卡，他用拉丁语写作。爱比克泰德进行教学，塞涅卡发表文章，而奥勒留则私下实行斯多葛派教义。公元170—180年间，他和军队一同驻守在危险的多瑙河边，他写下一本日记。他将这本日记命名为《致自己》（现在称为《沉思录》），为了保护隐私，他用希腊语写成（拉丁语世界中只有受过最高教育的人才懂希腊语）。自其首次出版以来，一直得到广泛的赞赏，尤其是书中所体现的人性和斯多葛派的服务奉献精神。

一个比起初看起来更加引人注目的事实是，一位皇帝竟然是斯多葛派的追随者。这不仅因为权力、财富和奢华的诱惑摧毁了像卡利古拉和尼禄这种小人的品德，使其成为与斯多葛派美德截然相反的代名词，而且还因为在公元1世纪后半期，弗拉维王朝统治者们的不道德行为让斯多葛派不再掩饰他们的不满。最终，在公元93年，弗拉维的皇帝多米提安因为对哲学的厌恶而禁止了哲学教学，并将哲学家们驱逐出整个意大利。这就是为什么爱比克泰德当年搬到希腊的尼科波利斯，在那里重建了他在罗马建立的学校。多米提安于公元 96 年遭到暗杀，在随后成功的涅尔瓦—安东尼王朝（马可·奥勒留是该王朝后来的成员）的统治下，哲学返回了罗马。

正如这些事件表明的那样，斯多葛派在罗马生活中占重要地位。这是许多受过教育的罗马人的观点，与传统的共和美德观念相契合，这些美德与罗马在世界中的显著崛起密切相关。表明这一点的一个迹象是斯多葛哲学的伟大倡导者之一——小塞涅卡。

塞涅卡被称为"小塞涅卡"，以区别于他的父亲（也是一名作家），他于公元前 4 年出生在西班牙科尔多瓦的一个富裕而才华横溢的家庭。他的父亲撰写过有关修辞学的专著，以及一部与他一生同时代的罗马历史记录（现已失传）。小塞涅卡的兄弟成为一名总督，他的侄子卢坎成为一位著名诗人。小塞涅卡本人获得的声誉比他们所有人都更大，他首先成为尼禄皇帝的导师，后来成为他的顾问，并实际上成为执政官。在尼禄统治的头五年里，塞涅卡及其同事禁卫军长官塞克斯图斯·阿弗兰尼乌斯·布鲁斯共同管理一个稳定和高效的政府，但是，当尼禄开始更积极地参与国家事务并产生不良影响时，塞涅卡的影响力减弱了。他试图缓和尼禄统治下日益加剧的不稳定和残酷局面，但都失败了，这促使他两次试图告老还乡，但两次请辞均遭到尼禄的拒绝。

最终，在公元 65 年，塞涅卡被指控卷入一场刺杀尼禄的阴谋——皮索尼亚阴谋案，并被勒令自杀，这是为元老院成员保留的最有尊严的一种处决方式。历史学家塔西佗对此事件进行了生动的描述,由于塞涅卡年事已高,身体虚弱,尽管切开了几条静脉,但却无法流血致死,伤口上的血流过于微弱,所以他又服下毒药,最终浸泡在盛着热水的浴缸中试图出血更多。塔西佗有点儿牵强地说,最后他是死于"蒸汽窒息"。

塞涅卡是一位多产作家,写了大量散文、道德书信、对话录和戏剧,其中大部分在他生前出版,都很受欢迎并得到广泛的阅读。他对斯多葛派哲学有深入研究,并将其深思熟虑地应用于一种坚毅的、理性主导的生活。作为哲学家,他在同代人中的地位很高。有一尊他和苏格拉底的双面半身像,是由同一块大理石背靠背雕刻而成的,这说明了塞涅卡的同时代人给予这两位思想家的同等重视。他实践方法的一些例子是:"毫无疑问,困难会来临,但它们并不是现实,甚至可能根本不会发生——为什么要主动迎接它们呢?……比起给我们带来伤害之事,让我们感到害怕的事更多……在危机到来之前,不要不开心……有些事对我们的折磨超出了应有的程度,有些甚至在事发之前就已经折磨人了。我们过度夸大,或想象,或不必要地预期悲伤。"这些情绪抓住了斯多葛派核心教义的精髓,即我们自己的态度决定了生活的好坏,这个主题常常被重新概括,如哈姆雷特的"事物并没有善恶之分,只有思维使然"和安托万·德·圣埃克苏佩里的"事物的意义不在于它们本身,而在于我们对它们的态度"。

作为一个坚持斯多葛原则的人,塞涅卡引用了小加图作为例子。小加图曾强烈反对尤利乌斯·凯撒成为罗马终身独裁者的企图。当他这一方被击败后,他宁愿结束自己的生命也不想失去自由,不愿罗马古老的共和美德遭到背叛,这些美德在很大程度上反映了斯多葛派美德。他是一个出了名的坚守原则者,除了坚决反对凯撒之外,他还以正直和打击腐败而闻名。他虽然出身富裕,却过着简朴的生活,训练自己忍受寒冷和不适。在成年后的大部分时间里,他都独来独往,只是在必要时才参与公共事务。塞涅卡钦佩小加图宁死也不愿失去自由,尽管多次在竞选高级职位(比如执政官和领事)中遭遇失败,但仍保持尊严和平静。"你看,人可以忍受劳苦。"塞涅卡在他的一篇道德随笔《致鲁基里乌斯的信》中写道:

> 小加图徒步率领军队穿过非洲沙漠。你看口渴是可以忍受的:他在烈日下爬过山丘,拖着没有补给的战败军队,忍受缺水和沉重盔甲的折磨。他们偶然发现几处泉眼,他总是最后一个喝水的。你看到人们能蔑视荣誉和耻辱:因为据报道,小加图在选举失败的当天打了一场球赛。你还可以看到,一个人可以摆脱对地位比他高的人的恐惧:因为小加图同时攻击了凯撒和庞培,在当时没有人敢得罪其中一个而不试图讨好另一个。你还看到人们能够蔑视死亡和流放:小加图自己放逐了自己,并最终选择了死亡。

爱比克泰德是与塞涅卡同时代的一位年轻人,塞涅卡去世时,他只有15岁。他出生在弗里吉亚的希拉波利斯,是一个奴隶。他的名字的字面意思是"被购买"或"被拥有"。他年轻时被带到罗马,在那里,他的主人埃帕弗罗迪托斯(本人是自由民,曾是奴隶,曾为尼禄皇帝服务而发了大财)允许他跟随斯多葛派教师穆索尼乌斯·鲁弗斯学习哲学。在获得自由后,爱比克泰德开办了自己的学校。他本人没有写过任何东西,但他的教导被学生阿里安记录下来,保存在《论述集》中,此外还有面向更广泛的读者群体所写的《手册》。

爱比克泰德的两个关键观点是自我认知和自我掌控。他认为,区分什么在我们的控制范围内,什么在我们的控制范围之外表明,我们在哪里可以找到善,即在我们内心寻找。自我认知向我们揭示了我们的脆弱性、容易落入自我欺骗和意志薄弱的陷阱,从而为我们指明了方向,必须努力过上有价值的生活。我们拥有理性和选择的自由,这让我们能够思考生活中正在发生的事,并问自己:"我能对此做些什么?"如果答案是"是",那就行动;如果答案是"否",那就说,"这对我来说无关紧要",这就是"apatheia",原义是"冷漠",这里蕴含着忍受的理念——"容忍接受不可避免之事"。这重申了塞涅卡和整个斯多葛派传统所坚持的主题,即一切都取决于我们的态度,而这些态度是受理性引导的我们自己可以控制的。正如爱比克泰德所说,接受必然性就是自由,这是"为心神安宁所付出的代价"。

这些观念反映了斯多葛派创始人芝诺备受尊重的成熟态度。然而,在芝诺之后4个世纪,我们可以在爱比克泰德身上看到一种不同的色彩,一种宿命论的味道,这可能是因为晚期斯多葛派将逻各斯解释为宇宙中的某种"天意"或支配原则,伴随着非人格化的上帝判断这一主题。这可以从爱比克泰德的话中看出（据阿里安记载）："别要求局势按照你的意愿那样发展，而是让你的意愿符合局势按照自身方式发展的趋势，你就会得到心灵的宁静……生活中的行为举止应该像出席宴会一样。一道菜传递到你面前，你礼貌地伸手接过。如果它从你眼前离开，不要阻止它。如果还没有到你这儿，不要着急去拿，而是耐心等待轮到你的时候。"这并不是斯多葛派意义上的"冷漠"，而是实际上的消极被动。更符合斯多葛派核心教义的是爱比克泰德接下来的话："请记住，恶言恶语和打击本身并不是侮辱，当你判定它们是侮辱时，才使它们成为侮辱。当有人让你生气时，是你自己的想法激怒了你。因此，要确保别让你的印象冲昏头脑。"

爱比克泰德的故事说明了他在生活中是如何践行其学说的。他一生的大部分时间都住在一间小屋里，过着简朴的生活，尽管到了晚年，他通过一位可能是伴侣的女性的帮助，收养并养大了一个孩子，这孩子的父母要么已经去世，要么实在穷得养不起孩子。据传说，他因为在做奴隶时，被主人的儿子打断了腿，只能一瘸一拐地行走；这儿子不断弯曲他的腿，看他能忍受痛苦多久。据说，爱比克泰德从来没有呼喊一声。这个故事是哲学观点如何被简单化的一个案例，因为尽管斯多葛派当然提倡在经历身体不适时坚韧承受，但是其主要目的是灌输心理上的坚忍承受，忍受肉体痛苦只是其中一部分，而且是比较小的一部分。

斯多葛派最优雅、最鼓舞人心的表达方式之一是马可·奥勒留的《沉思录》。奥勒留的两位导师——教他希腊语的希罗德·阿提库斯和拉丁语语法专家马库斯·科尼利厄斯·弗朗托（在拉丁文风格方面仅次于西塞罗）——强烈反对他喜欢斯多葛派的倾向，这充分说明奥勒留的独立思考能力。阿提库斯是因为他讨厌斯多葛派，弗朗托是因为他鄙视哲学。阿提库斯和弗朗托也彼此争执不休，似乎他们曾经有过激烈的法律纠纷，尽管奥勒留与阿提库斯保持友好，而且他与弗朗托感情深厚，俩人甚至交换了看似充满爱意的情书，尽管历史学家对他们是否真的是恋人存在分歧。奥勒留的斯多葛派老师是卡尔西顿的阿波罗尼乌斯和昆图斯·尤尼厄斯·鲁斯蒂库斯。他对后者特别崇敬，深表敬意。鲁斯蒂库斯是一位曾受到罗马帝国皇帝多米提安迫害的斯多葛派人士的孙子，被认为是塞涅卡的继任者，也是斯多葛派的主要代表人物。奥勒留对斯多葛派的原则如此着迷，以至于他觉得宫廷生活的仪式和奢华是一种负担，因此他一生都是一名学生，直到晚年他还向斯多葛派思想家克罗尼亚的塞克斯图斯（普鲁塔克的后裔）请教。

管理一个伟大帝国的繁重任务以及来自边境的不断军事威胁，使得奥勒留年仅58岁就匆匆离世。但是，他的哲学始终支撑着他。《沉思录》并不是为了指导他人而写，而是像它早期标题表达的那样，是一部自我敦促和自我鼓励之作，表达的是自己履行职责持续坚定的决心。面对遇到的各种难题，采取正确的态度坚定履行自己的职责。正如我们将在后面的章节中看到的那样，这本书记录了他的哲学实践过程，是一种哲学上的自我强化和建议。

《沉思录》以奥勒留回忆起他从斯多葛派导师那里学到的主要课程为开篇。鲁斯蒂库斯向他介绍了爱比克泰德的教导，鼓励他更好地审视自己、了解自己，尤其是他的缺点，并且"勤奋阅读，不满足于肤浅的知识，不轻易赞同常识"。他从阿波罗尼乌斯那里学到"真正的自由和坚定不移"，只关注理性和正确的事，并在所有经历中（无论好坏）保持"始终如一"。他还列出从父亲、兄弟、朋友和同事那里学到的教训，并承认他人生开端是幸运的。

此后，《沉思录》包括对自己的指导和告诫的练习，例如每天早上醒来提醒自己，那天他肯定会遇到一个人，他因为对善的无知而变得"忘恩负义、爱嘲笑人、狡猾、虚伪或嫉妒"，但他必须记住，这个犯规者是他的同胞，"并非因为血缘和遗传，而是因为参与共同的理性"（这是斯多葛派关于人类亲属关系和人性平等的原则），只要他不受其影响，这样的人无论做什么都不会对他造成伤害。

正如前文所示，斯多葛派伦理学并非仅仅停留在理论层面。对于斯多葛派来说，哲学是生活实践问题，旨在指导行为和维护个人标准。他们认为，自我了解和对世界清醒、客观的把握具有解放性，因为它将幸福的手段掌握在我们自己手中，我们可以选择对我们无法影响的事物保持淡然，同时理性地控制自己的感情。西塞罗虽然是学院派的追随者，但对斯多葛派伦理学很感兴趣，他引用苏格拉底的一句话来概括这种观点："学习哲学就是学习如何面对死亡。"意思是正确理解死亡让人从死亡恐惧中解脱出来，从而使人勇敢地、自洽地生活。因为不怕死的人最终是完全自由的，总能逃避任何不可忍受之事。摆脱焦虑和恐惧，以及摆脱对自己无法拥有之物的徒劳觊觎和渴求，就是幸福。

但是，仅凭一般性概括本身是远远不够的。塞涅卡明智地指出，需要实际案例和准则来展示斯多葛原则如何在特定情况下应用,这正是他引用小加图作为斯多葛派行动典范的原因。

对奥勒留来说,如何对待他人的问题是一个隐喻提供的,该隐喻认为,宇宙就是一个城市,其中的所有人都是同胞公民,这意味着我们的指导原则是公平正义。相应地,恶劣行为就是指那些与大城市整体利益背道而驰的行为。对于这一观点的合理性论证来自斯多葛派的"按照天性生活"的准则,在此情况下,因为就像关心家人的福祉是天性一样,善待每个人也是人的天性,因为人人都是家人。

在《沉思录》第八卷中,奥勒留总结了他所坚持的斯多葛派核心原则:"每种本性,当其循着良好道路行进时,都能对自身感到满足;遵从理性的本性就是在其印象中不认同任何虚假或模糊之物,将冲动引导至共同体行为中而做到的,它使我们仅仅对有能力控制之物产生欲望和倾向,同时对共同本性分配给它的一切表示欢迎。"这种表述中唯一的小小创新是善行是促进共同体利益的行为,但这只是表达方式上的创新,而非教义本身的创新;没有哪个斯多葛哲学家会认为,不促进共同体利益的行为是可接受的。毫无疑问,由于他贵为一国之君,奥勒留的思维方式是集体性的。其他斯多葛派追随着主要关注的教导往往在个体上。

斯多葛派及其部分母体犬儒派直接源于苏格拉底的一个方面,即他对传统的漠不关心,他坚韧简朴的生活方式,以及他对原则的坚持。对这些品质的钦佩激发了安提斯泰尼和他犬儒派的追随者,也激发了西提姆的芝诺和采纳他的斯多葛派观点的许多人。苏格拉底观点的另一个方面，即他对理性的承诺，他要求人们思考，他挑战人们过上"深思熟虑的生活"则以不同方式启发了另外两个伟大思想流派：其中之一是亚里士多德的逍遥学派，另一个是伊壁鸠鲁学派。有评论家指出，伊壁鸠鲁更多地受到德谟克利特和原子论的影响，而不是苏格拉底的影响，就伊壁鸠鲁的物理学而言，这对他的伦理学有重要影响，这是事实。但是，伊壁鸠鲁主张过上深思熟虑的生活，在这方面他非常符合苏格拉底树立的榜样。

亚里士多德坚信理性是人类的主要特征，美好的生活即经过审视的生活是基于理性的，在本质上是苏格拉底式的。亚里士多德的伦理学理论与其政治理论密切相关，他认为，关于最佳生活的讨论必须与关于对个体而言的最美好社会的讨论同步进行。他的观点中伦理方面的内容比政治学方面的更具持久的吸引力，但是了解亚里士多德所称的"实践哲学"的这两个方面如何联系起来将是颇具启发意义的。

同样具有启发意义的是了解亚里士多德的推理方式。他首先澄清了任何活动的"目的"概念——"目标、目的和企图"。制枪匠的目标是制造枪支，因此生产一把枪就是他活动的"目的"（在两个意义上都是如此）。但是，对于士兵来说，枪只是实现不同目的的工具，这个目的是战斗并征服敌人。士兵的活动反过来是为了统治者更广泛的目标，即保卫国家。统治者告诉士兵要与谁作战，士兵告诉枪匠他需要什么枪。统治者的艺术针对的是这个特定顺序中的最高端——保护国家。枪匠和士兵所做的一切，表明人人都在努力实现自己更具体的目标，这对于最高目标的实现是有助益的。因此，亚里士多德将政治描述为最高的艺术，旨在促进社会的全面繁荣。请注意，亚里士多德所说的"政治"特指政治学，即治国艺术，管理良好的城邦，而不是政党政治。今天，"政治"和"治国艺术"的概念已不再是一回事。

在促进社会繁荣的各种艺术中，教育是其中之一。对于亚里士多德来说，教育是为了塑造品德。回想一下，希腊语中"品德"一词是"ethos"。品德是道德品质和智力品质的结合，两者合起来共同造就一个人。因此，伦理学理论就是在探究什么构成了最好品德，因为具有最好品德的人将过上最好的生活。

亚里士多德的方法是考虑人们对事物的普遍看法以及由此产生的分歧，并设法去解决这些分歧。在他的《尼各马可伦理学》中，他首先观察到人们所做的一切——木工、写书、种植蔬菜、治理国家——都旨在实现任何值得我们追求的善。这意味着人们做的事有多少，就有多少种不同的善。每种追求都需要先实现各种次要的善，盖房子就得制砖、挖地基，每一项都必须做好，房子才能建好。制砖或挖地基中的每一次良好结果都是为了实现建造令人满意的房子这一更高的目标。

那么，为所有次要的善服务的最高善，最终的、整体的至善是什么？亚里士多德指出，至善是绝对为了其本身而被渴望之物，而不是作为实现超越其本身的其他任何东西的手段。什么样的目标或目的只是为了自身而被追求呢？这是关键问题。他说对于答案有"非常广泛的共识"："无论是普通民众还是那些具有高度修养的人都一致认为，最高的善/至善是幸福。"（"幸福"对于亚里士多德使用的术语"eudaimonia"来说是一个相当不充分的翻译，更好的翻译是"幸福和行善""繁荣"）

遗憾的是，人们对"幸福"的定义存在分歧。有人说它在于拥有财富，有人说它在于荣誉，也有人说它在于享乐。此外，人们的看法也因个人情况而有差异。穷人说财富是幸福，病人说健康是幸福。

然而，只需稍加思考，就能明白财富、健康、荣誉和快乐并不是目的本身。事实上，它们是有助于实现至善的工具。这种最高的善的确是幸福，但它不能被等同于任何个体的工具性目的。相反，亚里士多德说，当我们按照"人类的功能"生活时，我们将实现这种至善。

那么，"人类的功能"是什么呢？按照他的习惯，亚里士多德用类比的方式来给出答案。是什么造就了优秀律师？擅长法律实践的人。是什么造就了好医生？能够很好地治愈或照顾病人的人。每个人之所以"善"，就是因为他出色地完成了自己的工作，充分发挥了自己的能力。出色地完成工作就是作为律师或医生的职责而言的美德或卓越。那么，作为人类的职责而言，人的卓越是什么？答案：做好"作为人的工作"，而人的"工作"就是按照人性特质和定义来生活，即拥有理性和行使理性。一个充分的人类个体是理性生活和行动的人。这里隐含的观点是，一个只按照本能和欲望行事，没有思考的人并没有充分发挥人的潜力，因为他受到与其他动物相同的冲动的支配，因而其生活与动物没有任何不同。

但是，亚里士多德说，一个好人不仅按理性行事，而且会"根据美德理性行事"。因此,现在我们必须明白什么是美德了。他告诉我们有四种美德:一种是心智上的,即智慧或谨慎;另外三种是品格上的,即勇气、节制和公正。每个人生来就有发展属于这四种美德的潜能,但这取决于教育——在童年时期养成良好的习惯,最终的目标是在成熟之后在实际事务中持续保持明智。亚里士多德所说的"好习惯"指的是一种固定倾向,使感受和行为与环境相适应,这对他来说很重要,因为考虑到"意志薄弱"的现象,他无法同意苏格拉底的"美德即知识"的主张。亚里士多德说,"意志薄弱"是由无法控制的情绪引起的,这就是为什么养成自律克制的习惯非常重要。

接下来,亚里士多德提出如何在任何特定情况下确定何为善行的问题。答案是,美德是两种对立的恶之间的中间道路或"均衡点",其中一种是缺乏造成的恶,另一种是过度造成的恶。因此,勇气是懦弱(缺乏)和鲁莽(过度)之间的中庸;慷慨是吝啬(缺乏)和挥霍(过度)之间的中庸。律师和医生知道如何在缺乏和过度之间找到中间道路,以避免破坏他们的努力;同样,任何人都可以通过类似的技巧来知道如何在恶的极端之间寻求适当的美德。

在所有情况下,有关中庸之道有没有一个普遍和恒定的规则?没有,什么是中庸之道要视情况而定。以温和为例,你可能认为,作为一种美德,温和意味着永远不生气,在面对不公正时保持冷静,这是对不公的两种回应——愤怒和冷漠之间的中庸。但是,亚里士多德说,愤怒有时候是合理的。"以正确的方式、正确的程度、出于正确的理由"表达出愤怒实际上是一种美德(当然还没有达到推翻理性的程度)。

在亚里士多德看来,"美德让我们确立正确的目标,实践智慧则教导我们如何实现目标"。塑造品格的习惯将帮助我们认识到正确的目标,如果我们不知道如何认识或者还不知道如何获得实践智慧来实现这些目标,我们就必须以那些智者为榜样来效仿。

亚里士多德非常讲究实际,他承认运气在过上有美德的生活方面起到一定的作用,因为那些处于幸运环境中的人通常比那些与贫穷、疾病或压迫斗争的人更容易实现幸福。但正如千年之后的普里莫·莱维和维克多·弗兰克尔在有关纳粹大屠杀受害者经历的杰出著作中展示的那样,即使在极其恶劣的环境中,人们仍然有可能实行美德。

如果认为亚里士多德的"中庸之道"意味着每个目标都只是妥协,那就错了。该学说是关于如何采取适当行动的,而非寻求折中办法。批评者声称,亚里士多德的"中庸之道"本质上是"中产阶级的、中年人的和中等品位的(middle brow)",他们混淆了行为与结果。在考虑特定情况下的最佳行动方案时,综合考虑所有细节,旨在实现最佳结果,但最佳结果未必是介于两个极端之间的中间结果。例如,假设有人遇到麻烦需要向你借钱。两个极端是不给他任何东西和给他你所拥有的一切,或者至少同时给他"超过他需要的和超过你所能提供的东西"。如果你误解了亚里士多德的中庸之道,你可能会得出这样的结论:无论有多少钱,你都应该给他一半。如果你只有一点儿钱,这可能是合适的,但如果你有很多钱,那就未必合适了——尽管在后一种情况下,为了匹配前一种情况的慷慨,你仍可能要给他很多钱。

亚里士多德说，人是"政治动物"，也就是说，生活在社群中是自然而然的而且是正确的。他认为城邦是一个小型自治社区——小到可以让城镇沿街传播消息者在一端呼唤，在另一端都能听得见——是人类繁荣发展的理想环境，只要这个社区是崇尚合作且和谐的。但是，对亚里士多德来说，城邦生活并不是绝对最好的。绝对最好的生活是冥想的、哲学思辨的生活。公民在城邦中的生活是政治活动和商业活动，而哲学家的生活则是致力于思考和探究，因此是一种符合人性显著特征的生活，是理性的运用。

在亚里士多德看来，由此可以得出的结论是，良好的国家将为民众提供休闲机会，这样人们可以讨论和沉思，不是让幸福依赖于地位和物质财富等次要的工具性需要，而是依赖于个人的独立和智慧的运用，因为这才是最纯粹的快乐。亚里士多德说，这就是我们自我教育的真正原因，这样我们就可以"高尚地利用自己的休闲时间了"。

这些观点再次说明了亚里士多德为何将伦理学与政治联系起来。在他的《政治学》中，他认为城邦之所以出现的最初原因就是这样做有助于互助和保护，以"确保人们能生存下去"。但是，后来，随着城邦的逐渐成熟，其目的变成了"确保人们生活得更好"。他的意思是，只有在繁荣的国家环境下，人们才有机会发展其智力兴趣，从而给予他们人生最宝贵的东西。

在被追问之后，亚里士多德很难否认沉思冥想的生活将是愉快的。在他看来，享受这种生活中的愉悦是其目标不可分割的组成部分。但是，在他看来，单单快乐和愉悦本身是不能成为目标的，因为这样的生活就会变成哲学意义上的"美好生活"，就像一头生活安逸滋润的猪，也就是说，有许多泥巴可打滚，有充足的泔水可吃。然而，基于理性观点，接受这种结论的观点似乎与斯多葛派和亚里士多德伦理学正好相反。这种观点属于伊壁鸠鲁派。

事实上，伊壁鸠鲁派所坚信的"最好的生活是追求快乐、避免痛苦的生活"这一理念根本不是它如此直白的说法所暗示的那样。相反，所谓被比作"猪"的批评适用于被称为昔勒尼学派的快乐论。昔勒尼学派是由昔勒尼的阿里斯蒂普斯于公元前4世纪创立，该学派提倡积极追求快乐，特别是肉体快乐——吃、喝、性——要活在当下，活在此时此刻，无所顾忌地充分享受。因为当下的快乐体验比回忆或预期的快乐更加强烈。伊壁鸠鲁派认为昔勒尼学派的快乐是痛苦的根源，因为它过度崇尚放纵。值得注意的是，阿里斯蒂普斯曾是苏格拉底的学生，并似乎牢牢抓住苏格拉底有关快乐是次要善的观察，即它鼓励人们去寻求其他的、更高的善。考虑到这一点，阿里斯蒂普斯认定，正如当下的感知经验是唯一确保真实性的来源一样，当下的经验总体上是唯一的现实。鉴于令人愉悦的当下体验远远优于令人不快乐的当下体验，我们可以得出结论，善就是当下正在体验的快乐。他说生活中没有总体或整体目标；对于我们所做的每一件事只有一个特定目标，那就是从中获得最大程度的快乐。因此，昔勒尼学派反对伊壁鸠鲁派将快乐视为"没有痛苦"的观点，并称这是尸体的状态。他们也反对伊壁鸠鲁派的观点，即心灵的快乐和痛苦大于肉体的快乐和痛苦。

阿里斯蒂普斯的女儿阿瑞特和她的儿子小阿里斯蒂普斯宣扬这

一观点，这种观点获得了追随者，虽然规模不如更精练的伊壁鸠鲁派哲学那么大，也没有那么持久。

公元前341年，伊壁鸠鲁出生于萨摩斯，在亚历山大大帝去世后，他和该岛其他雅典殖民者被驱逐出雅典。他跟随原子论者德谟克利特的学生瑙西芬尼学习，之后先后到过米蒂利尼和兰普萨库斯，所到之处都吸引不少学生，并发展了自己的思想。最终，他回到雅典购置了一个花园作为学校场地，与学生们一起生活，直到71岁去世。他的学校因此被称为"花园"。

伊壁鸠鲁继承了亚里士多德的经验主义和实用主义，深受德谟克利特的原子物理学的影响，他认为原子物理学具有深刻的伦理意义。原子论认为，所有现实都是由物质原子组成（原子意味着"不可切割"或"不可分割"）；德谟克利特认为，原子是物质的最小组成部分，它们在虚空中旋转、组合和相互作用产生了所有可感知的现实现象。因此，伊壁鸠鲁以原子和虚空为出发点，并认为这一事实消除了对死亡或迷信所说的"命运"感到恐惧的任何理由。

第欧根尼·拉尔提乌斯将他的《哲学家传》整本书献给了伊壁鸠鲁，大量引用了伊壁鸠鲁在三封信中总结的观点。他的哲学观点的其他来源包括他的格言集；保存在伊壁鸠鲁学派哲学家菲洛德摩斯图书馆中的文献（在赫库兰尼姆的维苏威火山灰下发现）；以及卢克莱修的精彩诗作《物性论》（《论事物的本质》），它对伊壁鸠鲁理论进行了全面阐述。

卢克莱修的诗歌是对伊壁鸠鲁的著作《论自然》进行的韵文改编，现已失传。西塞罗与菲洛德摩斯和卢克莱修生活在同一时代——公元前1世纪,在他的《论终结》《论自然》《图斯库兰论辩集》中对伊壁鸠鲁哲学进行了批判性审视。伊壁鸠鲁派在古希腊和罗马帝国时期的声誉可以从以下事实得到证明:为了公众利益,其主要教义被刻在吕底亚城市奥诺安达的门廊墙壁上,那是公元2世纪放置在那里的。

第欧根尼·拉尔提乌斯对伊壁鸠鲁的生平的记载中引人注目的一点是详细的报道,里面涉及伊壁鸠鲁在落入敌人之手后遭到的充满敌意的攻击。他被指控练习魔法和施咒以收取费用、写诽谤性信件、嫖妓、奉承有影响力的人士以及抄袭其他哲学家;沉迷于奢华和肉欲,甚至达到暴食症的程度——自我诱导呕吐,以便在宴会上继续大吃特吃——并且由于过量饮食而身体变得极度虚弱,以至于几乎无法从椅子上站起来;侮辱亚里士多德和赫拉克利特等其他哲学家,指责亚里士多德挥霍他的遗产并通过贩卖毒品大发横财,并将赫拉克利特描述为"糊涂虫"。

第欧根尼·拉尔提乌斯是伊壁鸠鲁的崇拜者。他写道,那些对伊壁鸠鲁说这话的人"疯了",因为所有其他信息来源都证明了他的善良、慷慨、温柔、体贴、谦逊、克制和节俭,而花园中有节制的生活方式是众所周知的。伊壁鸠鲁的敌人所感受到的敌意至少部分源于他对宗教的拒绝,以及将他的"追求快乐和避免痛苦"的原则与昔勒尼主义混为一谈。

伊壁鸠鲁学说的真正含义是通过澄清其来源而得到解释的。伊壁鸠鲁接受的原子论认为,感知(视觉、听觉、味觉、触觉)可靠地产生于构成世界的原子和构成我们感觉器官的原子之间的互动。

从这个事实可以看出，世界完全是物质的，不存在非物质的灵魂或心智（用来指两者的是同一个单词：anima）。伊壁鸠鲁指出，我们的身体和心智会互相影响，如果它们不是由相同物质构成的话，这种情况就不可能发生。当身体死亡时，构成心灵的原子就会分散，思想和感觉也会随之停止。死后没有生命，这对伊壁鸠鲁来说是一个关键点。因为死亡就是终结，所以没什么好害怕的。他写道："对于我们来说，死亡就是虚无，因为善与恶都意味着感知，而死亡是所有感知的终结。"

伊壁鸠鲁认为"幸福生活的起点和终点"是快乐，即"快乐是我们最初且本能的善"。然而，对这些言论的错误解释使得"伊壁鸠鲁派"在现代意义上被解读为"对感官快乐的奢侈放纵"。但实际上，在这些言论之后，伊壁鸠鲁紧接着说道：

> 当某些快乐带来更大的烦恼时，我们常常会放弃许多快乐；而当某些痛苦随后会给我们带来更大的快乐时，我们经常会选择它们。我们认为独立于外在事物是一种巨大的善，不是为了满足于少量的东西，而是为了当我们没有太多时不会感到不便；因为那些不需要奢华的人才最享受奢华，我们知道自然的东西容易获得，只有虚无缥缈的东西和无价值的东西才难以获得。简单的食物给予的快乐与昂贵的饮食相同，面包和水送到饥饿的嘴唇前时带来最高的快乐……习惯于简单而廉价的饮食，这将提供健康所需的一切，并使我们能够应对生活的所有必需而不退缩。

这些观念被伊壁鸠鲁学派归纳为三种欲望：自然且必要的欲望，如吃饭、睡觉和交朋友；自然但非必要的欲望，如性生活；以及不自然且非必要的欲望，其中主要案例包括追求财富、权力和地位。伊壁鸠鲁派指出，追求后者会带来压力、引发焦虑和问题，而通过拒绝将它们当作目标，就可以轻松避免这些负面影响。

因此，将快乐定义为生活的"目标和终极目的"是这样的："我们并不是指放荡或肉欲的快乐，而是指身体不受痛苦的折磨、心灵不受麻烦的困扰；愉快的生活源于冷静的推理，寻找每种选择的原因，并消除那些引发焦虑和恐惧之物。"了解世界的本质是支持这种理性观点的基础；当我们知道宇宙是物质世界时，正如卢克莱修在他的诗中所说，我们不再害怕"敌人的宗教和迷信"，而是基于理性和对现实的清晰理解来形成我们的观点。

因此，伊壁鸠鲁派的观点是，快乐就是没有痛苦和焦虑。没有身体上的痛苦，没有心理上的痛苦，即"心神安宁"，带来理性生活所产生的幸福，因为理性能驱散各种扰乱我们内心平静的非理性恐惧，并引导我们保持健康的生活方式。做错事会让我们背负内疚的重担并担心遭到报复；暴饮暴食会招致过度放纵带来的不适；不健康的生活方式很快会让人遭受由此带来的痛苦。因此，"追求快乐"就是追求节制、节欲、理性选择的生活。节制、友谊和讨论是美好生活的核心组成部分，而最大的解脱来自认识到死亡并非罪恶。伊壁鸠鲁的许多追随者的墓碑上刻着他的名言："我曾不存在，然后存在，现在又不复存在，我心无挂碍（用拉丁语更简洁地表达为 nonfui, fui, non sum, non curo）。"伊壁鸠鲁派的幸福处方被总结为

"四重疗法",即"宗教不引发恐惧,死亡不导致恐慌,追求善易如反掌,忍受恶亦同样简单"。前两点源自伊壁鸠鲁学派认为宇宙是物质的观点。第三个观点是正确的,如果一个人愿意生活简朴,满足于少量和有限之物,就能"知足者富,无欲则刚"。最后一个观点也是正确的,如果一个人没有过多地迷信命运,没有太多债务和承诺,过着清醒和健康的生活,尤其是能平静地接受死亡——作为对最糟糕的疾病和痛苦的最终缓解——那么他就能安全地远离罪恶,因为他可以轻松摆脱它们。

亚里士多德非常重视友谊,而伊壁鸠鲁也认同这一观点,将友谊视为最大快乐的源泉之一。他认为个体友谊的发展是社会进化的概括;在开始时,人是孤独的生物,但随着时间的推移,他们组建家庭和社群。这个观点预示了洛克和卢梭有关公民社会从"自然状态"中诞生的理论。伊壁鸠鲁在某种程度上更接近卢梭的观点,他认为,合作的好处最终被这样的事实所否定:由于社会日益复杂化,出现了国王和暴君,也出现了宗教和对惩罚的恐惧。但正义的真正源头在于认识到信守承诺和遵守协议所带来的互惠互利,因为谨慎而高尚正直的生活是最愉快的生活。怀着乌托邦的心情——尽管很难不同意——伊壁鸠鲁认为,如果人人都按照这种理想生活,就不会有暴政存在,也不需要宗教充当警察机构,因为社会生活和社会本身都将是十分美好的。

对于伊壁鸠鲁来说,哲学的主要目的是帮助人们理解什么是最好的生活,以及为什么如此。这既是一种教育,也是一种心灵治疗方法。他说:"如果哲学不能治愈灵魂,那它就像药物不能治愈身体一样糟糕。"理性反思会导致节制和享受真实而持久的快乐，这是一种解放，它将使我们摆脱束缚享受心灵的宁静。"无论是酒会，还是持续的狂欢，无论是男孩女孩的欢愉，还是大鱼大肉珍馐美味，都不能提供快乐的生活，只有清醒的理智才能做到。"伊壁鸠鲁的节制促使尼采在他的《人性的，太人性的》中评论道："一个小花园，一些无花果，一块奶酪，再加上三四个好朋友，这就是伊壁鸠鲁的奢侈品总和。"

伊壁鸠鲁派在公元1000年前的若干世纪最为流行，广泛传播。严肃而保守的斯多葛派对此不屑一顾，犬儒派认为这是一种软弱的选择，当基督教从公元4世纪末开始占主导地位时，基督教对他们的强烈敌视态度——加上无知地或宣传性地将其与昔勒尼主义混为一谈——使其黯然失色。在文艺复兴时期，它再次产生了巨大影响力，影响到约翰·洛克、丹尼斯·狄德罗、伏尔泰、托马斯·杰斐逊、杰里米·边沁、卡尔·马克思、尼采等人。凯瑟琳·威尔逊是思想史研究领域的知名学者，她强有力的主张是，伊壁鸠鲁派在17世纪和18世纪的现代性基础中发挥了关键作用，通过推动原子物理学的复兴，批判迷信和宗教，并专注于尘世美好生活的可能性，而不是仅仅依赖于来世的幸福承诺。狄德罗在《百科全书》中对伊壁鸠鲁的赞赏文章中，将他描述为"所有古代哲学家中唯一一个能将其道德准则与其对人类真正幸福的理解，以及人的本性欲望和需求调和起来的人。因此，他始终拥有众多门徒。一个人可以成长为斯多葛派信徒，但伊壁鸠鲁派信徒则是天生的"。我们很容易找到伊壁鸠鲁派心态对启蒙运动以来的观点产生影响的例子。伏尔泰《老实人》中的人物通过培育花园来结束他们动荡的冒险，而英国作家卢埃林·波伊斯则是一个完全意义上的伊壁鸠鲁派。因此，几乎可以肯定（即使是无意识的）今天的许多其他人也是如此，至少从整体趋势来看是这样——也就是说，如果他们意识到困扰他们的许多问题的非理性，他们很可能成为伊壁鸠鲁派。

值得花一点儿时间反思一下刚才提到的调查结果。令人瞩目的是，苏格拉底所呈现的多样且不同的影响力。在公元前399年苏格拉底去世后的一个世纪内，所有主要的伦理学流派都应运而生：按时间顺序排列，安提斯泰尼的犬儒派、亚里士多德的逍遥学派、阿里斯提普斯的昔勒尼学派、伊壁鸠鲁的花园学派以及伊壁鸠鲁的同代人芝诺的斯多葛学派。需要注意的是，前两个学派都摒弃了传统观念，反对社会规范，它们是苏格拉底生活和教导的激进继承者，或许更为重要的是，它们是对苏格拉底本人曾经挑战并因此被处死的社会激进回应。亚里士多德在苏格拉底死后30年左右开始在学园学习时，他并不像其他人以及老师柏拉图那样对苏格拉底印象深刻。这无疑是因为苏格拉底对科学缺乏兴趣，而且他对人类是否能从研究科学中受益持怀疑态度。如果亚里士多德今天还活着，他几乎肯定会成为科学家，也可能是生物学家，因此，他对这种态度并不赞赏。尽管如此，他完全同意柏拉图从苏格拉底那里学到的东西：理性至高无上的重要性。苏格拉底激励的理念是，哲学的首要任务是为个体的幸福提供理性基础。生活的"理性基础"的概念与存在非理性（包括非理性）基础的观点相对立：情感、迷信、神圣戒律、传统、祖先，以及对部落、种族、血缘、国家、历史的浪漫诉求、领袖原则，所有这些都被（并且仍然被）援引为一种生活方式、一套价值观胜过其他方式的理由。苏格拉底之后的所有伦理学派都寻求生活的理性基础，它们都是回答苏格拉底之问的例子。

亚里士多德的伦理学理论值得注意的一点是，它既有实用性又有现实性。他承认幸福容易受到不幸和机遇的影响，运气在生活中起重要作用；美德可以习得，但也会丧失；拥有"实践智慧"需要学习和经验；那些不能靠自己变得明智的人应该将那些明智者作为榜样来效仿。他的实用主义和常识在这里得到充分展示。但是，正如前面提到的那样，这种观点的某些方面，尤其是在任何情况下选择正确行动的"中庸之道"之法遭到批评，认为它是一种"中产阶级的、中年人的、中等品位的"保守派哲学。亚里士多德对有道之人的描述强化了这一观点：庄重而沉着的巨型精神病人，步履从容。令人担忧的术语"megalopsychos"意味着"高尚的灵魂"，我们从拉丁语"magna anima"获得一个英文单词"magnanimous"（意思是宽宏大量）。我们当代对高尚品质的理解很有吸引力，因此，这可能是亚里士多德观点的优点之一，尽管仍然受到他明确面向的受众群体的限制——这些人被认为最有可能从中受益——仅仅局限于男性公民，其中"公民"意味着城邦的合法成员，而不是移民、奴隶、非婚生子女或外国人。因此，在今天最严厉的批评中，亚里士多德的观点可能被指控为种族主义或至少排外主义、性别歧视和保守主义甚至是反动派。当然，如果没有考虑上下文背景因素，这是个时代错误——除了关于在他的社会中妇女地位的普遍适用真理（就像在所有记载的历史中几乎所有社会一样）——因为这样看待他试图表达的观点是完全颠倒了来龙去脉。他的理想是一个由负责任的、深思熟虑的成员组成的社区（城邦），他们在面临选择时会考虑应该如何行动，这正是构成他们作为伦理个体的因素，因为他们这样做符合人类拥有智慧的事实，这是人类独有的特征，是成为人的本质。

对于犬儒派、伊壁鸠鲁派和斯多葛派，以及亚里士多德来说，苏格拉底思想中一个非常重要的特点是"幸福源于内心"。在苏格拉底之前，普遍认为正义在于遵守规则，无论是神的规则还是人的规则，而幸福是因为获得神的赞许而得到的。但是，很显然，遵守规则（不论是谁制定的）并不总能可靠地带来幸福；事实上，遵守神的规则是否伴随着幸福似乎是偶然的。唯一确保自己幸福的方法，正如色诺芬在他的《回忆录》中记录苏格拉底所说的那样，是通过自我掌控和强大的弹性和适应能力来实现。伊壁鸠鲁派将苏格拉底描绘成书中的形象，第欧根尼·拉尔提乌斯将犬儒派哲学家克拉特斯描述为"最像苏格拉底的人"，西提姆的芝诺也声称自己的智慧直接来源于苏格拉底。苏格拉底榜样的这个方面的重要性间接地由柏拉图有关第欧根尼的评论得到说明：他是"疯狂的苏格拉底"。柏拉图或许忽视了一点，那就是过上犬儒生活或者在较小程度上过上斯多葛生活需要极大的自我控制和持续不断的努力。

的确，这是所有伦理学派教义中最棘手的问题所在：它们坚信通过培养并始终运用自身内在的品格资源，一个人可以不受生活中意外事件的影响。这至多是一项艰巨的任务，特别是在努力按照这些原则生活的最初阶段——也许需要多年时间。但这并非不可能，而像塞涅卡、第欧根尼·拉尔提乌斯等人引用的许多例子就足以证明这一点，他们在哲学生活中都是值得称道的榜样。

需要注意的主要一点是，苏格拉底通过苏格拉底之问以及对此的各种回应所代表的东西，在人类发展历程中占据极其重要的地位。由于基督教带来的阻碍和延误，苏格拉底所开启的航程受到很大的阻碍，因此，我们仍然处在初级阶段。但是，锚链已经生锈断裂，潮水终将涨到适宜的水平，我们可以满帆远航了——人人都是自己的船长。

中国和印度的哲学传统也对如何回答苏格拉底之问提出丰富的建议。就中国而言，并非由儒家和法家做到了这一点，因为它们主要关注社会政治理论，将个体几乎完全视为集体（社会和家庭）不可分割的组成部分，因此，在这些观点中，关注的利益焦点往往是这些集体。在中国哲学中，人们可能从墨家和（尤其是）道家那里获得指导人们如何生活的建议。

在印度思想中，正统派和非正统派的主要学派，其差别主要在于对印度文化中记载知识的最古老最神圣的书籍《吠陀经》的尊重程度上。该经典的核心主题认为世界是一种幻觉，对这个虚幻世界的欲望和执着是苦难的根源，而探询和实践的目的是摆脱轮回的循环，从而达到涅槃。"涅槃"字面上意味着"熄灭"，就像蜡烛被吹灭一样，尽管它究竟意味着真正的消灭还是仅仅幸福地融入构成终极现实的任何事物，这是有争议的。但是，无论如何，它都意味着自我和个人意识的终结。从西方人角度看，佛教和耆那教的非正统派是他们最熟知的这一思想的表现形式。

中国墨家学派的创始人墨子是苏格拉底的同时代人。他的教义基于两个原则。第一个原则是对他人的仁慈关怀，他称之为兄弟般的"兼相爱"。缺失这种爱就会造成伤害；世界上所有的混乱都源于兼爱的缺乏，无论是在家庭成员之间、统治者与人民之间，还是在一个国家与另一个国家之间。他的第二个原则是功利主义预期的理念"交相利"，即我们的行为应该基于对可能产生的利弊得失的对比。遵循这个规则可以使生活更理性。他举了反对厚葬的例子。在墨子的时代，为去世的父母举行丧礼需要守丧三年。对此做法利弊得失的功利主义思考，鉴于人们需要为活着的家庭成员承担的责任，采用纪念逝者的其他方式可能更好些。

　　根据墨子的观点，我们应该"尊重有德、才、智的人，用种种办法来鼓励、提拔他们（尚贤）"并"追随贤者设定的标准（政令、思想、言语、行动等要与圣王的意志相统一，即尚同）"，这与亚里士多德的建议相似，即我们追随具有实际智慧的人，从而让我们自己聪明起来。原因之一是当贤能者执掌政府时，社会更容易繁荣发展。这是因为他们实行"兼爱"，即平等对待所有人，从而促进和谐。墨子将这与另一个原则"非攻"（具体意义上指避免诉诸侵略，尤其是军事侵略）联系在一起，作为解决问题的方式，因为显而易见的是，冲突往往弊大于利，而且在实际战争中，其动机几乎总是贪图财富和权力，这是不值得的。

　　墨子问道："当我们追究伤害的原因时，我们会发现什么？它们来自爱他人并为他们谋利吗？显然不是！相反，它们来自对他人的憎恨，并试图伤害他们。这样的行为是出于偏见和自私，这导致了世界上所有重大的伤害。"[1]

这些教义给人一种熟悉的味道,当看到墨子所描述的与之相对立的情况时,这种味道就更为明显了,即人们只关心自己,忽视甚至践踏他人利益的一种无政府状态。在最糟糕的情况下,这种状态类似霍布斯所说的人类"孤独、贫困、卑污、残忍且短寿"的自然状态,生活成了"所有人反对所有人的战争"。在霍布斯看来,答案是建立一个全权统治的权威机构,以压抑和控制威胁社会的自私倾向。而在墨子看来,答案是通过"尚贤"和"尚同"来促进社会变得更加美好。显然,大多数社会的实际管理是在努力实现后者的时候谨慎安排前者。

请注意,墨子向个体发出呼吁,焦点在他们应该采取什么态度和行为上,说服他们相信私德有助于公益。这似乎是合理的假设,直到我们想起伯纳德·曼德维尔的《蜜蜂的寓言》。在这本书中,他的论点是私人恶习有益于公众利益。这不仅仅因为消费和过度刺激经济活动——屠夫和酒商从贪婪中受益,律师从起诉或为罪犯辩护中获得费用,医生从过度放纵而患病的人身上获得费用——还因为个体的贪婪和怀疑、相互嫉妒和竞争使他们不得不维持一种社会法律体系,在此体系中,人们虚伪地遵守维持社会结构的表面美德,这就是曼德维尔的观点。

墨家的伦理学观点,尽管有些略带怀旧的理想主义,但仍然不

---

[1] 原文为《墨子·兼爱·中》:"凡天下祸篡怨恨,其所以起者,以不相爱生也,是以仁者非之。"——译者注

失为具有吸引力和同情心的世界观；道家思想以一种截然不同的方式同样具有强大的吸引力。读者可能会认出这句格言："那些放手的人赢得了世界；当你不懈努力一遍一遍地去争取时，世界已经离你而去。"[1] 禅宗也推荐这种态度——它实际上是一种不集中精力于你手头所做之事的技巧，因为自我意识是抑制性的，所以要"顺其自然"。这个想法很可能来源于道家哲学，即"道"的哲学，因为这正是道家的核心信条。

事实上，中国诸子百家中有不少都借鉴了"道"的概念。例如，孔子谈到"君子"之"道"，但这与道家观念完全不同。对于道家来说，"道"是通往宁静、超脱、摆脱社会规范的徒劳要求和束缚的路径。在这方面，它非常类似犬儒派，但没有第欧根尼那样"无耻"。被认为是道家观点核心的文本是《道德经》，有时也以其作者老子命名，称为《老子》。

老子要么是传说中的人物，要么正如他的名字所暗示的那样，是生活在公元前6世纪的一位名叫老聃的人，据说还是孔子的老师。道家的一些支持者声称，他们的教义源自最古老的年代，将其归功于传说中的黄帝，传说黄帝是中华文明的创始人，生活在公元前3000年。《史记》的作者司马迁说，孔子对老子非常敬畏，称他为"龙"（龙是中国神话生物中最崇高的存在）[2]。从汉代之前很早开

---

1 原文为《道德经》："取天下常以无事，及其有事，不足以取天下。"——译者注
2 原文为《史记·老子韩非列传》："鸟，吾知其能飞；鱼，吾知其能游；兽，吾知其能走。走者可以为罔，游者可以为纶，飞者可以为矰。至于龙，吾不能知其乘风云而上天。吾今日见老子，其犹龙邪！"——译者注

始,儒家和道家就被视为对立、截然相反的世界观,这种观点在后来的道家经典《庄子》中得到推崇。《庄子》赞扬道家灵活豁达的观点,并认为孔子缺乏这种品质。

研究表明,《道德经》是多位作者汇编而成,就像犹太教的《圣经》一样。它提供了一组被称为"道德"的核心思想(道德的字面意思是"美德之道"——"德"意味着"美德",也可以表示"力量""潜能"),司马迁将那些遵循这些思想的人称为"道家"——"家"意味着"家族"或"部落"。随着时间的推移,道家出现许多学派,如"黄老"(黄帝与老子的名字结合而成的术语)、"哲学道家"、"宗教道家"等,但它们都借鉴了"道"的核心概念,并在"道"的基础上添加了"无为、自然"和慈悲、节俭、谦让"三宝"[1]的概念。《道德经》分为两部分:《道经》和《德经》。

道的概念复杂而丰富。《道德经》开篇写道:"道可道,非常道。"第二句是"名可名,非常名"。这些话似乎令人沮丧,因为它们一开始就表明无法定义"道",这意味着无法理解它是什么。如果暗示存在一个正确的永恒之道,那就尤为令人沮丧,正如暗示其永恒性一样。有些人的确这样解释这些句子。但其他人则认为,根据原始中文语言,这为道留下了许多可能性。第一句的原文是"道可道,非常道",字面意思是:"可说的道不是永恒的道。"

---

[1] 学道者三宝为"道、经、师";修道者三宝为"精、气、神";行道者三宝为"慈、俭、让"。另见《道德经》第67章:"我有三宝,持而保之。一曰慈;二曰俭;三曰不敢为天下先。慈故能勇。俭故能广。不敢为天下先,故能成器长。"——译者注

然后，《道德经》继续将道描述为"万物"，这意味着它不能被定义或独特地命名是因为它是如此多样化。"万物"表明道超越了理解，因为它是无穷无尽的。因此，人们提出各种不同的说法，比如道是现实的源泉，支撑一切存在，并且由于其如此根本，它是不可理解的。当然，这样的形而上学解释只是假设性的，因为道不可言喻。一些评论家更进一步，赋予它宗教色彩，并将其与占卜和神秘主义联系起来。

将"德"翻译为"美德"在道德善行的意义上得到了"三宝"概念的强化，但请记住，另一种解读是将其理解为"力量"和"潜能"，即推动个体走向自我实现的生命力。因此，按照道的方式是释放和运用自己的潜能。"追随道"的说法呼应了早期把"道"理解为教义的理解。"道"这个汉字由两部分组成，一部分意味着"行走"或"旅程"，另一部分意味着"跟随"，如跟随一条路径、一条路（一条道）。

《道德经》的编纂者认为它的教义远远优于其他学派，在他们看来，其他学派的存在是道逐渐衰落的证据："大道废，有仁义；智慧出，有大伪；六亲不和，有孝慈；国家昏乱，有忠臣。"（《道德经》第18章）弃去这些观念，智慧将出现，正直将存在，孝慈将显露。这里隐含的观点是，在有组织的社会出现之前，人们行为淳厚自然，自发地表现出善行（无为），自然而然，毫不费力。随着社会的发展，人们需要付出努力来表现仁慈、诚实和孝顺，但这些努力往往失败，其中，不仅仅是因为过分刻意和太过费劲的努力拼搏往往适得其反。

"无为"的字面意思是"不行动",并不是完全不做任何事;正如刚才所提到的,"毫不费力"是更准确的解释,意味着以轻松、不强求、不用力追求的方式去做事。在《庄子》中,它表现出的是不执着和安详宁静(后来的法家哲学家从中获得启示,并建议统治者以"无为而治"的方式顺势而行,不进行干预)。道家大师使用各种比喻来解释这个观念,通常将无为比作小溪中绕过岩石的水流。"圣人之道,为而不争"(《道德经》第 81 章),智者无为而治,教不多言,尽力而为,不在意结果,"道常无为而无不为"(《道德经》第 37 章),"以其不争,故天下莫能与之争"(《道德经》第 66 章)。在"自然"一词中,"自"指的是"自我","然"指的是"如此""就是这样"的意思。这个词是指人的本质和行为来自内心,源于内在的天性。

道家的另一部伟大经典《庄子》以其作者庄子("庄先生")命名。他出生于公元前 369 年,而且活了很长时间,这是对道的逍遥生活方式的最好诠释。《庄子》比《道德经》更富有趣味性,更具怀疑和批判精神,并且充满了来自动物和昆虫生活的生动有趣的寓言故事。它提出问题和困惑,但调皮地将其留给读者自己来解答。其中一个故事是有人梦见自己变成了一只蝴蝶,在醒来后他疑惑自己是做梦梦到自己变成蝴蝶的人,还是一只蝴蝶梦到自己变成了一个人。[1]

一些评论家认为,无论在写作和教义上,《庄子》都比《道德经》更为精湛。它更多地将道视为个人内心之旅,而非追求世俗成功的

---

[1] 原文为《庄子·齐物论》:"昔者庄周梦为胡蝶,栩栩然胡蝶也,自喻适志与!不知周也。俄然觉,则蘧蘧然周也。不知周之梦为胡蝶与,胡蝶之梦为周与?周与胡蝶,则必有分矣。此之谓物化。"——译者注

手段。目前尚不清楚这两部作品的具体创作时间，因此也无法确定两者之间的关系，是一部作品为另一部的延伸，是替代选择，还是两者之间的差异仅仅体现在强调重点和语调上的不同？

《庄子》建议读者避开政治和实际生活。努力争取和过度思考是错误的。庄子说，传统价值观只会分散和干扰你的注意力。理想状态就是"顺道而为"。

从公元1世纪早期开始，持续了1000年的道教形式被称为"上清派道教"。西晋开国丞相魏舒的女儿——南岳夫人魏华存创立的上清派，成为道教中的"贵族"支派，在精英阶层中非常流行。根据历史学家李约瑟的说法，"几乎可以确定受药物影响"，她的一位追随者杨羲声称该派教义的文本是由灵魂口述给他的。鉴于该派明确反对使用药物和灵药来实现顿悟，而是推崇冥想，那种认定药物在该派理论发展中发挥作用的说法不太可信。但无论如何，从赋予"精神"的重要作用可以看出，上清派道教再次证明，随着时间的推移，思想流派的演变并不能保证思想上的改善。以佛教在从北印度迁徙传播过程中的情况为例，最初作为一种哲学起步的佛教，很快就积累了迷信、灵魂、仙女、菩萨、神明以及复杂仪式和传说，使得原始的启示变得模糊而退化。说到伦理学派时，最纯净的泉水似乎可以从最原始的泉源中找到。

尽管佛教的各种版本现在已经被复杂的附加物所包围，但其原始思想仍然稳定地存在于中心位置，即四圣谛的教义和通过涅槃从存在中解脱的八正道。四圣谛是苦、集、灭、道：人世间一切皆苦，叫"苦谛"；欲望是造成人生多苦的原因，叫"集谛"；断灭一切世俗痛苦的原因后进入理想的境界，即"涅槃"，叫"灭谛"；而要达到最高理想"涅槃"境界，必须长期修"道"，叫"道谛"。八正道的道德生活包括正见——正确愿景（理解）、正思维——正确的思考方式、正语——正确的话语表达、正业——正确的行为方式、正命——正确的生活方式（不伤害他人的工作）、正精进——正确的修行方式、正念——正确的注意力集中方式、正定——正确的冥想方式。当人们反思这些思想时，可以看到它们在本质上总结了已经描述的所有伦理学派的教导。一个微小的调整可能是冥想，从传统活动中退避，特别是摆脱对当下无用的分心事物的沉迷。在希腊化学派中也有类似做法；正如我们将在本书第十二章中看到的那样，有一种非常合理的观点认为，希腊化学派的追随者们把"哲学作为生活方式"，视为一种需要在生活中践行教义并对其反思的实践活动。这使得东方和西方的哲学更加接近。

佛教作为印度哲学的异端学派，与正统学派之间的区别并不在于它们所教导的伦理实践，而在于这些实践背后反映的不同现实观。正统学派在植根于《奥义书》的概念上有共同的出发点，即自我（个体自我或灵魂）与梵（整个现实、"世界本原，主宰一切的绝对神灵"、普遍灵魂）之间的关系。在经典的《奥义书》观点中，自我（真我）和梵是同一枚硬币的两面，分别是主观和客观的；瓦丹塔学派的"不二论"非二元论形式明确教导它们是一回事。这就是瓦丹塔学派给予《奥义书》中"大无上真言"的含义——"你就是他"，解释为"梵我不二"（"我就是梵"），因此"我和宇宙是一体的"。达到解脱苦难的救世论要点是，克服我们的无知，将使我们摆脱对这个虚幻世界的依附（通过无尽的轮回，再次依附）。

佛教同意解脱苦难的救世论要点，但并不赞同其背后的形而上学论述。相反，佛教主张不存在个体自我（我）、不存在普遍灵魂（梵）；不仅没有自我这样的东西，也没有任何一种永恒性。简而言之，根本没有实相存在。假设存在一个永恒的自我不仅仅是个错误，它也是苦难的根源。当我们看到在日常经历中我们认为真实的东西没有实质性，它们是空洞的，只是虚无的流动时，我们就明白它们为何不值得我们不懈渴求了。只要我们相信它们是实质性的，我们就将继续受苦。

在佛教中，冥想的目的在不同学派中有不同理解，但通常冥想的目的是使心灵平静，使其摆脱干扰和纷乱，以便实现顿悟，并促进正念。根据中观派的观点，冥想并不是深入到现实的基本层面，因为根据假设，没有永恒不变的实体，这些层面是不存在的，只有幻象存在。然而，瑜伽行派（又称唯识宗）主张，"实无外境，唯有内识""外无内有，事皆唯识"。如果表象（作为"二次存在"）是虚幻的，那么必定存在一些真实的东西，这些虚幻的表象把它们隐藏起来（作为"原初存在"），他们将意识（不是普通的现象学意识，而是深层次的、根本的意识流）提名为完成这一角色的实体，这就是"唯心"或"唯识论"。冥想使我们能够达到这个基本层面。下一步是认识到达到它就意味着达到了空性，因为纯粹的意识不会分裂为自身和其他实体，不存在主体和客体的二元对立，所以将自我消失于不可区分的意识流中即为灭亡。因此，瑜伽行派与其他佛教版本达到相同的终点，但它为将瑜伽置于实践的核心提供了自己的理由。

无论是在东方还是西方的任何传统中，最具吸引力的伦理学派之一就是耆那教，尽管实践起来相当困难。它的教义归功于智者马哈维亚，他生活在公元前6世纪，但耆那教徒认为他们的教义在他之前就已经形成。事实上，他们将他视为第24代祖师蒂尔丹嘉拉，渡津者，即"跨越无尽轮回之海的渡口的发现者"，并认为他没有创立而是恢复和更新了这些教义。渡津者蒂尔丹嘉拉是那些真正理解自我并能够超越轮回的人，他们在离开后留下指引供他人追随，以便他们也能从存在中解脱（梵我合一，从轮回中得到解脱）。

耆那教的名字意为"胜利"——克服存在苦难的胜利。它教导禁欲主义和无害行为（不伤害他人）、超脱与接受现实是无限复杂而多面的事实，因此不可能对任何事物给出单一确定性的描述。这意味着我们所思考或所说的一切最多只能部分真实，甚至"仅仅是从某种角度看"真实，这意味着每个视角都可能包含某些真理。印度所有救赎学说的一个共同特点是它们都属于诺斯替主义：通过获得知识从苦难中解脱，苦难的根源在于无知。再次，与西方学派类比一下，差异就变得非常引人注目。虽然西方学派不认为普通经验世界是虚幻的，但他们的确认为与之相关的传统价值观是虚幻的，因此，对真正重要之事的适当理解就具有解放的作用，可以导致此生实现心神安宁和幸福。适用于整个范围，包括地理和哲学的全领域口号就是"真理将使你自由"。显然，关键是确定这个真理究竟是什么。

我猜测，那些内心诚实且一路耐心跟随作者来到此处的读者可能对犬儒主义者和道家心存紧张和不喜欢（他们的现今时代对应者可能是嬉皮士和辍学者);他们希望别人成为斯多葛派(行为端正和冷静),希望自己过着伊壁鸠鲁派的生活(享受生活中美好的事物,不受任何干扰),尽管相信自己是亚里士多德主义者(理性、明智);他们可能对佛教徒和耆那教徒保持钦佩,但站得远远的,与其保持距离,无意采纳他们的观点或方式。至少对于好色的普通人来说,情况可能是这样。当然,鉴于本书中的读者"我们"是自我拣选的少数精英,我们可能以真诚的态度接受其中任何一种学说,很可能是会聚多个学派精华的混合体。

然而,这次调查的要点并不是列出一个可供选择的学派清单,好像唯一的选项是从上文提到的"学派"(事实上,我们是鼓励人们从所有这些学说中进行择优挑选)中挑选一个,而是为第二部分的讨论提供背景,以应对回答苏格拉底之问的紧迫问题。在这些讨论中,作为这一过程的组成部分,我们将经常看到这些思想流派可能做出的贡献。

第四章　绕开弯路

本书探讨的理论前提与苏格拉底的挑战基本一致，即每个人都必须选择自己的价值观和人生目标，并承担相应的人生责任。没人会说这件事轻而易举，也没人说这样做的结果会十全十美。然而，这样做的一大好处是可以真正地过有自尊的生活，因为努力去过一种由自己选择、自己支配的独立生活乃一件高尚之事。当然，这里所说的选择是以尊重他人的选择和过有价值的生活为前提的，那些自命不凡地去利用和伤害他人的利己主义生活方式不但不光彩，也不正确。这一点应该是显而易见的。

但是，那些或明确或隐晦地拒绝本书前提的观点又是什么呢？如前所述，大多数人并不考虑如何回答苏格拉底之问，而是按照预先确定的答案生活，即他们出生时的社会信仰和习俗：规范。他们中的大多数人按照这样或那样的宗教传统观生活，在一个极端，是接受一种模糊的观点——"有一种比我们更强大的力量"——是非常有用的资源，帮助我们摆脱心理痛苦，模糊地锚定是非概念；在另一个极端，是拥有原教旨主义者的整体承诺，思想和行动完全受到宗教信仰的支配，以至于每种信仰的每个追随者在几乎所有根本问题上都与其他信徒没有任何差别。大多数信徒都处于这两个极端间的光谱的某处，在传统的基督教"西方"社会，一般来说，更接近于第一个极端；而在正统的犹太教、印度教社会中，则更接近于第二个极端。但是，仅仅几个世纪之前，基督教社会与这些社会并没有多大差别。

然而，也许很多人会问：为什么不把宗教作为你的人生哲学呢？毕竟，人生哲学的意义不仅在于提供指导和价值观，还在于帮助人们渡过难关，而对绝大多数人来说，宗教恰恰提供了这一点。它们是现成的人生哲学，使人们不必自己去琢磨。随着时间的推移和提高生存能力的实用性理由的考虑，有些宗教逐渐改造自我，采取新形式来适应本地的历史条件。有些宗教允许信徒在一定程度上自由选择信仰和践行的教派内容，只要在总体背景上将其与其他宗教区分开来即可，这样，人们能够将印度教、基督教、犹太教、伊斯兰教等宗教区分开来。一般来说，宗教中的狂热教派仍然具有很强的规定性，对信徒的日常生活方式影响很大。不过，它们都有一个共同点，那就是为信徒提供意义、力量、安慰和慰藉。那么，为何不信奉一种宗教呢？

一种直截了当的回答是——毫不保留地告诉真实的想法——信奉宗教就需要接受一系列特定的、引发争论的主张、寓言和描绘构想，并将其视为真实的，或者至少在内心将其认定为特别重要的东西。这将帮助维持甚至扩大一些宗教在世界上造成的严重的伤害，就算宗教在艺术、音乐和慈善方面有善行（非宗教人士也有善行），但有些伤害是不能被原谅的。你可以忽略这两点，继续依靠宗教作为你的人生哲学，你可能这样想：对于第一点，最重要的是舒适，而令人舒适的神话总比令人不舒服的真相更好；对于第二点，你认为宗教间的冲突、战争、屠杀、宗教裁判、迫害同性恋者、妇女从属地位、给儿童洗脑、否定科学等做法，是值得付出的代价，只要你和其他一些人感到舒适就行。如果你认为人类以宗教之名的所作所为不是神的过错，那么这样做并不太难以接受；但是，在此情况下，你必须证明一件事，就是为什么有关神的信息来源——像《圣经》这样的文本——都必须经过严格的筛选，以保护我们免受其目前令人不快的部分（如用石头打死通奸者、同性恋者和那些在安息日不去教堂的人的指令）所带来的影响。

你可能研究和总结某一宗教中的命题和教义，同时得出结论说这些命题是真实的，这些教义是具有吸引力的，因此遵循并在生活中履行这些要求，这并非不可能。在此情况下，你至少满足了苏格拉底之问所提出的要求，即思考问题，运用你的理性进行评估和批判性研究。这与上文提到的摘取要点的方式有重要关系。例如，你可能会发现存在不同的处理方法，比如符合理性的、受过严格训练的方式决定你所选择的宗教文献中哪些论断应从字面意义上理解，哪些应从隐喻的角度来理解，以及如何使从字面上理解的论断与明显相互冲突的主张协调一致，正如在物理学、古生物学和生物学等领域出现的情况一样。下面，我们以犹太教、基督教和伊斯兰教的共同秉持的信念为例，对神创造了世界做一番解释。

首先，关于"神"是什么的问题，我们至少可以确定一点，那就是它应该是某种超自然的问题，其性质和属性是未知的，只能通过否定人的属性而了解，即人是会死的，是受到限制的，而神是不朽的，无限的（无所不知，无所不能）。人（直到今天）被限制在地球表面，行动缓慢，只能依靠视觉和听觉在有限的电磁波谱范围内活动，需要用嘴摄取食物和水。相比之下，神却可以飞行，可以立即到达任何地方（至少是很多地方），可以看穿墙壁，可以依靠吸入牛身上的烟雾或某些神秘方法吃掉祭坛上的祭品，等等。当然，现代神学已经摒弃了这些原始的神灵概念，尽管对这些概念的猜测只有一个来源，即很久以前流传下来的文字，这些文字给了我们这些信息——我们唯一能得到的——有关正在谈论的内容的描述。现代神学的极端推测诉诸抽象概念和姿态，如"神是爱""神是生命""神是万物的本质"，其中一些（如"神是爱"）是二元对立的。其中有些很难与自然之恶（癌症、海啸）和道德之恶（作为万物的创造者，神无所不知，本来应该能预见或至少推断出所造之物的后果，因此神应该掌控希特勒等，却放任可怕的结果出现）相提并论。然而，尽管现代神学诡辩不断，教会却继续宣读经文并传道，仿佛原始描述依然适用。面对质疑，神学家又回到他们重新定义的抽象概念上，继续为照本宣科开脱，理由是作为与神确立关系的象征性或启示性手段，它们仅适合（智力较差的）非神学家。当这些被重申的抽象概念受到质疑时，他们再一次倒退，这一次退到他们的最后一道防线：人类有限的思维根本无法领会神的本质，神是不可言喻的，它是巨大的谜，无须多言，只要相信其存在即可，无论它是什么。

如果有一个实体作为神灵，那么就可以相信存在更多神灵，甚至是无限多的神灵，所以神灵的数量在历史进程中是不断减少的（印度教除外，虽然现在有人说印度教中不同的神灵都是单一神格的衍生物）。但这是很有趣的，即使需要将小小的万神殿变成一神论（基督教的"三位一体"）主宰之所，也需要一种特殊的行为，即不要过于批判性地思考（罗马天主教毫不讳言自己是泛神论者——除了三位一体之外，还有一个女神玛利亚，以及多得可装满一个足球场的圣人，所有这些神灵都可以在你祈祷时祈求恩惠、优待和代祷）。神灵数量的减少与人类认识大自然的程度不断提高是一致的。最初，所有不好理解的自然过程都有神灵在发挥作用：风和雷、大海的运动和季节变化都是由神灵产生的，例如，每一棵树都有它的森林女神，每一条小溪都有守护的水泽女神；宙斯投掷雷电，波塞冬摇动大地制造地震。随着人们对自然的理解越来越多和逐渐推进，众神从自然中撤出——先是撤到山顶（希腊众神在奥林匹斯山，摩西在西奈山）；然后，当人们能够攀登上高山之后，神灵又撤到天空。对于地球人来说，天空就是"上"，因此，当人们认为地球是球形的，没有上下方向时，天堂就变得抽象起来——不是某个具体场所，而是一种非物质存在的状态。通过这种不断抽象和疏远的过程，天堂和神灵将像柴郡猫一样最终完全消失。

弄懂"神"的概念究竟是什么是第一步，也是最大的一步。人们可能认为，在"如果你能相信这一点，你就能相信任何事"的基础上，实现了这一步，其他任何事情就会迎刃而解。但事实上，这并非问题的终结。接下来的问题是什么是"创造"。从某种意义上说，"创造"是制造、建造、构造、生产、起源等，它无须预先存在的材料，而是需要动用心智或意志，可以在赋予创造者以不可捉摸的无限能力的基础上任意解释。当然，这两个问题都可以用"不可言喻性"的毯子来掩盖和搪塞过去（人类有限的心智根本无法理解这些奥秘）。但是，几乎所有宗教信徒都从字面意义上理解"有意识的动力创造了世界"这一说法。

我撇开"神性"和"创造者"可能不是一回事的复杂性不谈，尽管几乎所有宗教都认为它们是一回事。启蒙神学家（尽管他们的名字叫启蒙神学家）并不认为创世主动力与任何启示性宗教（文本宗教）的神或诸神是一回事，甚至可能根本就不是神。但是，这只是分散注意力的花招，就像论证说西方占星术比中国占星术更好一样。

在许多宗教的创教文本中，"世界"（宇宙的意思）仅限于地球和从地球上可以观察到的天空中的星体，所有这些都被认为是相对较近的。经文中没有任何迹象表明宇宙比表面显示的大得多。如果没有望远镜等设备的帮助，人们裸眼可观察到的景象似乎表明天空中的所有星体都在围绕地球旋转，观察也似乎表明地球是平的。许多宗教的经文都满足于这两种观察，尽管他们声称这些信息的来源是全知全能的神灵，而这个神灵被定为宇宙的创造者，因此它可能会有不同认识。当然，也有可能是目前的天文学、宇宙学和空间飞行存在巨大的系统性错误——或者是一个精心策划的阴谋——或者是造物主知道宇宙比地球周围的空间大得多，所以希望人类在一段时间内被误导，其原因（也是由于我们过于渺小）是我们根本无法理解的。

大多数信徒都认为神创世的活动是隐喻性的说法，但是，有些人——"年轻地球"创世论者——仍然大胆地从字面意义上接受这一时间尺度。他们的字面理解要求他们发挥聪明才智，通过援引大洪水毁灭一切的重力来解释地球存在数十亿年的地质记录和化石记录。

信徒们接受了创世论的字面意义，找到一种方法来适应对天体的不正确描述，并抽取了那些最明显不可信的方面——比如开天辟地、创造万物、创造人类始祖等，这些仅仅是隐喻性的，然后就必须处理为什么奇迹会发生之类问题。奇迹是物理学和生物学规律的局部和暂时的中止，从相对较小的例子（一壶油永远不会倒空、水变成酒）到相当大而神奇的例子（动物说话、太阳静止、海洋分开、地球被手杖击中而裂开、从天上倾泻而下的大火烧毁了一座城市、飞驰的战车、处女生子、死人复活、骑着一匹长有翅膀的马上天等）。目前还不清楚信徒们如何看待这些事，除非他们真的相信这些事的确发生过，因为神的全知全能意味着任何事的发生都不存在任何障碍。或者，也许现在的许多信徒并不相信这些事的确发生过，但他们把这些事的报道归咎于早期人们的轻信，尽管说服早期信徒的正是奇迹所提供的证据，但他们仍然以某种方式"相信"这种宗教，因为奇迹故事对早期信徒的影响就像广告索赔对我们现在的影响一样，是一种逻辑的应用，即"我们的神比其他的神洗得更白"。

需要注意的是，这些宗教在当时的迷信市场上也在进行一场激烈的竞争。

上文只是简要描述了宗教若要成为人生哲学的基础，就必须接受的一些东西。为了获得指导和安慰，我们必须付出沉重的代价。这不仅仅是因为，从字面意义上意味着，如果相信任何谎言或神话都能让人感到安慰，那么就可以相信这些谎言或神话。考虑一下是否应该告诉病人，他已是癌症晚期这个问题：为了保护他免于焦虑，最好对他的病情撒谎？还是说，即使是出于好意，撒谎也是错误的？撇开给人一个机会做出临终处置和人生告别的问题不谈，真相是否应该从属于安慰？如果在此情况下可以牺牲真相，那么在其他情况下也是如此吗？推而广之，在一般情况下都这样吗？宗教能给人带来安慰，因而撒谎是可接受的，按照同样的逻辑，难道在公共供水系统中注入强效镇静剂等药物的政策也能得到支持吗？

这个问题可以用更具体的方式重新描述。在寻找世界观的过程中，我们是应该采用一种甚至任何一种能给我们带来最大安慰的世界观，即使它是由一连串的神话和无知组成的也在所不惜，还是应该寻求一种经得起理性批判的世界观呢？

本书的一个假设是，刚才提出的问题本身就回答了这个问题。

有一种简单的方法可以证明，绝大多数宗教信徒并没有选择宗教作为他们对苏格拉底之问的回答。我们可以指出，几乎所有信徒都信奉其父母的宗教信仰。事实上，这足以证明他们甚至不会向自己提出苏格拉底之问。然而，有些人声称，他们思考过所信仰宗教的主张，并选择接受它们，获得"重生"，回归他们出生时所信仰的宗教，或者皈依其他宗教，基于他们所认为的有关信仰的令人信服的逻辑（更可能是感受到的情感影响）。本书显然不适合这些人，也不适合那些对自己的信仰——或者说信仰对他们的控制——坚定不移的人。但是，为什么宗教不能取代经过思考和选择的哲学还有一个尚未触及的理由。理由如下：

如果所有宗教的基本主张都是正确的（即宇宙中存在一个或多个超自然的神灵，或与宇宙有关联的神灵，他们拥有强大的威力，足以随意中止任何自然规律，并对该星球上的人类事务拥有浓厚兴趣），那么，简单、直接、毫不客气而且准确无误地说，所有赌注都取消，一切都不算数：是否做神灵想做的任何事以便获得奖励或者避免惩罚等所有这些思考统统都没有了任何意义。这才是根本，而对于详细阐述宗教生活的复杂性和细节性的文山墨海，有关虔诚、祈祷、在怀疑中挣扎、灵魂的黑夜、接受救世主进入自己的生活的神恩保佑等飓风般的柔情冲击都不过是装点门面的花招罢了。

尽管前面已经提到过，由宗教信仰激发的优美艺术和音乐，以及同样高尚的慈善行为，但上述真相仍然是真实无误的，因为优美的艺术和音乐以及同样优美高尚的慈善行为也能是由宗教信仰以外的许多东西激发的，除了宗教人士所创造和实践之外，还有很多非宗教人士创造和实践的。宗教——一种人为之物——让人付出的代价常常是纷争和压迫，而且若要计算出一个满是宗教主题的画廊值得多少人为之遭受折磨和牺牲掉，的确是难以说得清的计算。我们当然希望拥有这些杰作而无须付出代价，但东西无论好坏，背后都有同样的人类情感在起作用，这是必须谨记在心的事实。

第四章 绕开弯路

重申一下基本观点：如果有一个无法摆脱的、全能的、超自然的神灵在控制宇宙，那么存在的唯一要点就是谨小慎微地做神灵所要求的任何事。这使得思考人生变得毫无意义，我们只能问：面对我是全能的神面前毫无任何力量的创造物这一事实，我能怎么办？正如宗教信仰所说，神的标准要求是自我否定（"不要成就我的意思，只要成就你的意思"）和顺从，表达的不是服从（这预示着另一种选择——不服从）的真正可行性；但面对全能的主及其惩罚的威胁，付出的代价又是什么呢？只有宿命论。自由意志的表象是依靠说一个人必须经受住考验来维持的，无论是信仰的考验还是工作的考验或者单单信仰的考验；但是你别无选择。

关于如何处理与他们认为掌管宇宙的神灵之间的关系，不同的信仰有不同的说法。仪式和戒律是标准，赞美和祈求也是标准。有些宗教，如前所述，允许信徒从经文和教义中挑选比较容易遵循的部分；而另一些宗教则拒绝任何偏离信仰或实践的行为，并要求信徒经常和定期地进行大量信仰或实践活动，从而使信徒变得麻木。不遵守宗教仪式惯例会让信徒感到不安，不背诵规定的祈祷文、不戴头巾、不在周六忏悔、不在周日参加礼拜，这就像你走路时用棍子敲打栏杆时错过了一个栏杆，或者踩到铺路石之间的接合处，感觉很不吉利。

如果我们不带先入为主的观念去看待宗教，那么除了奇迹、矛盾、悖论及其在道德上令人厌恶的方面，如对自然罪恶的容忍之外，宗教还有一些有趣之处。要想知道它是什么，想象一下你自己是一位有权有势、凌驾于法律之上的奴隶主，你的奴隶不断地向你表达赞美和请愿。你是否解决了矛盾问题？你解决了仁慈与正义之间的矛盾吗？在要求奴隶遵从你的旨意时，正义远比仁慈更有可能实现这一目的；事实上，仁慈迟早会颠覆这一目的。试想一下，您实际上并不需要奴隶——您有自己的食物和饮料，有自己的衣服、住房、家具、附属品，甚至有您所需要的一切；您只要动动手指头，就可以对宅邸进行任何必要的维修等。那么，除了遵守赞美和祈求的习俗之外，要这些奴隶何用？他们的目的是什么？按照传统的神性定义，神性既没有需求，也不缺乏任何东西，我们不能说生物（"被造之物"）是神灵需要陪伴或者需要服务，也不需要任何经文、传统或声称的神秘经验所提供的种种解释。神学家们给出的标准答案是神的目的超出了人类的理解力。当然，神的不可捉摸性是无限的方便借口。

主要的信仰都面临矛盾的困扰。一些宗教的中心思想是"爱"——"神就是爱""神爱你""爱神""为了神的爱"。大多数人都直接体验过人类的各种爱——浪漫的爱情、父母对子女的爱、子女对父母的爱、朋友之爱，所有这些情感在表达或失去时都有不同的身体和心理表现。除了狂热的信徒可以用意志将这些情感模拟出来的情况外，"爱"这个定义不清且难以理解的抽象概念又算什么呢？大概许多"爱神"的人心中都有一个特定的形象。但这有一些勉强的成分，它像歌迷对流行歌星的满腔热情一样，只有在想象中才能见到。

宗教信仰要求中止理性判断，并放弃大量的自我欺骗，这种观点大家都很熟悉。然而，更加中肯和相关的要点是，服从外在意志要求的自我异化。这就是为什么一个提出并回答苏格拉底之问的哲学行为与不假思索地信奉宗教，或者在少数情况下进行一次性的选择他治的自主选择行为是格格不入的，因为他把自我的管理权交给假定的外部意志，选择不再作为选择者，而是把自己的理性、判断和方向交给外部神灵，一个假定的神（实际上是神职人员）；可以说，这简直就是将自我外包出去的行为。

相关信仰认为这样做是一种美德。如果考虑到"罪"意味着"不服从"，那么"骄傲"在一些宗教看来是最大的"罪"就非常有意思了，因为骄傲就是认为自己能够自立，不依靠任何人。正如康德所说，宗教对人们的要求不过是"信仰和服从"。根据《圣经》，人类的第一宗罪是不服从——更重要的是，不服从禁止获取知识的禁令。剃光头顶——修道士剃光头顶——是从罗马时代借来的一个标志，当时，奴隶们用剃光头顶来表示他们的地位；修道士选择剃光头顶来表示他们是上帝的奴隶。信仰——在没有证据的情况下相信；即使面对相反的证据也要相信——被视为一种重要的美德，圣保罗、基督教神学家和哲学家德尔图良和克尔凯郭尔都强调了这一点（在 2000 年的基督教历史中选择这种观点的拥护者）。犬儒主义者可能会对这些观点做出回应，指出不容置疑地服从对于掌管宗教组织的人类权威来说可真是一大福音。

宗教承诺的捍卫者们喜欢引用那些回应上述挑战者的例子，他们把信仰说成是一件很难拥有之事，把神灵的召唤说成是艰难的抉择，把整件事情说成一场伟大艰难的挣扎。对于那些在情感上渴望信仰者而言，如果他们有理性审视的能力，在智慧层面上当然也是如此。从人类学角度看，这个观察很有启发性。一个典型的例子是西班牙诗人和哲学家米格尔·德·乌纳穆诺的《生命的悲剧意识》。该书的前半部分是对宗教先后提出的主张的精辟驳斥,后半部分则是迂回曲折、虚无缥缈和探索性的努力,以证明无论如何都要信仰宗教是合理的,以此来应对死亡恐惧。他害怕死亡,因为死亡就是湮灭,他希望信仰宗教,因为宗教为他提供了死后继续生存的希望。另一些人——尤其是信徒——之所以害怕死亡,是因为他们认为等待他们的是审判和折磨。这是宗教最残酷的馈赠之一。

在此,我们开始讨论第二部分中的恐惧和焦虑、生存折磨、死亡本质及其在生活中所处的位置。在此关键时刻,且让我们暂且搁置前面提及的宗教以及早期宗教(早期宗教从未被视为人生哲学),宗教并非本书中讨论的内容的可靠选择。

最后一点,人们可能认为,宗教为道德——善行——提供了基础。《摩西十诫》中的某些诫命——总的来说就是不要偷窃或撒谎——以及帮助孤儿寡妇和爱邻居等命令,这些都是很容易被引用的例子。然而,所有道德规范,不仅仅是宗教规范都要求人们做到这些。举一个特殊案例:如果你翻阅《新约》中的福音书和圣保罗书信,向他们询问如何生活和行动才最好,你得到的告诫会令你感到很不舒服,天国属于那些放弃自己的一切,不为明天做任何计划的人,不结婚不生孩子的人。天国属于那些如果家人不同意他们的观点,就会背弃家人的人,属于那些如果卑微、受压迫、郁郁寡欢,就能得到祝福的人——里面还有这样的描述,有些人为了过这种生活,英雄般地只身前往沙漠。这种伦理道德在生活中的不可行性最终(几个世纪后)促使教会采纳希腊哲学尤其是斯多葛派的伦理观,并将柏拉图（在基督教占据主导地位时，人们仅知道他的《蒂迈欧篇》）和塞涅卡等人纳入其事业中。这与基督教对死亡和灵魂的看法不谋而合。因为早期基督徒是犹太人，他们相信人死后会躺在坟墓里一直等到弥赛亚降临，那时人就复活，所以圣保罗说，圣人和殉道者在坟墓里"不会腐烂"（即他们的尸体不腐烂）。当教会成为统治者，将圣人和殉道者的尸体挖掘出来作为遗物放在教堂展示时，却发现圣保罗错了，尸体已经腐烂。前来救驾的是柏拉图依靠新柏拉图主义传播的不朽灵魂论，它也被纳入基督教教义之中；如果我们有灵魂，它们或上天堂，或下地狱，或去炼狱（被"洗净"罪孽污点），身体则会腐烂。

审视任何宗教的道德教义，问一问那些经得起推敲的教义是否为这个特定宗教或任何宗教所独有，或者是否为包括非宗教在内的大多数道德所共有。还可以问一问，某个特定宗教的所有道德教义（不要掩盖经文中有关杀死同性恋者和通奸者的禁令，这一禁令在一些政教合一的国家的实践中仍然得到遵守）是否都经得起严格的审视。单单这些考虑或许就可以表明，宗教承诺作为人生哲学，从最坏处说，并没有什么独特之处，从最好处说，并没有多么大的吸引力。

而且，无论如何，如果你做一个善良、友好、慷慨好人的理由仅仅是为了赢得奖励或者逃避惩罚，这怎么会是有个人基本道德的行为，更不要说符合社会文化的伦理规范呢？服从全能神灵的命令也许是谨慎和明智的，但不是基本道德范畴的，也不是符合社会文化的伦理规范的，因为它只是在行为上与所有其他人完全一致，服从这个神灵,与懦夫没什么不同——尽管鉴于可怕和痛苦的前景(曾被比喻为在永不熄灭的地狱之火中遭受炙烤的折磨),不做懦夫的选择实在有些不切实际。这种想法为所有关于宗教伦理的意义和质量的论证画上一个惨淡的、令人沮丧的句号。

PART II

第二部分

活出生命的终极意义

知生命之意义者,可承生命之重。

——尼采

第五章　幸福与追求幸福

死亡，是伟大的必然；爱情，是伟大的渴望；意义，是伟大的奥妙；幸福，则是伟大的希望。所有这些词的真正含义是什么？在后文中，前三个词及其意义都有专属的章节来讨论，现在，我们不妨先直截了当地谈谈幸福。

幸福重要吗？当然，这取决于"幸福"的定义。现有的标准定义将其描述为一种满足、充实、知足且愉悦的情绪状态。处于这种状态下的人通常会感到放松，会友善地对他人微笑，会积极地看待生活，这是令人向往的一种状态。更强烈的情绪，如狂喜、欢乐、喜悦、激动、欣喜、兴奋、得意、极乐，往往是短暂的，是由特定事件引发的，与前面所说的幸福不是同一种，因为即使是不快乐的人也会触发这些强烈的情绪。这表明，"幸福"的本义反映了它与生活状态的联系，这种生活状态能够产生满足和充实的情绪。在这个意义上，你可能刚刚与配偶吵了一架，抑或脚趾被磕破了，但你仍然感到幸福（尽管那一刻你不快乐），而因为你并非无家可归，餐桌上有食物，生活前景有保障；你处在"幸福的位置"和"幸福的环境"中。

这就是亚里士多德的"幸福"（eudaimonia）一词的含义，早些时候有人认为它更准确的含义是"安康、康乐"，它既包含了生活条件，也包含了内心感受。那么请考虑一下这个词的字面意思：eu- 前缀的意思是"好的""积极的"，词根 daimon 的意思是从"精神"意义上说的"神灵、天才"——而实际上字面意思是指"恶魔"，但从好的意义上说是"天使"而并非"恶魔"——因此，这个词的意思就是"好像被好的善良的精灵照顾着"。如果真有善良的精灵在照顾着人们——就像童年时那些天使深情地俯卧在熟睡的婴儿床上的画面一样——那么这些幸运儿在其一生中就会得到积极的情绪，得到保护，而免受所有消极情绪的影响。

然而，如果"幸福"的含义仅限于"满足"和"知足"的情绪状态——这意味着：没有烦恼、没有挑战、自在随意地生活——这是所谓"生命的意义"吗？我之前问过：果真如此，为何不在公共供水系统中加入百忧解？许多人通过酗酒、服用生理药物或心理药物如宗教等方式来获得同样的效果。那么，你是愿意做一头快乐的猪，还是做痛苦的苏格拉底？重新提出这个问题就会引发有趣的答案。这句话隐含的意思是，比起为了追求幸福而追求幸福——指现代意义上的处于愉悦情绪状态中的幸福，还有更有价值的事可做。首先，人们已经清楚地观察到，追求这种意义上的幸福是世界上不幸福的主要根源之一；其次，在做许多正确的、极具价值的活动时，

第五章 幸福与追求幸福

通常并不会带来愉悦的感觉。

然而，当被问及幸福时，大多数人坚持认为，幸福就是自己以及自己所在乎的人得到他们最想要的东西，尽管他们对什么能让他们幸福的看法大相径庭。在那些不富有、不出名或不特别富有、不那么出名或不漂亮迷人（以及缺少其他假定的值得向往的理想条件）的人中，有些人认为，拥有这些条件中的一种或多种会让他们快乐。但这些都是工具性目标，并非幸福的目的本身。这一点很容易论证：假使问一个人，如果他们变成富豪的同时会非常痛苦，他们是否会接受，几乎所有人都会回答"不"。当人们成名后，才意识到成名给他们带来的束缚，以及对他们的生活带来多么大的限制（甚至连走到街角的商店去买一盒牛奶都会被跟踪）。成名使其成为好奇、窥探、诽谤、辱骂的目标，还有那些令人腻烦的奉承，甚至敲诈勒索都会接踵而至，那时他们才会明白，名不见经传和平平淡淡有多么幸福。

还有一个问题是，幸福既然如此重要，那么，为了获得幸福不惜做任何事都有了合理性吗？显然，答案依然是否定的。一个连环杀手通过杀人来获得快乐，但这绝不能成为他杀人的理由。所以，这种说法本身就意味着生活中有比"幸福感"更高的目标。有一些非常有说服力的论证可以证明这一点。

首先，我们需要提到得出同样结论的一个没有说服力的论证，以便将其抛在一边。这就是宗教所宣称的观点，即那些遵守其要求（如信仰和服从）的人来世保证能够得到幸福——如果他们当下的处境不幸福，来世获得幸福的机会就更大。灌输这样的信仰对那些以管理人类混乱为己任或当作愿望的人来说是有用处的。除了那些承诺让人永生的宗教之外，所有宗教都对死后幸福的性质做了非常模糊的规定。承诺永生的宗教如前面提到的印度神学，将幸福定义为完全没有不幸福，甚至连不幸福的风险都没有；涅槃的境界通常被描述为如同"蜡烛被吹灭"一般，所有的幻觉、自我意识和欲望统统熄灭。对于"涅槃"的含义是什么，仍然存在一些争议，但是，无论其含义如何，它至少意味着自我、自我的依恋以及欲望的消亡，而在上述哲学中，这些统统被视为痛苦之源。

真正有说服力的论点可以通过再次考虑百忧解方案来做个简单的说明。如果幸福真的是最高目标，那么将百忧解注入世界供水系统就能实现这一目标。只要水源得以永久维持，即使其他所有系统开始失灵并发生灾难，也不会有人在意，甚至不会有人注意到；我们将心满意足地继续微笑。这是一个令人不快的想法，它表明，幸福仅仅是一种与无忧无虑、无欲无求、心理上的休息（一种消极的状态）相关联的情绪，它破坏了我们珍视之物的价值，贬低了我们努力奋斗和向往的目标，以及我们改进和完善、竭力发现和发明创造的东西。努力和创新的确常常使我们不那么快乐，但它们产生知识和进步的次数远远大于依靠单纯的运气。

虽然并非总是如此，但幸福常常与奋斗、创造和发现密切相关，就像烟雾伴随着火焰一样；不过，努力本身才是最主要的事，因此，努力带来的任何幸福都是一种附带现象——一种"副作用"。然而，有些人在做坏事时也会感到快乐的现象表明了一个事实：追求目标所带来的幸福并不能保证目标本身就是善。在伦理学和狭义道德议题的辩论中，争论的焦点在于确定哪些目标本身为善。

即使人们接受幸福是最高价值的观点，问题依然存在，因为在如何获得幸福的问题上，存在一片嘈杂喧闹的争吵声，有些争论来自截然相反的两大阵营。就目的和手段而言，亚里士多德和斯多葛派都存在冲突：亚里士多德认为，幸福是通过增加人们的适当欲望的满足感来实现的，而斯多葛派则建议限制欲望。2000年之后，伯特兰·罗素和西格蒙德·弗洛伊德也采取了类似的观点——罗素认为，更广阔的生活方式会带来幸福，而弗洛伊德则持怀疑态度，认定除了短暂的幸福之外，不大可能还有其他幸福存在。

罗素相信，快乐使我们变得善良，而他同样相信，有关什么是善良的某些观点会使人们不快乐。我们很容易同意这些观点中的第二点，而对第一点却不那么肯定。关于第二点，罗素心中想到的是清教主义，毫无疑问，各种清教主义的确造成了许多悲惨之事。但是，凡事并无绝对。自我克制的道德的严格实践者可能会为了遵守其严格的规定而受苦，但却以苦为乐——事实上，他可能以将痛苦强加于他人为乐趣。这些问题都需要实证性证据来验证，而非哲学思辨。

在世界各地大学的心理学系和经济学系发展起来的"幸福研究"产业中，这样的实证性问题正是在探讨之中。例如，心理学家将"韧性"作为幸福的基本要素。韧性是指能够应对失败、损失和创伤，是应对压力的能力。其隐含意义是，那些被创伤记忆困扰的人在处理这些记忆时缺乏足够的韧性。威廉·詹姆斯是心理学的创始人之一，同时也是一位著名哲学家，他说："幸福，就像其他情绪状态一样，对相反事实视而不见、麻木不仁，这是它自我保护、抵御干扰的本能武器。"从消极一面看，这句话的含义是，一定程度的冷漠甚至麻木不仁铁石心肠，是幸福的必要条件。如果你对我们这个世界上普遍存在的匮乏和不公正过于敏感，又怎么能感到幸福呢？如果你不能忘却这些，你就不可能完全感到幸福——除非你真的喜欢数以亿计的人类同胞正在遭受苦难的想法。这表明，从道德角度讲，过多的"韧性"并不值得向往。

那么，基于幻觉获得幸福是可接受的吗？——再次涉及宗教信仰，或者更广义地说有关个人处境的任何虚假信息。毕竟，人们不仅有可能因为相信假象而获得幸福；事实上，这种获得幸福的途径比了解真相更可靠。真相真的宝贵到足以战胜那些给人安慰的谎言的地步吗？一个得到广泛讨论的案例是诗人贺拉斯讲述的故事：一位名叫莱卡斯的人在空荡荡的剧院里大笑鼓掌，乐不可支，因为他想象那里正在上演一出令人愉悦的戏剧。亚历山大·蒲伯也许代表了诗人的立场，他站在莱卡斯一边，但包括孔子、苏格拉底、释迦牟尼、蒙田、伏尔泰、狄德罗、康德等在内的一大批思想家却坚定地认为，由于知识和自我认知对人的成熟来说至关重要，任何像莱卡斯那样的人都应该去接受心理治疗才对。

这里让人想起导言中提到过的罗伯特·林德对爱比克泰德的回应。在理论上，即站在哲学原理的制高点上，人的承诺应该是：任何东西都不可以阻碍人们追求真理。这不仅仅是因为若不这样做，就不可能遵循德尔斐神谕的教导"认识你自己"。但是，在纷繁混乱的现实生活中，真相往往是有破坏性的、令人痛苦不堪的，大多数人至少在某些时候会借助神话和自我欺骗来帮助自己渡过难关。在此，幸福及其替代品战胜了真理，很多人——出于林德的原因——愿意理解这背后的逻辑。

这些想法打开了让我们认识一个重要见解的大门。即我们需要区分主观性视角和客观性视角，主观性视角是指生活在其中的人的内心感受，客观性视角是指不动声色的观察者在看到同一个人自欺欺人地认为（比如）他没有患上癌症，他的妻子没有出轨，他的同事没有讨厌他的工作。观察者可能认定，只要这个人的自我欺骗是无害的，甚至是有积极作用——他的癌症反正怎么都治不好了，所以为何要过早地让他背上沉重的负担；他对妻子的出轨睁一只眼闭一只眼，对孩子来说，家庭生活就仍然能够保持稳定；他认为自己的工作是可接受的，他在工作中就还能应付下来——那么，他相信这些假象总比他知道真相更好一些。很多人——出于林德的原因——都会再次同意这种观点。

但是，此时出现一个有趣的问题。他身患重病，戴着"绿帽子"，同事们在背后对他嗤之以鼻。万一最终他得知真相，他会怎么想？他会庆幸自己不知道吗？别人都知道，却不告诉他，他会怎么想？假设他对遭到欺骗而感到愤怒，但他敢肯定那些隐瞒真相的人是充满善意的；从他的角度来看，这是否让他原谅他们呢？真相是毁灭性的、令人痛苦不堪的。他宁愿不知道真相，是的，他这样说出来，对吗？

父母对孩子隐瞒生活中的真实情况，只是在他们长大到足以应对得知真相的痛苦时，才逐渐让他们接触生活中的一些不堪之处。

毫无疑问，就像有人曾经拐弯抹角地（或许很巧妙、委婉）说的那样，"不完全说出真相"有其正确的时间和场合。但是，父母的谎言可以说是暂时的，其目的在很大程度上也是可原谅的。就我们刚刚提到不受欢迎而且还被戴"绿帽子"这种事来说，从表面上看，知道真相比生活在谎言中更好，或者生活在谎言中比知道真相更好，这似乎都取决于他本人。事情通常不就应该这样吗？——由每个人自己来决定是获得真相还是生活在谎言之中？但是，如果你不首先了解真相，又怎么能选择谎言呢？

所以，我们回到刚刚说到的主观性视角和客观性视角的对比。微妙之处在于，从客观来讲，真理是一种更高的价值；但是，临时性地存在一些时候，说假话可以服务于更好的目的，这不是作为固定的存在，也不是作为普遍现象，当然，前提是这个目的是有价值的，该附加条款才是关键所在。这样，可以使父母免于被指控为"说瞎话"，因为他们只是想保护孩子，避免孩子过早地遭受过多的现实伤害罢了。

在思考自己的人生哲学时，却容不得半点儿虚假和妄想。在这个极其严肃的问题上，只有真相才有存在空间。这听起来很严厉和强硬，也显得过于唱高调，但是，一个人若要为自己制定人生哲学，若要拥有自己的人生，并真正为自己选择人生目标，那就必须直截了当、毫无隐瞒地看待一切。通常情况下，真相既是一种让人获得解放的自由，也能让人痛苦不堪，但无论如何，都是非常值得的。如果有关自己的真相以及有关生活和社会的真相过分残酷而难以面对，如果寻求这些真相的努力太像一份艰苦的工作，那么人们大可选择规范性——习惯性的生活,抑或选择宗教那令人深感慰藉的幻想。

这篇"附记"把人们的注意力从幸福问题本身转移开,但这是不可避免的。因为一旦我们开始深入探讨幸福问题,它就会和其他问题融合在一起。"什么会让你幸福?"这实际上是一个有关其他东西自身价值的问题,而在审视这些东西时,我们会发现,有些东西即便我们拥有了或者做到了,也不能保证我们感到幸福。"但是,它们可能会让你觉得你在做一些有价值的事,一些让你的生活变得有意义的事。"是的,这的确也是在承认幸福并不是重点。无论个人从发现和追求自己认为有内在价值的事情中获得什么样的回报,这当中可能都不包括幸福这个看似不可或缺的组成部分。

总之,这些想法意味着,回答我们应该如何生活的问题(包括我们应该如何相互对待的问题),不能仅仅考虑"幸福"。例如,如果我们接受美国小说家威拉·凯瑟对幸福的定义,即"融入某种完整而伟大的事业中去",那么造成大量人员伤亡的恐怖分子就会因为参与到他们认为"伟大"的事业中造成巨大伤害而感到幸福。英国作家乔纳森·斯威夫特固然有些愤世嫉俗,但他的观点是,幸福并非其他,幸福就是"一种大上其当而浑然不觉的状态",或者充当"一名白痴中的傻瓜"那样安详和宁静。

然而,"幸福"的概念模糊不清,其超越了这个词本身所代表的感觉良好的情感。事实上,也许正是因为这种模糊不清才吸引了大量的关注和讨论。它是流行杂志的主要内容,这些杂志与其说是在讨论幸福,倒不如说是在规定幸福——那些如影随形的广告都在暗示，通往幸福的道路在于减肥、护肤霜、浪漫爱情、性爱技巧、阳光沙滩假期，总而言之，去拥有某些东西。这也成了实证性研究的主题，社会科学家研究特定人群中感到幸福者的比例是多少，感到幸福的理由是什么。

"世界价值观调查"在这方面做出了显著的贡献，该调查定期进行个人主观报告"满意度"的国际对比研究。以2010—2012年世界大多数地区相对稳定的阶段（尽管经历了2008—2009年的经济危机）的调查结果为例，调查显示，西欧和美国是"最满意"人群的家园，而东欧则是"最不满意"人群的家园。显而易见，政治家和政策制定者对此类信息往往很感兴趣，因此，如上所述，幸福研究已成为学界的一项严肃的产业，设立了幸福研究教授职位，成立生活质量研究所，并出版了《幸福研究期刊》等学术刊物。

近年来，此类统计信息也随之而来，大量出现。从显而易见的信息（美国高中生在学校的幸福感低于在假期的幸福感，独处的幸福感低于与朋友在一起的幸福感）到获得确认的信息（西方国家自1950年以来的收入增长图，伴随着个人主观满意度的趋势线条表明更多金钱并不意味着更多幸福），再到耐人寻味的有趣信息（尼日利亚和墨西哥人是世界上最幸福的人）。

在这些对比中，文化差异也十分突出。例如，在日本，生活的满足感来自满足家庭和社会的期望、保持自律以及对世界表现出友好合作的态度。在美国，满足感是从自我表达、自我价值感和物质成功获得的。

看重社会收入和地位的人相比不怎么看重这些东西的人更容易

感到不满足，所以他们更容易生病和陷入抑郁的情绪，这是压力导致的结果。这些人的问题来自容易引发怨恨的对比：他们感到自己在收入、形象和地位方面不如社交圈中他们看重的其他人，因而闷闷不乐。显而易见的解决办法是，"停止越过篱笆墙窥视邻居"，并为自己做的事去选择衡量成功与否的更好标准。

"幸福研究"明确无误地表明，衡量生活满意度的两个最重要因素是自主意识，即能够掌控自己的生活，以及因自己的身份和所作所为而受到重视，即价值感。这两个因素都不取决于地位或收入。这些观点具有明确的含义。首先，公共政策的目标应该是实现国家、地方和工作场所的民主（真正的民主：按比例代表制，使每一票、每个声音都具有同等效力，这使人们对其工作场所和社区发生的事拥有有效的发言权）。其次，应确保就业和工作保障（后者应建立在胜任工作的合理基础之上，因为这将促进自主和尊重这两个理想）。然而，与此相反的情况却时有发生：许多企业试图通过积分排名表/成绩表、部门间的竞争以及基于绩效的薪酬和晋升标准来诱导员工提高生产率，从而利用竞争中的不满情绪作为激励力量，蓄意制造不快乐。这不仅会引发不满情绪，如果走得太远，甚至可能导致社会不稳定，主要原因是由此产生的不平等。不平等、社会动荡和主观满意度偏低构成十分有害的三角关系。何者为因，何者为果，或许是悬而未决的问题，但它们之间的相互关系是持续存在和不足为奇的。

在所有这些考虑中，需要牢记在心的要点是，幸福是一种附带现象，一种作为活动和环境的副产品而产生的条件，而这些活动和环境是独立的，而且有内在的价值。作为这些活动的副产品，幸福来得不知不觉，常常有些出乎意料。值得注意的是，上文提到，无休止地追求幸福，即被简单定义为"幸福感"，是引起不幸福的罪魁祸首之一。幸福就像暗室中的光点，如果直视，你是看不见的，但如果把目光投向别处，它就会显现出来。幸福是从眼角瞥见的东西，是本身就有价值的活动的伴生物或者结果，这些与它们可能给不同的人带来的不同感受无关。

当然，幸福的感觉的确存在（而且应该存在），它可能来源于某些熟悉的场合，尽管它们可能被描述为"快乐和满足的瞬间"更有益处，比如休闲、友谊、看到美景和观光游览、体验成功。在体验这些感受的瞬间，人们可能甚至没有意识到自己感觉幸福；这种感受可能是在事后才意识到的、后知后觉的，这表明幸福是一个事实，即人们可以在不知不觉中拥有幸福。这再一次证明幸福的表象特征，并有助于将注意力引导到它本该属于的地方，即不是把目光停留于人们希望产生幸福感的事情上，而是关注那些具有内在价值的事情上。

这一结论产生一个问题：如果"幸福"不是它或它们（或者只是——也许只是有时——它们实现的表象），那么什么是具有内在价值的呢？回答这个问题的一个直接难点在于，这样做将是规定性的，从而篡夺了个人自主权，直接违背了人人都必须独自确定和选择生活以及塑造生活目标的前提。对于一个致力于创造美丽花园、编织精美挂毯、教孩子吹奏笛子、寻找病毒疫苗、养家糊口或探索热带森林的人来说，这些都是具有内在价值之事，做这些事（尤其在做得有效，做得漂亮时）将是令人振奋的、富有成效的、极其宝贵的。可以说，做这些事会让做事者感到无比的快乐。但是，让所做之事有价值的是这件事本身，而非通过做这事而获得的快乐。有些有价值之事可能并不会带来幸福感，特别是当人们认为"满意"、"回报"和"知足"是幸福的预期属性或至少是幸福的伴生物的情况下。例如，只产生负面结果的科学研究、记录归档、给零部件贴标签、将食品从乡下农场运到城市市场、检测公共水库水质的酸碱度、更换书架上的图书……我们可以不断地列举人们获得专业知识的必要性和有价值工作的种类，有些人可能不喜欢做或不得不做这些工作，这些工作在其环境中是有内在价值的，只不过它们与幸福无关，即使有关，也只是偶然性的联系。

一些在实践者眼中具有巨大内在价值之事，甚至会让实践者感到痛苦或付出高昂的代价。在实验室或图书馆里花费几十年的时间进行探索的科研人员，为了养家糊口每周七天不间断地经营一家店铺的小老板，一心想让孩子们吃饱穿暖的贫苦母亲……他们都在做自己相信或知道具有内在价值之事，而这些事可能让他们筋疲力尽、几近绝望，成功的机会渺茫得很。如果有些事本质上值得去做，却与幸福关系不大或毫无关系，那么就有理由将这两个概念区分开来。通过观察，"获得幸福"的途径有时可能是以牺牲某些内在价值为代价而追求的东西，而这在其背景下又具有必要性（例如拯救生命），此类现象将严重挑战幸福高于一切的观点。

这最后一个想法促使我们做出另一种区分：区分当下的幸福与作为人生最高总体目标的幸福。如果一个人做了繁重、痛苦、困难但本质上有内在价值之事，而在做这些事的过程中却没有感到幸福，那么在回顾整个人生时，尽管这些事是痛苦和困难的，他会不会因为知道自己做了本质上有价值之事而感到满足（或者因而也感到幸福）？这种想法还有一个更微妙的版本：即使你在有机会对你的一生进行整体回顾并由此得出上述判断之前就去世了，你现在知道，如果你将来有机会做出这样的判断，你的确会做出如此判断，因为你现在（当下，痛苦而艰难地）在做之事是有内在价值的。

以这种抽象的方式，人们可以承认"幸福是最高目标"，并将其作为一项原则来接受。"做有价值之事，无论当下感觉如何，至少会让你感到幸福，如果你能够从超越的、外在的视角或者在生命结束之际来判断你的人生的整体质量，你会说'我做了那些事，我感到很幸福'。"这很好，但重要的是要注意到，在此意义上的幸福并不是长期存在的情绪状态；而且我们还可以观察到，"幸福"这个词在这里被当作其他术语的同义词来使用，而这些术语同样可以被用来追求具有内在价值的目标，例如，"美好的生活""有道德的生活""值得过的生活"等。

那么，古代伦理学派对人生目的或目标的定义又是怎样的呢？只有亚里士多德试图把"幸福"当作不能等同于带来幸福感的东西，认为它是自足的，具有非工具性的价值。但是，它的实现在于"依据美德而行的符合理性"的生活，因此，是以持续不断的实践为条件的。其他学派则给出"自然主义"的答案，将实现宁静等同于简朴、自主和避免追求地位和财富的努力。这是犬儒派和伊壁鸠鲁派的目标，但对斯多葛派来说，正如本书第三章所指出的那样，获得满足的传统手段并没有被抛弃，而是被当作"不相关因素"对待。也就是说，宁愿不要它们，但拥有或失去它们并不妨碍与自然和谐相处，也不会破坏"心神安宁"以及"生活的顺畅流动"，这是"理性存在者之为理性存在者的好处"。

古人不假思索地将幸福视为至善，并将幸福本身与构成幸福的状态和条件联系在一起：本真快乐、心灵安宁、顺应自然、理性选择。那么，通过推理传递性，"什么是善？"这个问题便得到了"快乐、安宁"的答案（即"心神安宁"）以及其他相关概念。许多世纪之后，哲学家 G.E. 摩尔认为这是一个错误，并将其命名为"自然主义谬误"，声称将"善"定义为任何经验上可识别的自然属性，如快乐或幸福都是错误的。他反驳说，善是不可确定的，试图解释或定义善的任何尝试就像试图解释或定义一种原色（如黄色），因为他说，你不能用语言或其他颜色来定义黄色，你只能给想知道"黄色"这个词是什么意思的人看一个实物。他的这一观点被称为"开放问题论证"。如果善被定义为快乐，那么回答可以是："是的，这是快乐的，但它是不是（道德上的、伦理上的）善，仍然是开放性的问题。"摩尔说，对于作为善被提出来的任何自然属性，我们可以承认自然属性的存在，但仍然需要提出这个问题。

摩尔的观点没有说服力。"自然主义谬误"的名称是错误的，因为它不是一种谬误。即使把善等同于某种自然属性（如快乐）是错误的，这样做也并非逻辑矛盾。这种"谬误"也不局限于自然主义者对善的定义，因为正如摩尔自己所指出的那样，在他看来，出于同样的原因，把善等同于"神的指令"等超验性之物也是错误的。

因此，这既非谬误，也非自然主义结论。

不管怎么说，摩尔观点的最大问题在于，将"善"等同于"快乐"时并不会自动引出一个问题，每当人们说"快乐"的时候，就冒出来"是不是善"的疑问。如果有关理论的具体目标是将"善"等同于"快乐"，并且有支持这样做的论据，那么，在定义"善"的时候提出"但它是不是善"的疑问，要么是忽略了该理论的要点，要么是故意回避反对意见。

摩尔的观点面临一个有趣的难题。当被问及如果不能确定什么是善，我们该如何辨认出善时，他的回答是，我们只需要做出"直觉"判断即可。在被问到如何做到这一点时，他说，我们（他没有明确指出在这些情况下"我们"是谁，但毫无疑问，他心中想到的是剑桥大学的教授们）有一种"道德直觉能力"，它能使我们在遇到善的时候能够识别善的存在。但是，鉴于在不同文化内部和不同文化之间，道德分歧无处不在的这个令人遗憾的事实，这样说有些难以置信。此外，就算他的观点符合实际，也将毫无助益，因为人们"只是看到"某物是好是坏，这种说法使得道德分歧不仅难以判定，而且根本无法讨论。

我之所以提到摩尔的观点，是因为它体现出与之相反的古代伦理学流派的方法是多么看重实证性和多么讲究实用性。他们立足于生活实际和人类体验，试图提出一些策略来避免生活中的糟糕方面——如果可能的话，完全避免；但是，万一不可避免，那就必须忍受——并促成那些更合意的结果，那些在理性上或许被认定的逆境的对立面或并不那么倒霉的结果。

我们不妨回顾一下历史学家希罗多德关于梭伦和克罗伊斯王之间著名对话的记载,据说,梭伦说:"人不进棺材,谁也称不上幸福,而至多不过是幸运。"这句话的可能含义之一是,你需要结合他的整个一生来判定他是否幸福。另一种意思是,活着是不可能幸福的。这里的"幸福"有歧义:在第一层意思中,"幸福"是指作为整体的生活质量,一种优裕的生活;在第二层意思中,它是指在生活中的大多数时候,也许是所有时候所感受到的满足和满意的情绪状态。在回答谁是最幸福的人这个问题时,梭伦选择拉着母亲乘坐的车去赫拉神庙的两个儿子,他们得到了赫拉女神最好的奖赏,即立即轻松地死去。这论证了第二层意思:活着是不可能幸福的。但第一层意思符合上文的观点,即如果幸福是一切的中心——如果它是目的和目标,是至善,是具有内在价值之事——那么,根据上文提出的观点,幸福是整个人生的属性,是在人生终结之时意识到的结果或者对自己人生的总体评价。即人的努力具有内在价值,无论它在特定时刻让人产生的感觉如何。

1830年9月,伟大的散文家威廉·哈兹里特在经历了一生的挣扎、冲突、失望和心痛之后,在临终的病床上说"我度过了幸福的人生"。我想,这就是他的意思。

鉴于在讨论幸福时,"快乐"与"幸福"概念的密切联系,有必要对其进行更深入的研究。前面已经提到,亚里士多德把"幸福"看作是一种善举、安乐、繁荣和满足的感觉,这种感觉很难不被描述为快乐,或许是一绅士般的"伟大心灵"的愉悦。伊壁鸠鲁认为,健康、友谊和交谈的快乐远远胜过沉溺于感官享受,这与快乐主义的昔勒尼学派追求并无太大区别。但是，由于"快乐"一词具有其他学派哲学家所没有的昔勒尼派直截了当的隐含含义，因此，值得在此研究一番。毕竟，即使在伊壁鸠鲁自己的时代，他也曾被指控为昔勒尼派的快乐论，因为其学派的"追求快乐，避免痛苦"的口号在当时和现在一样遭到误解。

产生快感的事物种类繁多，但产生快感的位置在人体中却屈指可数：感官，以及对感官所传达信息的心理反应——不仅仅是颜色、声音、味道和触觉刺激，还有传达各自思想、故事、信息的文字和图片。我们甚至可以描述对快感的典型生理反应：内啡肽的释放、肌肉弹性的释放、血压降低（尽管在某些肉体快感的唤醒阶段并不包括后两者）。个人喜好千差万别，因此，对于什么会引起快感，只能做出不完美的概括，恰恰是在这个方面出现了困难。

伊壁鸠鲁的观点要求我们坚持某些快乐优越于其他快乐的观点。2000年后，约翰·斯图亚特·密尔因为同样认为快乐有"高""下"之分而饱受批评，比如说，阅读古希腊悲剧作家索福克勒斯的作品和喝一品脱[1]啤酒之间的对比。当被问及如何判断阅读索福克勒斯比喝啤酒更有乐趣时，他说，一个能同时兼做这两件事的人才有资格做出判断。然而能同时兼做这两件事的人可能更喜欢喝啤酒，说读书更快乐是很难不被指控为思想上的势利眼的。为了说服他承认错误，人们可以举出的例子将是和快乐本身并无任何关系之事。

例如，我们可以说，索福克勒斯悲剧的深度、复杂性、艺术性

---

[1] 1品脱=473.1766毫升。——编者注

及其独特性，还有它可能产生的深远影响——想想《俄狄浦斯在科罗诺斯》中对安提戈涅说，他之所以能够承受痛苦是因为他被"时间、痛苦和血液的高贵"进一步强化——吸引人们反复阅读这个悲剧并对其进行反思，再次相遇时又会发现新东西；这又引导人们去阅读其他作品，因此它是通向神话、历史和思想之河的源泉。而喝啤酒则是一种短暂而世俗的乐趣，每次喝酒都一样，没什么知识内容——毫无疑问，有时这正是喝酒带来乐趣的一部分——即使喝啤酒被证明是通向兴趣之河的源泉，不仅是有关不同啤酒、酿酒厂和酿酒技术的知识，而且有关啤酒花和大麦以及其他一切百科全书式知识（有很多知识，写出这些话的作者的哥哥是啤酒制造商）；尽管如此，一位阅读索福克勒斯作品的啤酒爱好者可能不得不承认，如果被迫在这两个选项之间放弃一个，他会选择放弃阅读索福克勒斯的作品，但它是更高贵的乐趣。

请注意，索福克勒斯的拥护者不得不在索福克勒斯的影响之外进行探索，虽然他给读者带来了快乐，但也引入了新挑战。为什么希腊悲剧的"深度、复杂性和艺术性"就优于喝啤酒的口感、清爽和效果呢？但是，我们没有必要卷入这场争论，因为一个有能力同时品鉴索福克勒斯的作品和啤酒者可能认为喝酒更有乐趣，这个事实本身就足以对哲学家密尔不利，面对思想势利鬼的指控，他似乎有些哑口无言。

因此，密尔的批评家似乎有一个赢得辩论胜利的理由。他说，重要的不是快乐的种类或程度，而是快乐产生幸福这一简单的事实。然而，现在出现了不同的观点，即个人享受快乐是否会造成伤害并非无关紧要。密尔的"伤害原则"说，如果对他人造成伤害，我们就可以合法地限制他的自主权（在这里，自我伤害是否也算伤害成为引起争议的问题；当然，密尔考虑的是对他人造成了伤害）。因此，至少在这种情况下，幸福本身是如何获得的，以及享受幸福是否给第三方带来不良后果，对幸福的价值问题很重要。若进一步概括这个观点，我们可以说，将伊壁鸠鲁和密尔所喜欢的快乐与昔勒尼派之流所追求的快乐区别开来的关键就在于这种结果论的维度。

这种讨论提醒我们，所有的快乐最终都是精神上的，是一种感觉和接受，无论是通过听到的话语、读到的文字所传达的抽象概念，还是通过内外表面的刺激所激活的身体器官。同样的输入内容可能在一个人身上产生快乐的反应，而在另一个人身上产生痛苦或厌恶的反应。当然，在大多数情况下，感觉的生理机制独立于意识之外，一个最基本的例子是，当你猛然把手指从火焰上抽走之时，不同神经通路的作用导致你抽动的手指不同，这些神经通路从脊柱而不是大脑循环往复传输，而大脑只是在稍后（在神经时间内）才获得手指被烧痛的消息。但是，此刻我们谈论的是快乐，人们不可能体验到快乐却根本没有意识到快乐，即使是在感官极乐的沉醉状态下也不可能，就像人们不可能体验到痛苦却感受不到痛苦一样。

愉悦是有意识地享受我们的感官天赋，这种享受因我们的预见能力和记忆能力而得到增强，它使我们在听音乐、品美食、享受性爱乐趣、跳舞、游泳、晒太阳、郊外散步等各种活动中的愉悦感更加强烈。享受"当下"的乐趣，因为在它发生时不用经过理智分析就能让你变得更美好；很明显，我们最好让它纯粹地展现自己，但是，同样显而易见的是，对快乐的本质和来源的反思并非与享受快乐无关。听半小时音乐的乐趣之所以更大，是因为音乐经过精心挑选，再现的音质悦耳，引发反思和期待，而且你做好了聆听的准备。想想这里的信息对比，疼痛或不适是如何因恐惧的预期而加剧；紧张的牙科病人几天来一直害怕钻孔，他的情况往往比放松的病人更加糟糕。将快乐视为善的关键在于，看它是如何融入值得过的生活的整体概念之中的。这就是某些类型的当下快乐不被当作候选项的原因，因为它们会带来不良后果。

文艺复兴时期，人们对艺术、文学和哲学重新产生了兴趣，其主要特点之一是培养了人们对"此生之乐"的兴趣，而不是对"来世之乐"的兴趣，"来世之乐"是在忍受此生之苦的情况下才能获得的（具有讽刺意味的是，如果你把快乐看作魔鬼设下的陷阱，你几乎肯定会经历这些痛苦）。其中的一个方面是出现了主张此时此地的生命价值的论文，例如意大利文艺复兴人文主义者彼特拉克的著作、吉安诺佐·马奈蒂的《论人的卓越和尊严》（对教皇英诺森三世的《论人的苦难》的答复）和皮科·德拉·米兰多拉的《论人的尊严》。正如这些标题所表明的那样，他们的核心主题就是挑战流行的神学观点，即认定人生是一段充满考验和苦难的危险旅程，在这段旅程中，魔鬼在不断地想掳走我们的不朽灵魂。通过严格遵守义务和拒绝肉体的诱惑——那是撒旦进入我们内心的入口，人们最终可以进入天堂。当时故意带有恐吓意味的宗教灵修小品集《轻世金书》把人生描述为各种苦难之所，饥饿、疾病、伤害、恐惧和焦虑、贫穷和暴政都被描绘得栩栩如生，以引起人们对未来美好生活的希望，从而产生信仰，并再次服从服膺教会。

文艺复兴时期人文主义的回应是拒绝接受"这是人类注定不变的命运"的说法，转而赞美人类心智的力量，欣赏"美"和享受快乐的可能性，能够创造美好生活。他们指出，动物受本能的驱使和奴役，而人类则可以做出选择；因为人类拥有语言，这赋予他们一种将过去和未来带入现在的无限潜能，并在想象力的帮助下拥抱整个宇宙。因此，重新发现古代经典著作、艺术和建筑给人们带来一种新的分寸感。它恢复了快乐的合法地位，并在绘画和诗歌中对其热烈颂扬。

之所以提到这个要点，是因为它用我们熟悉的语言说明了文艺复兴时期的艺术和建筑仍然与我们息息相关，理性的伊壁鸠鲁派——或者更广义地说，古希腊人——把快乐和美作为人生根本的理想对当时的人们意味着什么。那是与理性相结合的有价值的生活。

讨论至此，人们认为快乐和幸福是一回事，前者构成后者，或者二者有密切的因果关系，前者产生后者，这是没有争议的。最近一些"幸福研究"对这一观点提出疑问，他们列举了神经递质多巴胺和血清素的不同作用，前者与快乐有关，后者与幸福有关。快乐的活动如进食、购物、饮酒、做爱等会刺激多巴胺分泌。这种物质的负面影响是，它会促使人们不断重复快乐的活动以致无论是对行为还是对物质都能上瘾。相反，血清素与情绪稳定、平静、满足和良好的睡眠有关。血清素水平低与抑郁、攻击性、焦虑、记忆功能障碍、冲动和失眠有关，任何一个因素本身都会损害幸福感。我们的结论是，从事能够促进血清素分泌的活动，比如享受家人和朋友的陪伴、为社区做出贡献、健康饮食、定期锻炼、睡个好觉等，均容易产生幸福感。

参与刺激多巴胺分泌的活动，例如狂欢至深夜，做能产生快感之事，在当下的确带来了快感，但从长远来看可能产生不快乐。无论如何描述，这种观点认为，快乐和幸福不仅不是一回事，而且很可能截然对立。

即使不了解神经心理学的细节，斯多葛派和伊壁鸠鲁派也清楚地看到当下的享乐与更持久的"心神安宁"之间格格不入。在斯多葛派看来，快乐活动被视为"附属品"，虽然很好，但对终极之善来说并非必不可少，因此不能与至善相提并论；而在伊壁鸠鲁派看来，如果他们知道的话就会说，他们心目中的快乐是血清素所产生的，而非多巴胺所产生的。毫无疑问，他们将"感到幸福"的情绪与幸福的状态相联系，就像大多数人所做的那样。但是，他们又通过假定情绪是状态的典型标志，而状态常常是情绪的制造者来推翻这种假定，这样做并非毫无道理。

这与本章开头提出的要点一致，即幸福不应仅仅被理解为一种情绪状态，而应更准确、更全面地理解为生活条件。追求前一种意义上的幸福可能而且常常会损害后一种意义上的幸福的实现，正如下面这个例子说明的情况，一个人热衷于参加派对而不是对学业或事业给予足够关注。具有讽刺意味的是，任何认为这种观点有些大煞风景的人都没有看清楚如下错误：他们错把多巴胺产生的东西当成血清素产生的东西，而这很容易导致人们走到幸福的反面。

第六章 伟大的美德

伦理学派讨论的中心是"美德"这一概念。在现代人听来，这个词有一种假正经的感觉，让人联想到虔诚的少女和摇头晃脑的道德家的神圣形象。但它的含义既丰富又重要，因为它们涉及伦理学探究的伟大概念。

请看"美德"的词源。在拉丁语中，vir 是"人"的意思，指男性。Virtus 意为"勇气""力量""优点"。在希腊语中，"刚毅、勇气"的意思是"andreia"，即"男子汉气概"。在更接近印欧语系根源的梵语中，"vir"有"强大、英勇、豪迈"的意思，也有"劈开、撕裂、碎裂"的意思。现在你明白了吧，从源头上看，"美德"是与战士有关的概念。"美德"是战士的美德：勇气、力量、刚毅、耐力、战斗中的凶猛；为保卫部落和领土而准备好杀戮和牺牲。

但是，请注意"起源"。显然，"美德"的含义在某一时刻发生了变化，变得不再那么带有军事色彩——谦虚、耐心、温和、克制、诚实、友善、正直。在性别歧视更严重的过去，这种说法可能经过这样的变化：该概念从男性的刻板印象转变为女性的刻板印象。事实上，尼采的观点更往前推进了几步：他谈到世界观的彻底颠倒，英雄美德被一种"奴隶道德"所取代，在这种"奴隶道德"中，谦卑、受压迫、贫穷、受难以及以德报怨都是美德。

但是，如果说美德概念从战士的内涵意义转向公民的内涵意义，就更少偏见和争议性。公民美德是指那些促进社会性的美德——合作、信守承诺、讲真话和相互支持的理想特性，这些特性共同促使社会成为可能。

可以说，存在"美德"这一概念的内涵发生变化的那个时刻的概貌。这就是古希腊悲剧诗人埃斯库罗斯的《俄瑞斯忒斯》三联剧的第三部，该剧于公元前5世纪中叶在雅典首次上演，当时雅典正处于古典时代的高潮和中心位置。

埃斯库罗斯的三联剧（《阿伽门农》《奠酒人》《报仇神》）讲述了希腊国王中的佼佼者阿伽门农在特洛伊战争后归来，被妻子克莱特涅斯特拉杀害；他的儿子俄瑞斯忒斯杀死母亲为他复仇；复仇女神追杀俄瑞斯忒斯，以惩罚他杀害母亲。最后一部剧作讲述了这一血腥传奇的结局，其中道德重点发生了巨大转变。在我看来，埃斯库罗斯的三联剧作为对这一观念转变的观察——描绘，甚至某种意义上是一种记录——的重要性是非常大的，因为它发生在"轴心时代"中期。"轴心时代"是卡尔·雅斯贝尔斯创造的术语，用来指在中国、古印度和古希腊差不多同时出现对价值观问题的哲学思考的时期，这些近乎同时代的人物如孔子、释迦牟尼和苏格拉底都是哲学家,请注意:他们不是祭司或先知,不是神谕的传播者,而是思考人类该如何生活的思想家。

埃斯库罗斯讲述的故事值得回味。请别忘了阿伽门农离开家前往特洛伊已经10年了。在远征之初,他不得不牺牲自己的女儿依菲琴尼亚,以安抚一位阻止希腊舰队起航的愤怒神灵。这位神灵就是狩猎女神阿耳忒弥斯,阿伽门农因杀死了一头神圣的雄鹿而深深地触怒了她(也有人说是因为他在杀死雄鹿后夸耀自己是比狩猎女神更好的猎人)。考虑到千艘战船及其所载军队所代表的巨大承诺,考虑到希腊国王们为营救海伦——战争的起因是特洛伊的帕里斯绑架了海伦——所发的誓言,阿伽门农不得不接受人家要依菲琴尼亚性命的要求。他杀了依菲琴尼亚,又长期不归家,这使他的妻子克莱特涅斯特拉对他非常反感。她找了一个名叫埃癸斯托斯的情人,希望取代阿伽门农成为国王。因此,当阿伽门农在战后回到迈锡尼后,很快就被克莱特涅斯特拉和埃癸斯托斯杀害。

根据战士的美德准则,阿伽门农和克莱特涅斯特拉的儿子俄瑞斯忒斯必须为父亲报仇。因为他的母亲杀死了父亲,所以他必须杀死母亲,于是他杀了母亲。这引起了复仇女神厄里尼厄斯的愤怒,复仇女神的职责是惩罚那些破坏神圣纽带(如子女对父母的责任)的人。她们追捕俄瑞斯忒斯跑遍了希腊;他设法来到阿波罗神的故乡德尔斐,在那里解释了自己的困境:为了孝顺父亲,他不得不放弃孝顺母亲。他有希腊人难以摆脱的天性——冷酷无情,认为即使你命中注定要做错事,你也会因此受到惩罚。阿波罗建议俄瑞斯忒斯去雅典城向他的姐姐雅典娜求助,因为她既聪明又智慧,会

第六章 伟大的美德

想出办法解决他的问题。阿波罗让厄里尼厄斯沉睡了足够长的时间，好让俄瑞斯忒斯逃到雅典。在那里，雅典娜听了他的哀叹后，决定做一件新奇之事：她要召集雅典市民前来听审该案——一个陪审团——并请他们决定该怎么做。

一场法庭大戏就此上演。俄瑞斯忒斯请阿波罗作为辩护律师，阿波罗告诉陪审团，俄瑞斯忒斯杀害父母的罪名不成立，因为母亲不是家长，不过是个容器而已。无论陪审团是否接受这一说法，半数陪审团成员都投票赞成释放俄瑞斯忒斯，雅典娜也投票支持放人。就在她这样做时，复仇三女神来到了雅典，发现雅典娜、阿波罗和雅典市民都在参与释放俄瑞斯忒斯的行动，她们果然大发雷霆。

这就是埃斯库罗斯记录的人类历史上最伟大的时刻：他让复仇女神厄里尼厄斯对雅典娜说：你们这些年轻的神——注意，是"你们这些年轻的神"——篡夺了我们的角色！复仇本是我们的职责，但你们却成立一个清谈俱乐部，在一番喧嚣热闹的争吵之后，轻易放过了他（我转述的话）！对此，雅典娜回答说：是的，因为我们生活在一个新世界，在此，我们不需要通过复仇来恢复正义，我们必须讨论什么是最好的办法，通过寻求共识和妥协来找到解决办法（我再次转述）。此时，人们看到旧制度让位于新制度，旧正义让位于新正义，旧秩序让位于新道德。

当然，勇气和忠诚的美德始终是战士的美德，是危险时刻所需之物，但它们的意义已经超越了军事斗争范畴，加入了具体的公民美德和个人美德，构成了传统的美德清单。在古典哲学中，四大主要美德是谨慎、刚毅、节制和正义。当然，还有许多其他美德，如体贴、慷慨和勤劳，但大多数都是这些主要美德的组成部分或包含在这些美德之中。正如我们在第一部分中所看到的那样，亚里士多德解决了如何识别美德的问题，他说美德是对立的罪恶之间的"中道"——中间道路；勇气是懦弱和鲁莽之间的中道，慷慨是吝啬和挥霍之间的中道。什么是美德，什么是罪恶，需要具体情况具体分析，因此必须根据具体环境来确定。例如，"怯懦"并不是单一的、笼统的东西，在战场上看到敌人逃跑和在蛇面前逃跑都是逃避，但在第二种情况下，是谨慎而非怯懦，而在第一种情况下，如果不是谨慎的话，是怯懦（有时不管是不是谨慎都认定为怯懦）。

罗马人从共和时期就对公民美德和军人美德有了丰富的认识，有时甚至将二者融为一体，这与崇尚强壮、务实、坚强、威严、自省、自我批评和渴望成功的社会是相称的。除了男子汉气概、勇气、刚毅、自立、守纪律、尽职尽责、坚忍不拔和顽强拼搏这些战士美德之外，他们还加上了仁慈、正义、诚实、谨慎、节制、奉献、慷慨、无私、智慧、幽默、节俭、自尊、勤劳、健康、庄重、礼貌、友善，以及博爱（意为"文化"和"学问"）。罗马美德是个人美德，这些个人美德造就并支撑着罗马。穆奇乌斯·斯凯沃拉把手伸进火里，向捉住他的人表明，酷刑不会迫使他泄露机密；孤胆英雄桥上的贺雷修斯在战友们拆毁他身后的桥时，单枪匹马地挡住了拉斯·波希纳的伊特鲁里亚军队。这些都是罗马共和国捍卫者所珍视的一切美德的典范，当公元前1世纪帝国时代开始时，他们为失去这些美德典范而感到悲哀。在随后的帝国时代，卡利古拉和尼禄等人与罗马共和理想中的贤德之人相去甚远，就像冥王星与太阳的距离一样遥远。

根据圣保罗在《哥林多前书》第十三章中的说法,神的美德包括信仰、希望和仁爱。怀疑论者可能会对前两种美德持怀疑态度,首先是因为它们似乎是宗教未能兑现其承诺的宣传借口,其次是因为它们与值得推荐的美德恰恰相反:信仰与以证据和理性为基础的理智美德相反,而希望往往成为采取行动纠正错误或实际做事等实际美德的替代品,而非仅仅被动地寄希望于事情能自动解决。

后来的基督徒在爱上帝之外又加入了谦卑,并特别强调贞洁、独身和"廉耻",后者指的是对身体及其功能(尤其是性功能)的羞耻甚至厌恶,这驱使一些虔诚的信徒走向极端——在沙漠中独居隐修,或在宗教团体中团体隐修,进行"肉体净化",如自我鞭笞,甚至自我阉割。这与伊壁鸠鲁派和斯多葛派各自的"过犹不及,凡事不可过分"大相径庭,这些伦理观认为"过犹不及,凡事不可过分"既理智又实用,是成熟心灵的自我规劝。尼采激烈反对将谦卑、被动、卑微、奴役、软弱和苦难塑造为美德的观点,他称之为"奴隶的道德",并将其与他的"超人"道德观相对照,后者竭力使自己成为与这些道德截然相反的人。

但是,美德的名称(勇气、仁慈、坚忍、节制等)都是笼统的说法。正如注重实际的亚里士多德指出的那样,我们必须使它们变得更加具体。我们需要举例说明,将它们与我们在生活中遇到的情景结合起来。有一点显而易见,那就是美德的践行与美德的拥有之间既有区别又有联系:在特定场合表现出勇气与在一般情况下成为勇敢的人是不同的,尽管"成为勇敢的人"这一概念意味着,需要勇气时，这种人往往会表现出极大的勇气。因此，它指的是一种性情和潜能。反过来，这又引出一个问题，即如果有人从未被要求表现出勇气，他是否可以被描述为勇敢的人呢？

这些伟大的美德概念相互联系、相互启发，共同提供了一个资源网络，只要加以研究和理解，个人就可以利用该网络来回答苏格拉底之问。

从勇气开始。我们通常仍然认为勇气是战士的品质，是在危险的战场上必须具备的品格，并以此类推，将其延伸到所有充满风险和挑战的事业中，如攀登高峰、下潜到深不见底的海底、发射火箭进入太空。但是，勇气是一种非常不同的现象，在普通生活中表现得更为频繁，每天都有数百万人面对并克服疼痛、焦虑和心痛，所有这些都是人类生活的常态。勇气的词源是拉丁语"cor"，意思是"心脏"，源于大多数古人的观点，他们认为心脏是情感所在，要承受恐惧和逆境，就必须有强大的心脏——强大的情感中心。这是一则历久弥新的民间智慧。

只有能够感受恐惧的人才能感受到勇气。无畏不是勇气。柏拉图在《拉凯斯篇》中就说明了这一点。他说，狮子不是勇敢，而是无畏，尽管事实上狮子害怕火、巨响和成群的鬣狗等。这种区别解释了人们对《伊利亚特》中不同人物的态度，即谁勇敢，谁不勇敢。《伊利亚特》第24卷讲述了普里阿姆国王夜里穿过敌军希腊人的营寨，想恳求残酷的阿喀琉斯归还儿子赫克托耳的尸体。阿喀琉斯已经虐待赫克托耳的尸体好几天了，他把赫克托耳的尸体绑在战车后面，绕着帕特洛克罗斯的坟墓转了一圈又一圈，为他心爱的朋友之死复仇。

阿喀琉斯自己并不勇敢，但他像狮子一样无所畏惧，因为他知道自己除了脚后跟有一块他母亲抱着他浸入冥河的地方外，身体是无懈可击的。即使没有刀枪不入，他也会无所畏惧。因为对他来说，就像我们在传说中了解到的青铜时代的所有勇士一样，在战斗中获得的荣誉远比生命更有价值，无论是否牺牲。《伊利亚特》中体现勇敢的其他例子还有：第15卷中的阿贾克斯抵挡住特洛伊人的进攻；第17卷中的墨奈劳斯在特洛伊平原上的激烈混战中保护帕特洛克罗斯的尸体；第22卷中的赫克托耳自己紧张地出去与阿喀琉斯作战——我们知道他很害怕，因为他曾考虑过投降。在与阿喀琉斯单独在平原上作战时，他逃跑了。在冒险出战之前，他与妻子安德洛玛切和幼子阿斯提亚纳克斯温柔告别，孩子被父亲头盔上的翎羽吓到了，赫克托耳摘下头盔安抚他。但是，赫克托耳猜测这是他最后的告别，他的心在颤抖。最后，他被众神诱骗，孤身一人迎战阿喀琉斯，与这位远胜于自己的勇士一决高下，当他与阿喀琉斯作战时，就表现出十足的勇气。

这些古代传说若与最近的英勇事迹报道相比，它们给我们带来的震撼并不相同。2008年，澳大利亚士兵马克·唐纳森赢得了维多利亚十字勋章，因为他在一次伏击中从被暴露的阵地上救出一名翻译，吸引了敌人的火力，使受伤的战友得以被安全抬走。正如战士们事后在众目睽睽之下经常做的那样，唐纳森说，他只是做了他接受训练时应该做的事，事实上，作战军事训练的全部目的就是为个体在嘈杂、骚乱、混乱和极端危险的高肾上腺素情况下采取适当行动提供手段。但是，更具本能性的反应仍然是僵住、逃跑或者放弃，旨在克服这些反应的训练未必总能成功。在唐纳森士兵的案例中，勇气的证明在于其行动显示出对战况的评估和调整，以实现对战况的有效反应，并在此过程中，他接受了高风险以保护他人。所以"英勇"奖章实至名归，当属唐纳森这一案例。

在不那么令人震惊的情况下，在普通生活中，往往需要相应的勇气，甚至是不同寻常的勇气。早上，在悲痛的重压下从床上爬起来就是个再熟悉不过的例子。奥地利抒情诗人里尔克在《给青年诗人的信》中正确指出，"对于我们可能遇到的最奇怪、最奇特和最无法解释之事"，都需要勇气。这一点很有价值，因为生活中总会有意想不到的变故，有时就在瞬息之间——事故、巧合、纯粹运气的突然降临，无论是好运还是霉运。这甚至包括勇敢地接受我们通常认为无须勇气来接受之事：坠入爱河或失恋，承担相互关系中的义务或学会不依靠他人独立生活。有关义务的观点也适用于家庭，举个例子，当你有了孩子；记得托尔斯泰在《安娜·卡列尼娜》中描述的列文，在把刚出生的儿子德米特里第一次抱在怀里的反应，一想到由此产生的责任，他的心就一下子沉到靴子里去了。

人们在思考各种不同的勇气时，无论是在探险活动时还是在日常生活中，都不能不注意到两种相关但截然相反的现象：恐惧和懦弱。

当然，恐惧也有积极的一面，恐惧的潜能在进化中是有利的，因为它使我们对危险保持警惕。我们会对灌木丛中的沙沙声产生一种厌恶的反应，因为在人类物种的过去，沙沙声可能预示着捕食者

第六章 伟大的美德

的到来。还有人敏锐指出，对人来说，好的惊吓比好建议更有价值。但总体而言，恐惧本身比人们通常害怕的大多数东西更值得恐惧，这不仅是因为在需要采取行动时，恐惧会起到抑制作用，而且还因为它是许多更广泛社会弊病的根源，如种族主义和仇外心理，以及对新鲜事物或不同事物充满敌意，从而助长糟糕的保守主义。正如种族主义所证明的那样，恐惧与无知紧密相连，二者互为因果。恐惧有其自身不可抗拒的逻辑，因为我们所恐惧之事比我们希望发生之事更经常、更迅速地发生，这主要是因为恐惧的行为本身就会促使恐惧之事的发生。

伏尔泰说："恐惧永远不会产生美德。"他想到的是教会试图用永恒惩罚的威胁来控制人们行为的方式。但是，这一观点更具普遍性，因为恐惧最糟糕的后果之一就是制造懦夫。懦夫就是在本该站立时逃跑的人。懦弱是战士的恶习，之所以受到谴责是因为懦弱除了暴露自己不值得被尊重之外，还会让战友们失望。不可否认，大多数人在某种程度上都有些懦弱，即使是在一些寻常之事上：不去看牙医是因为害怕刺耳的电钻声，不去海滩是因为不愿意穿游泳衣。现在，在大多数国家，牙科治疗基本上都能保证无痛，而在人们的记忆中，牙科治疗却是一种折磨，对牙科治疗的疼痛预期奇妙地诠释了"懦夫会死一千次"的真理。那些因为想到牙医的椅子就害怕得整宿整宿睡不着觉的人可能发现真的坐在牙医椅上并没有那么痛苦，因此，这等于自己放大了痛苦。塞涅卡在写给鲁基里乌斯的第十三封信中以斯多葛派的方式阐述了这个问题：懦弱会吞噬信心、失去机会、浪费才华。最好的办法是在真正需要恐惧之前拒绝恐

141

惧。他写道:"生活中有更多事情会吓倒我们,而不是压垮我们。我们在想象中遭受的痛苦要大于在现实中实际遇到的痛苦。在危机来临之前,不要惊慌失措;危机可能永远不会来临,毕竟,危机尚未到来。"

认识到"勇气"这一概念与其他美德和恶习的隐含或相关概念(如上文刚刚提到的两种)之间的联系,这会促使我们进一步探究其中的联系。例如,对于许多种类的勇气——不是在紧急情况下或激烈战斗中的短暂勇气,而是在普通生活中需要的持久勇气而言,坚忍不拔是必要的伴生物。在不利的环境中尤其如此——正如塞涅卡所说:"即使在歉收之后,我们仍然必须播种。"在此情况下,坚忍不拔实际上就是勇气本身的定义。坚忍不拔实际上是一种多重性的美德,因为它包含了决心和毅力,从而将两者都纳入勇气的定义之中。必须将坚忍不拔与单纯的固执区分开来,这一点并不容易做到。这是因为坚忍不拔和固执都来自另一种美德:乐观的潜能。因此,它在对勇气的分析中也占有一席之地。

"乐观主义"和"悲观主义"这两个词是最近才出现的,第一个词是哲学家莱布尼茨在阐述我们生活在"所有可能的世界中最好的世界"这一观点时创造的(不久之后,伏尔泰在其长篇小说《老实人》中对这一观点进行的讽刺性攻击使这一观点名闻天下)。莱布尼茨从"世界是上帝创造的"和"上帝的智慧和仁慈是无限的"这两个前提出发论证说,这个世界因此一定是最好的世界,即使它存在自然和道德上的恶等一切不完美之处,因为恶一定是上帝预见到并计划好的。对上帝而言,完美的世界——不存在恶的世界——不是最好的,因为它不会给人类提供适当的机会来锻炼信仰、勇气、仁慈和进入天堂所必需的其他美德。这一论点出现在莱布尼茨的《神学》一书中。"神学"一词的意思是(用弥尔顿的话说)"向人类证明上帝之道的正当性"。"乐观"一词源于拉丁语 optimum,意为"最好的"。从"乐观主义者"很容易引申出"悲观主义者",这是法国人在伏尔泰的影响下创造出来的词语。莱布尼茨论证的关键是区分了什么是最好的和什么是完美的,并说明完美的未必是最好的——如果徒劳地追求假设的最好而无法实现善的话,这反过来又引出"完美可能是善的敌人"这一观点。

虽然"乐观主义"和"悲观主义"这两个词是新词,但这两种态度当然并非新东西。这就提出一个有趣的问题:在石器时代的祖先中,哪种观点最为普遍?这个问题之所以值得提出来是因为答案可能表明,作为一般战略,哪种观点最好,因为我们——他们的后代——现在成功地来到此地。有一种陈词滥调说,悲观主义者是现实主义者,人类祖先不就是这样在剑齿虎出没中生存下来的吗?另一种陈词滥调说,乐观主义是取得成就的必要条件,因为(正如心理学家威廉·詹姆斯所言)悲观主义会削弱我们的力量,而乐观主义会增强我们的力量。人类祖先和作为后代的我们在某些方面都做得很好。那么,人类祖先是悲观主义者/现实主义者,还是乐观主义者?关于这个问题的笑话是内容丰富的传统,反映出一个两难处境。"乐观主义者说,这是所有可能的世界中最好的世界,悲观主义者则担心他是对的"就是这样一个笑话。

也许安东尼奥·葛兰西提供了最好的解决办法:"出于智慧,我是现实主义者，因为意志，我成了乐观主义者。"事实上，在大多数情况下，乐观主义的选择并不多，因为如果人对生活严重悲观，解决办法就只有跳下悬崖了事。这种想法给我们带来一个重要问题：鉴于跳下悬崖可能需要勇气，我们可以看到乐观主义与勇气之间并没有必然联系，因为我们在这里思考的是勇敢的悲观主义者。话又说回来，如果他不跳下去，而是继续活下来，是不是需要更大的勇气呢？如果说这个问题没有说明其他问题，那它显示出概括性和不确定性的弱点，因为除非我们知道假设的跳崖者的具体情况，否则我们根本无法判断哪种选择需要更大勇气。尽管如此，我们仍然可以说，总的来说，乐观主义的生活态度是勇气的辅助因素，无论是否被误导，甚至是做出蠢事的助推器，因为面对逆境采取行动，表明了对行动另一面的希望——在此情况下，"希望"大有可为，因为它属于乐观主义的本质。

继续追寻链接会带来另一种基本美德：谨慎。这是因为，根据亚里士多德的建议，如果要将勇气与鲁莽和懦弱这两种截然相反的恶区分开来，那么它与谨慎的联系就是关键所在。

谨慎是"实用的智慧"，希腊语为 phronesis。事实上，"实用的"这个形容词是多余的，因为智慧——既不等同于智能，也不等同于学问——与最实用的东西，即与生活有关。它本身的一系列相关概念包括常识、成熟和判断力，而这些概念又以经验为前提。如果要把孩子说成是聪明人，而且是字面上的意思，那是因为这孩子见多识广，对周围世界发生之事的意义有正确而适度的把握，并理解这些事的价值所在。老人之所以被认为有智慧，是因为在许多情况下，

第六章　伟大的美德

他们有足够的生活经验，不会赋予事物不恰当的价值，也能分辨出何时等待比行动更好。人生早期和中期的共同特点是，看似最重要之事其实不过是被夸大的琐事。时间或经验——最有力的是两者的结合——往往能更好地帮助人们分出轻重缓急。

大多数关于智慧的论述都错误地将智慧与智能和学习混为一谈，这无疑是因为智慧与聪明地处理生活问题是一回事，而且经验也能积累知识。这种混淆在于将"智慧"与"智能"相提并论，后者指的是处理信息和解决难题的智力，或者是"博学"意义上的知识，即知道很多事实、日期和公式。山沟沟里的牧羊人可能很聪明，但他不懂数学，也从未从书本上学过任何知识。聪明的处事能力（选择正确的方法来处理任何事，并因此取得成效）可能不是"聪明"人也可以做到，或者说，不是大学招生导师在考虑申请者时所要求的知识渊博者也可以做到。同样，学习（书本学习、理论知识）不仅不是智慧的保证，在某些情况下甚至可能损害智慧。这与"定势效应"（试图应用过去的解决方案来解决新问题，即使存在更简单的解决方案）并不相同，因为这种效应在有学问和无学问者身上都会表现出来。乔治·艾略特在小说《米德尔马契》中塑造的枯燥乏味和百无一用的书呆子卡萨本先生就是一个例子。

大多数人往往觉得自己既聪明又智慧，大大高估了自己的认知能力。这就是所谓的"邓宁—克鲁格效应"。在自我价值膨胀的基础上做出的选择和采取的行动可能带来混乱的结果。因此，德尔斐神谕"认识你自己"与智慧问题息息相关。理性的自我评估对智慧至关重要，既不高估也不低估自己的潜能。

亚里士多德认为，谨慎、实践智慧是一种高尚的智慧美德。正如刚才使用"理性"一词所暗示的那样，智慧特征的另一种表达方式是"实用理性"。理性就是均衡和成比例：理性信念就是这样一种信念，其接受程度与支持它的证据相称；理性行为就是与环境相称的行为。如果把智慧的特征用于恶意或至少是消极的目的，我们会用什么名字呢？这个词就是"狡猾"。这一点非常有意思。我们并不认为狡猾之人一定要有智慧或学识才会狡猾。"狡猾"的含义是欺骗和逃避，是偷偷摸摸——但这种偷偷摸摸是有效的，是利用了对事物发展规律的准确把握，为达到目的而恰当地应对处理。而"智慧"在做同样之事，只不过其目的是中性的或善良的。

勇气和智慧显然最有可能成为基本美德。在现代人看来，"正义"似乎与它们格格不入，因为正义是社会责任而非个人责任。但作为基本美德之一，它意味着"公正"。在亚里士多德看来，"正义"的美德不仅包括给予他人应得之物，而且在每个人（包括自己）在任何分配中都享有公平的比例，这是自私（剥夺他人应得的份额）和无私（"不顾自己"的意思，忽略自己理应得到的东西）之间的平均值。因此，它关系到我们如何对待他人，同时也不忘对自己也有一份公平的责任，牢记确保自己的福利意味着我们不会成为他人的负担。

最后一点与亚里士多德关于"自爱"的观点有关。自私就其本质而言是对他人的一种不公正，无论作为现象还是诱惑都是我们所熟悉的东西，因为我们经常在他人身上看到这种现象，自己也常常感受到这种诱惑。但是，考虑一下这个事实，爱别人意味着我们希望别人过得好，并因此采取相应的行动。这种行为包括成为我们所爱之人值得信赖的朋友——这就要求我们成为自己的好朋友，以使自己值得信赖。因此，我们必须爱自己，才能很好地爱他人。亚里士多德说，不是自私自利地爱他人，而是成熟地、正直地爱他人。因此，为了他人而成为自己的好朋友，其中包括公正，因为公正意味着人人（包括自己在内）都得到公平的对待。

有趣的是，"正义"（dikaiosyne）的词源包含"认可"的意思，这表明它起源于遥远的历史时期，在分配食物或负担时达成一致或认可。狄克（Dike）一词既有"习俗"的含义，也有"获得认可的判断"的含义。拟人化的狄克女神（宙斯和忒弥斯的女儿，掌管法官和法庭的女神）代表规范、规则、道德秩序和正义。作为一种美德，正义是行为的一种品质，正义之人是公平之人，其行为尊重他人，帮助维护最符合每个人利益的安排。

在个人层面上，公正的要求和慷慨的愿望有时会发生冲突，正如自私的冲动会在另一个方向上阻碍公正一样。如果从"司法正义"的意义上理解正义，再考虑到仁慈的美德，问题就会变得更加严重。这是一个说明努力践行某些美德是如何造成两难困境的很好例子。因为仁慈就是减免公正的补偿，减轻严厉（适当）的惩罚，接受所欠金额打折。仁慈就是以一种更多让步的方式行事，达到不正义的要求或允许的范围。从"同情宽恕"的意义上讲，仁慈是一件可爱之事，从权力地位上表现出仁慈是高尚的。尽管犬儒主义者可能指出，仁慈的受益者并不总是因为这种经历而感到高尚，而只是得到了解脱，他们获得释放，反而可能会鼓励他们进一步做坏事。这正是两难困境，因为正义的存在是为了保持社会结构的稳固，而仁慈则会导致其基础松动。正义本身并不是仁慈；仁慈实际上是正义得不到伸张；因此，仁慈与正义在促进良好社会的不同努力中是格格不入的。它们之间的冲突是道德神学家面临的特殊问题：神如何调和二者？在《出埃及记》中，上帝被描述为充满怜悯和恩典的，充满爱的，他宽恕邪恶、叛逆和罪恶；但同时，他不会让有罪之人逍遥法外，事实上，他将惩罚他们和他们的子孙后代"直到第三代和第四代"。这不仅不是怜悯，甚至也不是正义；几乎同样糟糕的是，这也是一种逻辑谬误，"恐吓论据，诉诸武力"，使用欺凌或威胁来强迫他人服从。

自亚里士多德以来，仁慈与正义之间的冲突引发了许多哲学思考，这主要是因为如果正义的核心理念是"各得其所"，那么仁慈就会颠覆正义。各得其所可以通过以下三种方式之一来实现：给予所欠之物；给予或承认无论如何都是该人应有的权利或财产；确保对某人的所作所为给予适当的补偿或奖励（反之，惩罚或处罚）。有人可能会说，仁慈是正义的组成部分，就像法官对某一罪行的量刑比标准"刑罚"要轻，因为有减轻处罚的情节。根据这种观点，从轻处罚的情节既是公正的，也是仁慈的。但这真的是仁慈吗？或者说这实际上是对正义的一种更精细应用？从轻处罚的因素肯定是符合正义要求的。也许——就像什么算得上勇气一样——关键在于每种情况都是独特的，因此，为了伸张正义，法官必须行使其自由裁量权，而机械地适用僵化的规则无法做到这一点。如果这就是"做出判断"的含义，那么正义的概念就必须包括这一点。但这与仁慈不同。"附录"中讨论了与尼禄时期罗马的塞涅卡及其斯多葛派同僚有关"宽大处理"的概念。要做到仁慈，法官必须判处比所有已许可的减轻处罚情节更轻的适当刑罚。

直到 1822 年，在英国，任何被判定偷窃食物者都将面临绞刑。即使是明显有罪的人也会被陪审团无罪释放，因为他们认为仅仅因为偷面包而被处以绞刑实在太过分了。你可能会认为陪审员是在大发慈悲，但你也可能会认为，无论人们做了什么都会被判处死刑的法律是不公正的——因为他们的选择要么是饿死，要么不这样做而被绞死——这就要求适用真正的正义。因此，这的确是宽大而非怜悯的案例；宽大处理并非不公正，而是既恰当又公正地消除了不公正的影响。仁慈可能与正义相冲突；宽大处理是正义的一种形式；有了后者，概念上的张力就消失了。

是否可以说仁慈是不公正的？是的，如果对一个应受惩罚的人施以仁慈，而对另一个应受同样惩罚的人却不施以仁慈，就是不公。也许，更广泛地说，仁慈对整个社会都是不公正的，因为社会更受益于始终如一的正义，而不是偶尔的、也许是随意性的仁慈行为。在莎士比亚的《一报还一报》中，维也纳公爵假装暂时离开他的城市，因为那里的法律已经变得松懈，他希望看到他的副手、以严格著称的安哲鲁恢复这些法律。根据禁止私通的严格法律，克劳狄奥被捕并被判处死刑。他的姐姐依莎贝拉应他的请求去找安哲鲁求情。安哲鲁被依莎贝拉迷住了，提出如果依莎贝拉愿意和他上床，就放克劳狄奥走。依莎贝拉惊恐万分，拒绝了（在意大利作曲家威尔第的《托斯卡》中，女主人公也受到同样的折磨，但她有一个更有力的解决办法：她假装同意斯卡皮亚的下流要求，当他们在私下会面时，她用刀刺死了他）。依莎贝拉是否对她的弟弟不够仁慈，宁愿克劳狄奥失去生命也不愿她失去贞操？事实上，她是否对他不公？公爵懦弱地将恢复法律的重任交给副手，副手的虚伪都是令人厌恶的，就像依莎贝拉拿自己的贞操与克劳狄奥的生命相提并论做出判断一样。然而，他们成功地将问题的两难处境戏剧化了。最终，安哲鲁被判处死刑，正义得到伸张，克劳狄奥也得到宽恕，他的惩罚被撤销（主要的不公正似乎是公爵强制性地决定迎娶依莎贝拉，而依莎贝拉在这件事上没有任何发言权）。

无独有偶，莎士比亚有关仁慈与正义的最著名作品《威尼斯商人》也有一个有趣的结局：安东尼奥，这个被夏洛克没收肉体作为贷款担保人的商人，不是因为仁慈而获救——夏洛克拒绝对那些习惯性地无情对待他的人施以仁慈——而是因为最严格地适用正义。因为正如伪装成博学的书记员巴尔塔萨的鲍西娅明确指出的那样，合同中规定了一磅肉，里面不能有一滴血。

一直以来，仁慈主要应用于私人领域而非公共事务。原谅孩子或雇员的过失，给予宽容，"放过这一次"，都是在小范围内的期望，与对谋杀或恐怖主义的"放过这一次"不同，它不会破坏社会结构。司法正义作为正常运转的社会的结构性要素，可能会有宽大处理的空间，其形式是承认减轻罪行的因素，并为犯人提供赎罪和改过自新的机会，但即使是这种自由裁量权也需要受到严格的限制，以免破坏司法的重要社会目的。

塞涅卡深知在司法问题上仁慈的危险性，因此，他提出了关于宽大处理的有趣论证。鉴于他在担任尼禄皇帝的执政官时曾向尼禄劝说这一理念，他的努力是严肃认真的。其论点的关键在于，宽大处理是在认为有罪判决是不公正的情况下采取行动，尽管事实表明这是不公正的。这不是仁慈，仁慈是承认有罪但减轻刑罚——因为在这种情况下认定有罪是错误的，宽大处理是一种法律判断，而非对法律判断的干涉。

从这些思考中产生的一个也许令人惊讶的想法是，正如埃斯库罗斯《俄瑞斯忒斯》（三部曲中的第三部《报仇神》）故事所表明的那样，正义的概念需要从"以牙还牙"的战士复仇观念向社会认同的公平的公民道德观的重大转变，而仁慈概念则是另一种情况。事实上，仁慈是一种战士美德而非公民美德，尽管它似乎是后者。这种美德起源于这样一种情况，即一个人拥有支配他人的全部权力，但有时会出于一些对他来说似乎有好处的理由而克制自己使用这种权力。在此情况下，美德的行使完全取决于个人的心血来潮，正是这种想法驱使所有伦理学和道德理论家们去寻找一种不容拂逆的美德，且不受个人心血来潮的念头的影响。对于宗教人士来说，这就是神的命令。对于从苏格拉底到康德等哲学家而言，则是理性。

对人公正包括诚实。显而易见，除非大多数人在大多数时候——实际上是几乎所有时候——信守承诺、履行合同、诚实待人、始终如一地认真负责和诚信可靠，否则社会和经济就无法运转。整个社会能够充分运转，就证明人们普遍达成了遵守这些条款的默契，而且普遍取得了成功。即使是犯罪分子也要求社会普遍诚实，因为他们就是利用他人的信任来从中获利的。

当然，人们会从办公室拿回形针，会对配偶说假话，会对邀请他们共进晚餐但他们不想见的人找借口拒绝。诸如此类经常性的不诚实，尽管是在原本诚实的关系中，也有助于维持社会运转，保持人与人之间的和平，避免不必要的冒犯。但是，这只是在次要层面上对具有伤害性或破坏性的真相的方便或友好的回避，在家庭层面也不例外。在商业、政治、政府、警务、制造标准方面的不诚实——总之，在任何不诚实造成严重伤害之地——则是另外一回事。但是，古典时代的斯多葛派不太可能认为，家庭领域的微小谎言——"不，那不会让你看起来很胖"的那种——与公共领域的诚实是一致的。主要原因在于，诚实不仅关乎维护社会纽带，也关乎自尊。人们会想到这样一个故事：雕刻家在制作一尊要附在建筑物上的雕像时，有人看到他在雕像背面小心翼翼地工作，便问他为什么要这样做，因为没有人会看到。雕刻家回答说："但是，我能看到啊。"

不过，这里涉及权重问题。是的，讲真话是一种很高的善。善良也是如此。有时，告诉一个人真相是不友善的。事实上，苏格兰教会有一条著名的戒律，"说出不合时宜的真相是一种罪过"。哪种价值观应该压倒其他价值观？答案当然还是要视具体情况而定。但是，这一答案又立即引出需要考虑的另一个重要因素：真实性。如果一个人判断在这样或那样的场合说真话弊大于利，而且这种判断是真实做出的——而不是以一种自私、怯懦、不诚实的方式做出的——那么他就可以声称自己是正当的。我们所援引的是伦理判断的自我反思性质：真实就是真诚地说明自己做出决定的理由，在这些特定情况下，有个经得起认真推敲的理由，即服务于一个更好的目的。

真实性的一个很有启发性的例子是，一位素食主义者遭遇挑战，被质疑为什么不是纯素食者。从各方面考虑，纯素食主义比素食主义更符合逻辑，也更符合道德，因为素食主义并不能避免食用肉类、鱼类和奶制品所造成的许多危害。因此，如果问题的关键在于减少这些伤害，那么纯素食主义就是合适的选择。面对质疑，素食主义者可能会说，他吃素至少是想尽量减少工业化食品生产所造成的一些危害，但他不会像要求苛刻的素食生活方式那样占用大量的时间和精力资源。他可能会说，他是在"尽自己最大的道德努力"。现在，这句话可能是一张真正的免罪金牌。站在被害人尸体旁，手中还拿着一把冒烟的枪的杀人凶手可能会说自己"尽了最大的道德努力"，尽管这不足以阻止他犯下谋杀罪。但是，如果"尽自己最大的道德努力"的说法是真实的，那么，即使一般来说，只有声称"尽自己最大的道德努力"的人才知道它是否属实，它也是做出选择的合理性论证。至于它是否成为独立的好理由，那是另外一回事，而且并非无关紧要，但行为者本人至少是在真诚地努力。

一提到真实性，有些人就会想起哲学家海德格尔和萨特，对他们来说，真实性概念发挥了重要作用。存在主义对苏格拉底之问的讨论具有重大意义，本文稍后将对此进行探讨。就目前而言，我们可以引用萨特的一句话，尽管他认为由于"自欺"的普遍存在，真实性是很难实现的，真实性"在于对处境有真实而清醒的认识，在于承担它所涉及的责任和风险"。

四大基本美德中的最后一个美德节制也需要真实性。它的意思是"理智健全，明智稳健，人道即仁慈、谦和，以及对欲望的自我约束与控制"。就其适度谦和的外表中，节制既是医学美德也是道德美德。斯多葛派和伊壁鸠鲁派都将德尔斐神谕中的铭文"凡事不要过分"作为原则，同样适用于身体健康和灵魂健康。

自律——自我控制——是斯多葛派的一个关键概念，这不仅是因为它是最难实现的美德，而且还因为它能促进其他美德的实现。他们认识到，完全禁欲比节制更容易，因此他们的目标是节制。是的，不是禁欲，而是节制。犬儒派的表兄弟——"表兄弟"指的是哲学上的亲缘关系——选择禁欲，而不是满足身体保健的基本需要，这揭示了两个学派之间有趣的差别之一。禁欲避免了那些无意识地开始并随着时间推移而增长的危险如上瘾或发胖，这两种情况都会变得越来越难以逆转。如果禁欲，你就不会走上这条路。但是，如果你适度地踏上这条路，你就必须保持警惕。斯多葛派欢迎保持警惕的挑战。在他们看来，如果需要勇气和坚忍不拔等严苛的美德，并需要运用强大的意志力，那么自我超越的长期训练就能充分证明自身的价值。禁欲者如果突然需要以这种方式施展自己，就可能处于不利地位。想想一个斯多葛派和一个犬儒派都被攻城者俘虏并遭受酷刑，你会打赌说哪个能坚持更长久些呢？可以说，正是出于这种考虑，斯多葛派才把禁欲视为一种不节制的行为——过分的行为。

斯多葛派和伊壁鸠鲁派各自所说的节制似乎在程度上形成了鲜明的对比。斯多葛派的"节制"概念更为严苛，而伊壁鸠鲁派的"节制"概念则更为宽松。有个传说是这样说的，根据"凡事要节制，包括节制本身"的原则，一些伊壁鸠鲁派每年都会举行盛大的聚会，当他们第二天头痛欲裂之时，就会想起为什么节制是一种美德。

一般来说，只有在资源充沛丰富的情况下，才有可能产生"节制"（克制、自我控制）的想法，并将其作为一种美德加以颂扬。在寻找水源和食物十分困难，甚至充满风险，而且经常失败的情况下，节制的想法似乎就无关紧要了。但是，真的如此吗？想象一下，人类石器时代的祖先遇到丰富的食物，他们会像狮子一样大快朵颐，直到肚子胀得几天不能动弹，在消化不良的状态下打瞌睡吗？还是将找到的食物进行定量配给，使其持续时间更长些呢？后者需要持续不断地进食，并且需要深思熟虑和计划，而这些正是社会组织能力的早期要素，它们最终导致社会组织能力的形成。这就说明节制是基本美德的另一个原因：它是社会存在成为可能的必要条件。这一点并不奇怪，因为如上所述，在想到社会和经济关系中需要普遍信任时，我们就会发现，那些以自律的方式管理自己的个人或组织更有可能被认为是可靠的和值得信赖的，因此，我们更可能与他们打交道，而不是与那些不守规矩的竞争者打交道。

罗马人列举的上述所有美德都很容易让人钦佩和推崇，如果人人都能培养这些美德，世界将会变得美好。这甚至包括"节俭"，它适用于今天，因为世界人口中富裕阶层的消费——过度消费——正在破坏世界环境，至少要让世界人口中的这部分人懂得审慎克制的价值。在所列举的美德中，慷慨和宽容是建立和维护社会纽带所必不可少的，但这两种美德的供应往往很有限。不过，罗马人提到的其他一些美德并不那么明显。他们在上述清单中增加了"男子汉气概"和"尽职尽责"。这些仍然令人印象深刻吗？当然，它们的一些主要传统表现形式已经过了销售期。前者的毒害性和后者的等级森严的社会从属性含义均已不再美味可口了。

　　他们还提到"友谊"。从柏拉图开始的伦理辩论传统中反复提出的一个主张是，友谊是人生的伟大价值之一，因为它是人们可以确立的各种关系中最容易实现的关系。关于这一重要观点，我们将在第八章中做详细论述。但是，把友谊作为美德是值得商榷的，因为礼貌和体贴足以让我们对他人采取建设性的行为，无须不切实际地要求我们与所有人做朋友，鉴于我们对于哪些人真正合得来并不是不加选择地无差别接受的。把人人都当作真正的朋友来对待，包括那些我们觉得无趣或者不喜欢的人，这样的要求未免太高了，对他们做到彬彬有礼不就行了吗？

　　尽管如此，一个重要的事实是，人是社会性动物，除了极少数例外，离开了社会，我们无法繁荣发展，甚至根本无法生存。正如亚里士多德指出的那样，个人美德问题和社会繁荣问题紧密联系在一起。个人需要社会，而社会需要个人美德，因为它需要相互关联、妥协、调整和解决紧张关系以及克服困难的方法。因此，社会需要其成员的善意合作。社会需要个人给予应有的尊重，在需要帮助的地方给予帮助；社会需要个人分享值得维护的共同利益观念。因此，必须有一些做法和制度来促进这些迫切需要得到之物，同时防止或至少管理那些对社会结构造成破坏的行为，如盗窃、暴力、不公正和贪婪。在较为简单的时代，协议是被迫达成的，破坏性行为则通过武力来解决；强权既是权利的来源，也是权利的仲裁者。但是，当社会发展到一定的复杂程度时，这种管理破坏性行动的方式本身就变得极具破坏性，需要采用更加和平有序的方法，这正是埃斯库罗斯在《俄瑞斯忒斯》中提出的观点。

人类事务中任何事情都不是完美无缺的，因为即使在小团体中也会出现利益的多样性和意见分歧。社会生活就是一场旨在达成妥协的谈判，由于大多数事物都在不断变化，因此需要不断重新协商谈判。这是通过政治、媒体的公共对话、正规和非正规教育、餐桌上的交谈来实现的。在由宗教主导的单一性社会中，协商程度要低得多。这样的社会代表了早期比较原始的安排，在那里，强权武力是权利的仲裁者。这些野蛮原始的形式需要像宗教裁判所这样的强制性机构，更复杂的是宗教信仰的无一例外的思想控制，这种信仰在童年时就被灌输，并通过一致性的要求而得到强化。亚里士多德说伦理学是政治理论的组成部分，难怪马可·奥勒留把"对社会做出积极贡献"列为斯多葛派的贡献，难怪几百年后，在18世纪的启蒙运动中，沙夫茨伯里伯爵可以明确地把同样的斯多葛派"共同利益"思想作为其《论德性与价值》（1711年）的核心内容。

最后要提醒的一点是，谈论美德就是在谈论伦理，而不是道德。如前所述，气质思想是指品德，道德教化是指特定文化在其特定历史时期的行为规范。苏格拉底之问要求人人思考自己的气质思想应该是什么，这与我们应该如何生活是一回事。道德准则是由文化决定的规范人际行为的准则（尽管它们也经常涉及单独行为），在历史进程中或多或少地在清教徒禁欲思想与自由之间来回摆动。正如第一部分所述，在一个时期接受的东西到另一个时期却不被接受了——奴隶制、对女性的歧视性待遇、同性恋、虐待动物等就是主要例子——自由化趋势也可能被逆转，正如清规戒律可以被推翻一样。鉴于主流文化中的道德规范会强化或挑战个人的伦理情感，而伦理情感反过来又会影响个人对这些道德规范的态度，要么赞同这些规范，要么与之格格不入，虽然伦理和道德方面的因素常常相互影响，道德时尚潮流或许不断变化，但伦理挑战依然长期存在。道德观的改变往往（虽然并不总是如此）源于伦理观念上的分歧。

伦理考虑与道德考虑之间的一大区别在于，前者是围绕"我应该成为什么样的人"这一问题展开的，而后者则是围绕"我应该如何行动"这一问题展开的，具体地说，就是："在这样那样的特定情况下，我该如何行动？"功利主义伦理学——与19世纪的杰里米·边沁和约翰·斯图亚特·密尔关系最为密切，尽管其起源要古老得多——是"结果论"观点的典型案例。这种观点认为，行为的道德价值应根据其结果来判断；结果好，行为就好，结果坏，行为就坏。一般来说，什么样的结果会使行为被认定为善行呢？简单地说，就是能给大多数人带来最大幸福、利益或效用的结果。与行为者的性格相关考虑并不重要，甚至是无关紧要的。这是一条实用的经验法则，旨在克服17、18世纪——启蒙运动时期和现代诞生时期——欧洲思想家们所面临的困难，因为宗教不再垄断是非对错的思考，他们再次（"再次"，即自古以来）探索道德的基础，追问："道德法则的基础是什么？为什么这样是对的，而那样是错的？"在这场辩论展开的同时，人们仍然在追问："我该如何行动？我该怎么办？"——功利主义观点就是被作为答案而提出来的。

现在，美德概念的确有其结果论的一面。如果你问为什么谨慎、公正、勇敢等美德是好的，答案是这些美德除了使个人过上更美好的生活之外，还建设性地增大了个人为社会做出的贡献。这方面看起来是结果论的，即评价有道德的个人行为模式的结果是否具有效用。但是，最大区别在于，美德途径说的是"做一个能产生这种结果的人"，而功利主义说的是"好坏是由结果本身来衡量，而非由行为人来衡量"。如果某个人的恶意产生了出人意料的好结果——比如说，在试图实施谋杀时救了人的命——即使我们对结果表示赞赏，也不会忽略此人的恶意。同样，一个人的善意或援助尝试意外地造成伤害，这与我们如何评判这件事并非毫不相干——坏结果中的好意是可考虑减刑的因素。我们看到，在生活中，一个人的为人是很重要的。在从道德角度权衡善恶好坏时，我们绝非对伦理因素漠不关心。

"道德价值只能通过结果、通过为最多数人带来最大利益或效用来判断"的观点遭遇了严峻的挑战，那是厄休拉·勒奎恩的小说《离开奥美拉斯的人》。奥美拉斯是一座城市，"海边有明亮的塔楼"，生活非常美好；市民们舒适、幸福，甚至快乐。"欢乐！如何描述快乐？如何描述奥美拉斯的市民？"故事的开头描写了夏天的一个节日，将城市和市民的生活浓缩在阳光灿烂的欢乐之中。这里既没有士兵，也没有教士，既没有纷争，也没有冲突。这里有一种"无边无际的、慷慨宽宏的满足感，一种巨大的胜利感，这种胜利感不是针对某个外在敌人，而是在与世界各地所有人灵魂中最优秀、最美好东西的交流之中，在世界之夏的绚烂中感受到的东西：这就是奥美拉斯人民心中涌动的东西，他们庆祝的胜利是生活的胜利"。

但是，他们的幸福、城市的美丽、友谊的温柔、孩子的健康、学者的智慧、工人的技艺，甚至农业丰收和怡人的天气都取决于一个条件。他们都知道这一条件，生活在奥美拉斯就意味着自觉接受这一条件。这个条件就是必须把一个孩子关在地牢中，使其在恐惧和痛苦中独自受苦。"这孩子以前晚上会大声呼救，哭得很厉害，但现在只会发出一种呜呜声……而且说话的次数越来越少。它瘦得连小腿都没有了，肚皮凸出来，每天靠半碗玉米糊糊和食用油生活。它赤身裸体，屁股和大腿上长满溃烂的褥疮，因为它一直坐在自己的屎尿里。奥美拉斯的市民在达到一定年龄后，都会被带去看这个孩子，他们远远地透过监狱的栅栏观看。无论看到它时有什么感受，他们都知道，如果这个孩子得以释放，那么就在那一刻，奥美拉斯所有的繁荣、美丽和快乐都将枯萎、毁灭……用奥美拉斯每个人的善良和恩惠换取这个小小的进步，为了做那一件微不足道的善事，而牺牲善良的奥美拉斯全体市民，为了给一个人创造幸福的机会而破坏千万人的幸福，那无疑是将罪恶引入奥美拉斯城。"

看到奥美拉斯在何种条件下拥有幸福，市民一开始可能会非常震惊，但随着时间的推移，市民会反思，如果这个孩子被释放，"在普通的非幸福版奥美拉斯中，他不会从自由中得到什么好处"。它可能会得到一点儿模糊的快乐，如温暖和食物，毫无疑问，但也仅此而已。它机能退化、过于弱智和低能，根本无法体会到真正的快乐。就这样，市民说服自己接受了奇妙的生存条件。

然后，勒奎恩写道："但是，还有一件事要说。"时不时有一个被带去看孩子的人，之后没有回家，而是从监狱走到街上，一直往前走；穿过城市美丽的城门，走进乡村，一直往前走。"每个人都独自向西或向北，向山上走去。他们继续前行。他们离开奥美拉斯，走向黑暗，再也没有回来。他们要去的地方，对于我们大多数人来说，甚至比幸福之城更加难以想象。我根本无法描述它。它可能根本不存在。但他们，那些离开奥美拉斯的人似乎知道自己要去哪里。"

另一种侧重于行为而非性格的主要理论是"义务论"，即认为正确的事就是尽自己的义务。这就要求明确规定应遵守的义务，并说明为什么要遵守这些义务。与这一观点相关的伟大人物是伊曼努尔·康德。义务论的主要优势在于，它包含明确的行为规则，遵守这些规则就能获得好处。宗教道德也是义务论的，由一位或多位神明制定规则；在康德那里，规则的确定是通过运用"实践理性"来回答"处于此种情况下人应该做什么"这一问题来实现的，其中的答案——"处于A种情况的人应该做X"——是绝对命令型的而非假设性的（也就是说，不是"如果你想要X，就做Y"的形式，而只是做"Y"）。假设性的命令说："如果你想变得更健康，那么你就应该戒烟。"但是，如果你不想变得更健康，就不必戒烟。绝对命令则说，"信守你的承诺"——没有如果和但是。

与结果论一样，义务论并不涉及行为人的性格，也不关心行为人的意图和总体世界观；只要行为人的行为符合法则，行为人就是道德的。这显然是不能令人满意的，这不仅是因为如前所述，在评价道德问题时，有关行为主体的广泛问题很重要，而且还因为对每个人来说，其生活感受、所包含的自我意识和自我价值，以及其创造生活的努力的目标和意义都至关重要，也是伦理考虑所要应对的问题。作为道德体系，义务论和结果论都将伦理抛在一边。它们是第三方观点，不考虑第一人称视角，因此，也不考虑该视角下产生的所有问题：如何生活以及要成为什么样的人。

第七章　死亡是什么？

　　死亡，这个看似最阴沉、最压抑的话题似乎与提出人生哲学并不相关，但事实上，出于若干很合理的理由，它的确与人生哲学密切相关。首先，死亡并不像大多数人认为的那样阴沉和压抑。其次，"学习哲学就是学习如何面对死亡"是最深奥的人生哲学信条之一。这句话源于苏格拉底，在柏拉图的对话录《斐多篇》中有过记载，西塞罗在《图斯库兰论辩集》中也引用过这句话，后来又被蒙田当作一篇著名随笔的标题。就其本身而言，这是一句晦涩难懂的话，晦涩难懂到足以让人误解，并引发一句俏皮话："你不必学习死亡，第一次就能做得很好。"然而，这句话的意思却很重要。它意味着，一旦你丢掉了对死亡的恐惧，你就可以活得充实、自由和无所畏惧。

　　同样，只有对生命和生命能达到的目标有一些清晰的认识，才能充分理解死亡。更准确地说，只有在与生存问题联系起来之后，人们才能完全理解死亡，才能弄明白死亡这一无法回避和难以避免的事实。鉴于对"人生问题"的回答是个人问题——我们每个人都必须单独提出并回答这个问题——我们如何理解自己必然遭遇的死亡是个私人问题。因此,苏格拉底的"学习哲学就是学习如何面对死亡"意味着"学习哲学就是学习如何活着"。人要死去的事实会促使他的思想集中在这样一个问题上:在他所拥有的人生中,他必须做什么、能够做什么、希望做什么。它让人聚焦选择问题,而选择是个体的、私人的,可以说是依据此人的身份和职业量身打造而成的,涉及他是什么样的人、想成为什么样的人、能够成为什么样的人。

当然,也有一些一般性的考虑。最重要的一点是,死亡对于死者来说根本不算什么。一旦死去,你不会知道,也不会有感觉;没有"死去"的感觉,没有对自己出于死亡状态的体验。你所经历的是濒临死亡;而濒临死亡是活着的一种行为。你经历濒临死亡,无论它是轻松的还是痛苦的,是令人愉快的还是令人恐怖的,它都是你生命的一部分,尽管是你生命的终结。但是,你不可能体验死亡。因此,死亡完全是别人之事。你体验死亡的方式是丧亲、悲伤、震惊、难过,也可能是解脱和解放。死亡发生在别人身上;濒临死亡则发生在别人身上,也发生在你自己身上。

因为"死"与"未生"是相同的,所以"死"本身并没有善或恶的问题。善恶是从我们身上夺走的东西所决定的。如果它带走的是无法通过其他方式摆脱的难以忍受的肉体或心理痛苦,那么它就是善;当我们想到死亡如何切断我们与亲友的联系、终止我们的计划、中断我们对生活的兴趣以及我们对生活的承诺时,它似乎就是恶。但是，哲学家们认为，个体本身的死亡从来不是坏事，因为他无法意识到这些联系、计划和兴趣已经丧失。成为恶的是对丧失的预期而不是丧失这一事实本身。因此，死亡又一次成为活人的问题，而且只有当我们让它成为问题时才是问题。如何处理我们对死亡前景的态度是不容忽视的问题，因为这关系到我们必然死亡的事实对我们来说是好事还是坏事，因为它贬低我们的生命体验，我们对其感到恐惧和不安。应对死亡恐惧的主要方式是接受死亡的必然性，然后对其视而不见，从而避免在想象中死亡千百次的懦夫命运。难怪斯宾诺莎写出伟大而明智的话语："自由的人绝少想到死，他的智慧不是死的默念，而是生的沉思。"

有些人相信或希望存在某种形式的死后存在——来世，个人的存在和意识以某种非实体的方式继续存在。除了宗教传统和迷信之外，这方面的证据是零，正如上文第一部分讨论的那样，证明其价值也是零。赞同这些观点的人参与的讨论与本文的讨论截然不同，因为他们对生命问题的回答完全取决于他们对来世的看法。通常情况下，获得来世的快乐与来世的痛苦（前者往往是比较粗略的想象，而后者通常是生动的想象，主要是为了减轻痛苦）相对立，意味着要服从和顺从一套有关如何生活的规定，这些规定可以细化到很多具体细节：不仅包括做什么和不做什么，还包括吃什么和不吃什么、与谁结婚和不与谁结婚、何时祈祷和祈祷多长时间、如何穿衣、哪些部位不能暴露等。对于这种观点而言，死亡才是生命的意义所在，因为只有这样，"真正的"存在才算开始。这种观点对生的限制看起来像是祭司的发明，而非神灵的教诲，尤其是因为如果真有神灵，假定他们不是邪恶的，我们就会期待他们的要求更加符合逻辑。但无论如何，如前所述，这不是哲学要求我们思考的人生。因此，我们必须关注死亡及其在生命中的作用。

将人的死亡与身体的死亡区分开来。当你死去时，你的人格变成了你对他人生活留下的影响。你的人格特征也会随着时间的流逝而消逝，这是一个必须带着切合实际的和勇敢的态度去接受的残酷事实。在教堂墓地漫步，看着杂草丛生中歪斜的墓碑上几乎无法辨认的碑文，你就能强烈地感受到个人记忆消逝的速度有多么快。生活在4000多年前的美索不达米亚阿卡德国王萨尔贡的名字和他的一些事迹被人们铭记，他可能是历史上最早被这样铭记的重要人物。从荷马到柏拉图，从凯撒大帝到查理曼大帝，从米开朗基罗到莎士比亚，从拿破仑到达尔文，再到爱因斯坦……随着历史的发展，这些名字越聚越多。也许有成千上万人的名字因其成就而为人们所熟知，但与数十亿曾经生活过和现在生活着的人类相比，他们只是沧海一粟。

在更狭隘的地方和历史背景下，本土文化中也有自己的荷马和达尔文，他们可能不会被长久或鲜明地记住，但是街道、学校或桥梁都以他们的名字命名，城市广场上可能有他们的雕像，他们的事迹和成就可能被珍藏在镇图书馆的档案中，作为当地的英雄而被人们怀念。如果范围进一步缩小，甚至在家庭之内，父母或祖父母可能每天都会被活着的人怀念，或者出于其他原因，甚至是负面的原因而被记住。在所有这些方面，从宏大叙事到非常局部和暂时的叙事，人的思想及其影响在他们去世后可以继续存在；这毕竟也是死

第七章　死亡是什么？

后继续存在的一种形式。终结的是个人持续的创造性活动，而他的所作所为对他人产生的影响很可能会被他人所铭记。

人死之后，最直接的事件就是制造影响的过程骤然停止——除了濒临死亡的行为本身——因为身体机能停止运行。人的死亡是影响制造过程的终止和减弱，随之而来的是影响效果的缓慢消亡过程，在大多数情况下，这种尾声在几代人之后消失殆尽。人的死亡是相当漫长的过程，而身体的死亡则是生命机能停止的那一刻——心脏和呼吸骤停，之后很快脑死亡，最多也就几分钟（意识的消失会更快），甚至在此之前身体机能已经衰退很长时间了。

肉体的死亡是一种变化，在血液循环的同时，身体大体上继续保持其作为实体的连贯性，抵御大部分物质成分的衰变和分解（尽管在整个生命过程中，大量细胞在不断死亡和脱落，每秒钟大约有100万个细胞死亡，或每天有1.2千克细胞脱落——在你活着时，大部分脱落的细胞会被更新替换掉）。一旦这种活动停止，身体就开始分解。这个词有一种不愉快的含义，其实不应该有这种含义，因为它的意思很简单，就是"分解、重新排列、重新组合"，人或动物的尸体并没有消失，只是变成其他东西了。自然界中的任何物质都不会消失，只会以其他形式出现。构成有机物细胞分子的原子会在有机物分解时释放出来，很有可能与其他原子重新组合成其他物质形态。人死后，尸体从字面上看是回归大自然而已。它被重新排列组合，改变了形式，分散到许多其他东西之中，甚至分散到大气之中。由此看来，肉体消亡是相当愉快的一种想法。

令人惊奇的是，由简单的化学物质组成的类似水的物质构成了

167

人体，它们产生了意识、智力和情感，并为宇宙历史创造了新奇之物——人类制作、发明、创造新东西。人类做出选择，每天数十亿次的选择结合在一起，推动历史沿着一条道路前进，至于具体细节，就在一天之前都是很难预测的。正是这种意识和活动的事实，或者更确切地说是想到它们的消失或终结，使得死亡在大多数时候对大多数人来说似乎是一场灾难。这是一个关键点，我们随后会接着讨论。

因此，肉体死亡是自然过程，包括意识在内的生理功能停止，随即身体向其物理元素的分散过程就开始了。功能停止和身体转化分解的开始几乎发生在死亡的同一时刻，但究竟什么才是死亡时刻仍然存在争议。这个问题之所以重要是因为许多身体功能如今可以通过人为的方式维持下来，人们一致认为脑死亡是死亡的标准。

在自然界的其他地方，功能停止和物质元素的转化是生命延续不可或缺的组成部分。死亡和腐朽是生命必不可少的环节，这是重要的常识。秋天的落叶为来年春天的生长提供了养料。因此，死亡是生命的条件，也是生命循环的组成部分。然而，人类的死亡与其他生物的死亡又有很大不同。大多数人不仅有意识，而且有自我意识，大多数人（至少是非宗教人士）认为死亡是失去这些至高无上的财产和与之相伴的主动权。不是说他们愿意或者希望永生，至少在这个世界长期生活下去，如果他们想过这个问题的话。萧伯纳的《千岁人》（又译《回到马修撒拉时代》）表明，长生不老是让人无法忍受的。然而，对我们大多数人来说，死亡总是来得太早，在我们对整个世界的兴趣耗尽之前，死亡就已悄然来临。

第七章 死亡是什么?

再次申明:我们只有在失去他人时才会体验到死亡,所以死亡体验是一种悲伤体验。我们自己的死亡并非个人体验的组成部分——我们在死亡时还活着,即使最后那部分是无意识的——从我们自己的主观角度来看,我们是不朽的。这种想法与另一种想法相辅相成,即由于我们从自己的独特视角来体验世界,因此,从这个视角来看,我们是世界的中心,对我们每个人来说,世界都是作为"我的世界"而存在的。根据上文的论述,只要我的存在对世界产生影响,"我的世界"就持续存在,从这个意义上说,萨尔贡大帝的世界依然存在。这是对以下观点的一种纠正:对每个人来说,只要我们还有意识,这个世界就一直存在。我们死了之后,世界也会消失。

正如我们看到的那样,事实并非如此。这一点意义重大,因为它反驳了马可·奥勒留提出的观点。遵循真正的斯多葛派风格,奥勒留指出,当我们死时,我们失去的只是当下,因为过去已经不复存在,未来尚未到达,所以临死之际为了安慰自己,我们只需环顾四周,问一句:"当下真的值得留恋吗?"但是,奥勒留搞错了。我们每个人都是记忆和希望的混合体,现在是过去和未来的交汇点,我们是谁,取决于我们对过去和未来计划之间关系的态度,以及我们当下的作为。我们是叙事动物,我们的下一集连载故事,也就是我们的人际关系和世界的故事对我们来说至关重要。当然,正是这一事实使得死亡看起来成为一种罪恶,无论是我们所爱的人的死亡,还是我们自己从故事中消失的前景都是如此。难怪我们对死亡事实的关注焦点让我们把死亡放在生命中如此重要的位置,就像一幅画的画框一样。

169

有些人欢迎死亡，认为死亡是对肉体或心灵痛苦的最终缓解。在罗马时代，自杀被认为是一种光荣的选择，自杀可以摆脱无法忍受的境遇，是一种值得欢迎的、增益人生之举。宗教禁止自杀的原因是，一个人的生命并不属于自己，而是属于首先赋予他生命的神灵，自杀就是拒绝神灵的恩赐，因此是违逆君王的可怕罪行。由此造成的重大后果是，在现代社会，人们需要漫长和艰苦的斗争才能将自杀和安乐死的行为除罪化。有时，人们会直言不讳地指出，我们对家养的宠物比对人类同胞更加仁慈，在它们遭受痛苦时，我们帮助它们迅速、轻松地摆脱痛苦。

当然，大多数自杀事件都是悲剧性的，这是不言而喻的，尤其是对失去亲人的家人和朋友来说，深感悲痛也是理所应当的。自杀的起因往往是某种情感上的痛苦（羞愧、绝望），这些痛苦本可以在得到帮助的情况下慢慢得到减轻和缓解。难怪亲友常常感到异常内疚，责怪自己在有自杀倾向的人面临危险时没有及时提供帮助。如果他们认为自杀是一种拒绝和自私的行为，他们也可能会感到愤怒。但是，很难把自杀看成是这两种行为中的任何一种。撇开那些弄假成真的虚假自杀案例不谈，自杀者其实并不真想死，而只是将自杀作为一种呼救方式。自杀者的绝望程度必须达到极致，才会促使他实施自杀。面对这种想法，适当的反应应该是感到悲哀，许多人的生命竟然走到如此地步。

重申一遍：自杀也可以作为一种"受欢迎"的资源。一个病入膏肓、无助无奈、饱受侮辱和痛苦的人，可能渴望得到医学所能给予的轻松解脱。人们通常认为疼痛是自杀的主要动机，有些人认为现在的镇痛药已经非常好,疼痛不能作为过早结束生命的理由。这种说法似是而非,有些类型的疼痛是无法控制的。还有其他需要考虑的因素,不仅同样重要而且更能说明问题。试想一下,一个人大小便失禁,不得不经常由他人清理,而且明明知道这种情况永远也得不到改善,无助和屈辱对他而言是极其残酷的。大量用药使人嫌弃自己,也尽量远离自己关心的亲人。一个长期卧床久拖不决,而且用药量越来越大的人,在他自己和其他人看来,早该死掉了,他明明知道这一点却动弹不得,也无法从药物依赖中走出来,为他自己和他们做个了断。请求安乐死——并获得认可——以摆脱这种状况,尤其是在无法以其他方式了断的情况下,是他对自我身份的最后确认,是不失尊严的最后行动。

如果一个人表现出理性的、坚定的、自主的解脱愿望,拒绝他的请求就是不公正的,也是残酷的。在一些辖区,有关安乐死问题的辩论,同情和理性的力量已经占上风,但是,在另一些辖区,有关"生命神圣不可侵犯"的信念仍然阻碍人们采取行动,这也是不人道的行为伪装成虔诚的另一个例子。在安乐死和堕胎问题上援引"生命神圣不可侵犯"概念的人并不总是反对战争、武器制造和死刑,这是我们熟悉的悖论。然而,安乐死和堕胎是为了帮助生者,而战争和武器的存在则是为了伤害生者。

要清楚地思考死亡是好是坏,必须从这一前提出发:生命的质量才是神圣的,而不仅仅是寿命的长短。虽然疾病和衰老的自然机制常常会让生命温和地结束,但死亡过程常常会让人非常不舒服。一旦发生这种情况,濒临死亡者及其亲人都会遭受巨大的痛苦。相比之下，如果一个人在到不可收拾的地步之前能够做出安乐死的选择并获得这个机会，他就能够和亲人告别，没有多大痛苦地离开。在此重申：他拥有自主权，这是他临终之时人格的核心尊严之一。这是应当虔敬地祈求的圆满终结。

协助自杀是安乐死的最佳形式，因为它是由当事人选择的，是自愿的。如果一个人无法表达自己的意愿，但又处于无法挽回的可怕境地，结束生命是仁慈的选择，那么这就是非自愿安乐死，但仍然是"安乐死"，这个词的意思很简单，就是"好死"。在很多情况下，两种形式的安乐死都是合理的。在有些国家，尽管安乐死在道德上是合理的，但它却是非法的——这几乎是普遍存在的，因为人类的怜悯比法律更加强大——许多人因反对安乐死的主要论点而注定承受很多痛苦：谋杀可能潜伏在友善仁慈的幌子之下。这的确有可能，但偶尔被滥用的风险并不是放任一切无法缓解的痛苦继续下去的很好理由。相反，这倒是一个合理的理由，鉴于人性和现实状况，可授权有时候完全开放，怎么做都行，以便将安乐死被滥用的机会降到最低。反对安乐死的人认为，被视为累赘的人——年迈的父母、医院里卧病在床多年需要照顾的病人——会像不受欢迎的小猫一样被消灭。有些人认为，就在医学取得重大突破，拯救病人的几周前，病人可能会要求打最后一针。这些焦虑导致各地的医院和养老院中人类痛苦的总量在不断增加。但这并非单纯的数字问题，在有些情况下，帮助他人完成死亡的希望显然是正确和仁慈的。人类的聪明才智可以想出办法来确定哪些病例适合安乐死。当然，可能存在艰难的取舍、错误和滥用。但这是可证明仁慈将为我们的所

第七章 死亡是什么？

作所为辩护的最突出例子。

积极地将死亡的意义融入自己的生活是需要解决的两大基本问题之一。另一个是如何面对死亡本身，即他人的死亡。死亡发生时，我们会因为失去了人生价值的一大部分而深感悲痛。悲伤是一种创伤，是我们必须经历的一个不可避免的愈合过程——"愈合"意味着"恢复完整"。在许多社会，设定长达一至三年的正式哀悼期限就留出时间。在大多数经济发达国家，哀悼死者是一项私事，而"恩恤休假（因家人生病或去世而准许的休假）"只是岁月的经验所提供的心理认知中勉强给予的一小部分。但是，即使我们明智地接受适度的悲伤有其必要性，可以说，身体器官都有所表现，但我们永远也无法完全摆脱丧亲之痛。时间教会我们如何与悲痛共处。然而，若考虑到以下两个事实，我们会稍感欣慰：死者曾经活过，我们爱他们；当我们站在世界的中心来看待这个世界时，这些都是我们的"世界历史"中不可磨灭的元素，这意味着那些逝者永远都不会完全消失，因为他们还活在我们心中。

然而，有多少人能够真正从这种想法中得到安慰呢？在当今经济发达的国家，人们并不擅长面对死亡。我们宁愿逃避死亡，或者至少是逃避思考死亡，而不是接受死亡，主动将其纳入我们塑造生命意义的活动中。在当代注重物质享受的背景下，有一种阴谋是假装我们可以无限期地活下去。我们将死亡隐藏起来直到最后一刻——看到的全是慢跑、维生素补充剂和抗皱霜——我们仍然不愿面对死亡，而且将对其的处理留给他人，留给医院、临终关怀机构和殡仪馆的专业人士。除非我们是宗教信徒，或者有托尔斯泰笔下的列文所欣赏的庄园农民的那种原始信仰，否则处理死亡的手续往往过于僵硬和笨拙，难以给人真正的安慰——葬礼、催人泪下的殡仪、前来哀悼的熟人故旧笨拙地表示善意。在葬礼后的几周和几个月里，许多人很快就远离丧失亲人者，他们无法与丧亲者打交道，因为他人的悲伤令人感到有些恐惧和陌生、不知所措，难以应对。

总之，我们发现我们比祖先更难面对死亡，更难接受死亡。与他们相比，死亡对我们来说更加陌生，而在他们看来，死亡太熟悉不过了，死亡无处不在，比生命中的快乐更加真实。这给宗教带来巨大的好处，它被视为死亡的波涛汹涌中的唯一港湾。观察到大自然的春去秋来，一年四季循环往复，一定是人们面对神秘莫测的死亡而产生希望的早期源泉。难怪复活的故事在宗教和神话中比比皆是，但这并非信仰宗教的唯一解释。对正义的渴望，以及对某时某地能找到安宁和快乐的深切期盼，也是原因之一。我们忘记了，对于现在的绝大多数人类——就像所有历史一样——来说，生存是一项繁重的劳动，对他们而言，死后的幸福是甜蜜的承诺。过去传到我们耳中的都是少数有机会说话者的声音，付出的代价是绝大多数默默无闻的、看不清面孔的人都在艰难地挣扎，他们除了希望在来世有机会在阳光下安息之外，几乎没有其他希望。事实上，如果我们反思一下，对来世的希望就是对今生现实的悲哀反思和谴责。这应该让我们更好地理解斯宾诺莎的箴言："自由的人绝少想到死，他的智慧不是死的默念，而是生的沉思。"

当你所关心的人突然意外去世，让你没有时间像对待老人或久病之人那样做好准备时，主要的困难之一就是来不及告别和缺乏终

第七章 死亡是什么？

结感。随之而来的悲伤会更加沉重，因为有太多的事情没有完成，有太多的话还没有说出口。不过，我们还是可以从中得到一些安慰。一个强有力的办法是这样想想：不妨问问自己，你希望在你死后，你关心的人和你留下的人会做出怎样的反应。你希望他们的悲伤痛苦不堪，持续时间太长，以至于生活陷入彻底的混乱，过得一塌糊涂？或者，你希望他们记住你最美好的一面，珍惜那幸福的点滴回忆，即使他们想念你，承受哀悼长河中反复出现的痛苦，也能接受这个世界在这一特定方面已经完全改变的事实，继续充满希望地、积极地生活呢？毫无疑问，后者几乎是所有人都希望那些幸存者能做到之事。现在再想一想，这也是意外去世的人对我们的希望吧。

人的一生很少有人能不感受到忧伤的，这是人类物种的社会性本质所固有的事实。与他人建立友谊、爱情或亲情关系，就意味着极有可能，甚至肯定会经历丧亲之痛。回想一下斯多葛派的观点：虽然悲伤来自我们的外部，但我们如何接受悲伤是我们自己的责任，我们必须首先挑战自己，承受悲伤，然后驾驭悲伤。这是对的，但是斯多葛派接着建议我们，只拥有那些丢了也不在乎的东西，理由就是我们的欲望越少——我们的平静心境越少依赖于外在之物——我们就能在万一失去的时候越少感到失落。针对这些观点，我们可以回答说，我们不应该仅仅为了逃避失去友谊或爱情的危险就拒绝友谊或者爱情，这不仅仅是因为这些崇高的价值本身，而是因为我们从它们身上——甚至是从失去它们的过程中——学到了对人类境况更深刻的洞察力和对人类处境更丰富的同情。

我们会忘记痛苦，这是心理学中一个令人高兴的事实。我们不会忘记曾经遭受过苦难，但我们不会重温实际经历本身。如果不是这样，生活将不堪忍受。人们会想到阿根廷作家豪尔赫·路易斯·博尔赫斯笔下的人物"博闻强记的富内斯"，他是一个什么都忘不了的人；如果这不仅包括数以百万计的记忆（大多是琐碎的），还包括无法忘记实际的身体和心理痛苦的原始质量，那么他的痛苦将是巨大的。但是，我们不会忘记亲人的死亡，因为他们的死亡重构了我们的世界，使我们不得不重新学习如何驾驭这个世界。缺失是一种巨大的存在，这就是为什么丧亲之痛是最令人紧张和痛苦的经历，紧随其后的是关系破裂，然后是导致丧失身份和安全感的东西如工作或家。这些损失会带来其他损失：对世界丧失信心，对自己丧失信心。哲学认为，理解丧失的本质和实际的不可避免性是一种必要准备，无论我们如何难以接受这个事实，即我们只要活着，只要还去爱，还要去努力实现任何有价值的东西，那我们就签订一份契约，必然遭遇失去的可能性。这首先适用于死亡造成的损失。

如果我们更仔细地思考死亡及其隐含意义，我们就会发现它是生命不可缺少的构成事实，它使生命更专注和更生动。当我们面对死亡这一事实时，我们会发现死亡对死者来说并不重要，因此，对我们个人来说也没有任何影响；濒临死亡作为一种活着的行为，可能是我们担忧之处，因为我们承认濒临死亡有时候并不容易。我们看到，死亡与他人有关，因此我们体验到的是悲伤，而悲伤几乎从来都不是一件容易的事。看到这些，我们就会把死亡放在恰当的位置上，并把我们的视野转向最重要的事情上：只要生命还在，就应该在自己和他人的生命中创造价值。

第七章 死亡是什么？

离开死亡问题，我们就不能不思考一个经常与之联系在一起的问题：老年。从某种程度上说，将死亡与年龄联系在一起会成为分散注意力的干扰，因为在生命的任何阶段，人们离死亡总是只有一线之隔，正如我们从事故、冲突和疾病中了解的那样。人的身体虽然强健，求生的欲望十分强烈，经常在重伤之后幸存下来，而且（尤其是在青年时期）恢复得非常好，但它也是十分脆弱、柔软的东西，正如哈姆雷特所说："心痛与一千种与生俱来的打击。"尽管如此，在生命的大部分时间里，我们对死亡的不可避免性既没有怎么考虑，也没有过多地纠结，到了老年，对死亡的预期、对死亡迫在眉睫的感觉以及做好某种准备的需要，都变得不可避免。说得更直白一些：老年本身就是巨大的挑战，度过老年需要哲学。

从哲学的角度来看，上年纪与活着并无区别。人每天都在成长，因此一天一天不断走向衰老，并意识到在不同年龄段拥有不同的能力和可能性，失去了一些东西，获得了另一些东西；如果他们善于反思，就会随着时间和经验的不断积累，不断适应这些影响，最大限度地减少弊端，最大限度地增加利益。当然，当人们谈论衰老时，通常的含义指的是一种有限的和受限的现象：进入人生的最后阶段——"老年"。对不同的人来说，其起点是不同的。有些人认为，他们在 60 岁退休时就进入了老年阶段。有些人则认为，"老年"一词只有在 70 多岁时才适用。这表明，衰老与其说是身体状态倒不如说是一种心理状态，尽管毫无疑问，身体会在某一时刻大声告诉你岁月如刀，不服老不行。但是，生活中大多数重要的事与心理的关系远大于与身体的关系，因此精神状态才是关键。故而，勇气、反思和友谊的价值观在其中发挥着重要作用。

还有一个原因也很重要。从上年纪的缺陷——能力衰退、老年人被边缘化——的角度来看,"人老心不老"这句话非常适用。但是,一旦人们接受了这些缺陷的不可避免性,并对其重要性给予应有的重视,那么就会打开一个充满无限可能性的局面。

首先,对上年纪后各种机能减退衰弱给予应有的重视是什么意思?诚然,老年人必须合理地调整他们处理日常事务的方式,这可能是一种考验。关节疼痛、行动不便、听力和视力受损、跟不上日新月异的技术的发展、无缘参加大量社交生活、健康状况不佳,所有这些都是老年人的常见问题。对许多人来说,孤独和抑郁,越来越感到自己是累赘和负担。但是,身体上的变化基本上是不可避免的,而所有这些变化都和心理有关。它们在很大程度上是由身体限制造成的,但即使后者的某些限制有所缓解,也会让人感觉到对老年的认识是心境平和的大敌——老年被视为一条迅速变窄的走廊,走在这条走廊里,你无法转身,也不可能掉头回去。这正是应用哲学考虑的最深刻之所。

很少有什么比老年人陷入孤独和绝望更悲惨的事了,人们似乎看不到任何解决之道。要打破这种禁锢,要挣脱枷锁,走出黑暗无情加剧、越来越浓的阴影,需要极大的勇气。但是,除了勇气之外,它不需要任何其他东西。它不需要金钱,不需要他人,不需要神奇的病愈康复,也不需要任何别的东西。难能可贵的是,窍门就掌握在自己手中。可以说,这一事实就是哲学态度创造的奇迹。

这并不是说,忽视上年纪带来的机能缺陷和挑战就会使其消失或不复存在。"事物的意义不在于事物本身,而在于我们对待事物的态度。"这句格言几乎放之四海而皆准——但也只是几乎——因为在某些情况下,比如年老体衰,事物的意义显然并非不受事物本身的影响。在此情况下,最重要的问题是:"我将在多大程度上听任不可避免之事过分削弱我的能力?""我将在多大程度上把胜利归功于外部因素而非仍然在我自己掌控之中的事?""我所珍视和能够做到的所有事情中有哪些是不可能被这些不可避免之事削弱的?除非我放任这些情况出现。"所有这些问题中都回响着斯多葛派的声音。

西塞罗在《论老年》一书中说:"那些认为老年人在公共事务中无足轻重的人是在胡说八道。人生大事往往不是依靠体力、活动或身体的灵活性来完成的,而是靠深思熟虑、习性品格和意见表达来完成的。"他描绘的晚年画面是一段忙碌的时光,尤其是在学习新知识和对各种活动产生浓厚兴趣方面。和爱比克泰德一样,他认为"明智永远不会太晚",即使到了生命的最后时刻也一样。他驳斥了年老体弱会使人丧失充分享受生活的能力的观点,指出身体虚弱并不是老年专属的现象,即使是年轻人也会得病,并由此得出一个显而易见的观点:老年继续保持健康的体魄与人生的任何阶段一样重要,但并非必不可少。从这个意义上说,没有健康并不等同于丧失了活着的资格。

西塞罗也认为,人可以识别老年的天赋智慧,并从中受益。"我感谢老年,它让我有更大兴趣与伙伴们交谈,同时消除了吃吃喝喝的好胃口。你错过的东西不会令你感到心神不宁。"在赞美他重新享受大自然的美景之时,他很可能会添加上享受人性之美,与此同时却没有了色欲和占有的冲动。

然后,他提到一些最重要的东西,老年人对于体验具有改造能力,如果他们对此有清醒的认识的话。这就是,年龄就是力量;老年人说话是有分量的。如果他们大声疾呼,如果他们表明立场,他们就会令政客窘迫羞愧,让年轻人奋发图强,很少有人胆敢放肆地斥责或驳斥他们。至少在西方社会,西塞罗时代流行的说法"年长者优先"早已不再适用,但即使在西方社会,人们也会注意到对年长者的尊敬,只要他们愿意,这种尊敬就能得到实施。在古代,年长者的力量相当大,智慧、尊重和对经验的认可等观念结合在一起,使年长者的影响力在社会中占据一席之地,而这正是社会需要的,因为社会没有太多其他资源来回顾和应用过去的经验教训。但是,现在已经今非昔比了,年长者在社会尊重的等级差异体系中的地位非但不是现成的了,而且由于年长者自己的退缩,主动退居次要地位,面对目前积极主动的年轻一代不敢发表意见等事实,这种明显的尊老缺失变得更加严重。年轻一代感受到年长者的退缩,对他们的尊重也相应地打了折扣,也觉得年长者的价值已经大不如前。关键就在这里:如果连年长者本人都觉得自己是个累赘,其他人自然求之不得。年长者自己抛弃了本来能发挥作用的巨大威力。

塞涅卡写给鲁基里乌斯的第十二封信《论老年》是这方面的经典之作。塞涅卡年轻时在乡下为自己盖了一栋房子,他告诉鲁基里乌斯,最近一次去那里时,塞涅卡向他的庄园管家提出反对意见,指责他在这栋破房子上花钱太多。管家说:"我正在尽我所能,但房子太旧了。"塞涅卡说:"旧?那是我自己盖的,如果我的房子的石头都塌了,我自己的未来会怎样?"接着,塞涅卡又抱怨起树木的状况来,他说:"它们也老了。"管家反驳说:"但它们是我亲手栽种的!门口还有一位年老体弱的老汉,他是我年轻时就雇用的仆人之一!"

但塞涅卡随后反思,意识到他的故乡给他上了一课。我简要概述如下:"我应该感谢故乡,它让我懂得如何珍惜和热爱老年生活;因为如果一个人知道如何利用它,生活就会充满乐趣。果实在快成熟时最受欢迎;青春在接近结束时最迷人;最后一杯酒最让人愉悦;每种快乐都把它所包含的最大乐趣保留到最后。甚至,我们不再渴望快乐这一事实本身已经取代了快乐本身。一个人厌倦了自己的欲望,与它们一刀两断,这是多么令人欣慰的一件事!"

然后,他面对的是摆在老年人面前的一个重大问题,这个问题不能不回答。

但是,你们会说:直面死亡是令人不安的。我的答案是,无论年轻人还是老年人都必须直面死亡。我们不会按照出生日期的顺序死去。此外,没有人已经太老,再多活一天都是奢望。每一天都有日出和日落,正如赫拉克利特所说:"一天等于每一天。"有人将这句话解释为,最长的一段时间也包含不了无法在单独一天中发现的元素。因此,我们应该把每一天都当作一系列时间的结束,当作我们人生的一个循环和完结。

因此,让我们带着喜悦和快乐进入梦乡,自言自语:

"我已经在世界上走了一遭，我的路已经走完。如果再赐予我新的一天，我将带着快乐的心情去迎接它。"

记住：生活在束缚之中是错误的，但没有人能够在被束缚的情况下自由自在地生活。四面八方都有许多通往自由的简捷之路。

塞涅卡承认，最后这句话出自爱比克泰德，但他指出，任何真理都是人人可拥有的财产，因此他有权将其据为己有。

塞涅卡从爱比克泰德那里学到的"没有人必须生活在束缚之下"这句话，若用在老年生活中具有说服力很强的意义。这句话的意思是，当衰老变得无法忍受之时，人们或许可以迎接或接受死亡这一伟大的馈赠。在那些把死亡当作世界自然节拍的组成部分的人中，主动选择死亡是文明之举，因为它是根据自己对自身经历的质量、对自己还能提供什么、还想做什么或知道什么精心评估的结果。罗马人就是这样看待这事的，人人都感到自己最终是自由的，是自己最终命运的仲裁者和决定者，这是他们的勇气之源。

人们常说，人应该优雅地老去；无论这是多么老生常谈的说法，但它是真实的。正如一些最糟糕的整容手术和着装灾难所显示的那样，拼命装嫩的举动通常都会遭到年龄的无情嘲弄。老人可以是漂亮优美的，除了经历的岁月之外，无须其他任何辅助因素。在他们的脸上和手上，在他们蹒跚缓慢的步履中，在他们静静地坐着时，生命的印记都在诉说和重述人生故事，包括其平凡、荣耀、痛苦、挣扎、希望和妥协。一个身怀同情之心的年轻人，即使在最平凡的生命中也能看到伟大的东西，因为那毕竟是人的生命历程。因此，对于老年人而言，走到这一步的确会遭遇一些问题，但这并非失败，而是一种胜利。

因为正如前面说的那样，人们对上年纪可以采取切合实际的态度，同时在生活中并不觉得自己老了。可以说，大多数人都犯下错误，他们对上年纪采取一种不切实际的态度：过早地放弃了太多，没有认识到他们还保留着一种力量，一种可以用来造福他人的影响力——如果他们慷慨地这样做，真正关心那些比自己年轻的人的幸福生活，不带任何偏见和成见。这一点尤为重要，因为相对而言，老年人可支持的事业很少是为了他们自己的利益；这就好比种下一棵树苗，将来别人（而不是他们自己）会看到这棵树苗长成参天大树。利用自己的人生经验，努力造福那些在人生道路上的后来者，这是最纯粹的利他主义。这将是年长者的最大胜利：将自己作为获得善的武器。

第八章　爱是什么？

在大多数文化中，爱被赋予了非常重要的地位——有时是至高无上的地位——作为美好而有价值的生活的价值观之一。在对爱的表达和思考中，所谈论的爱通常被认为是一种特殊的类型：浪漫的性爱，其中温柔、互惠、激情和狂喜构成体验的所有可能性中最美妙体验的一种范式。

然而，关于浪漫爱情的大部分思想和信念，即使事实上并非错误，也会引发重要的问题。因为它既是狂喜之源又是痛苦之源，既是我们的情感追求和渴望的圣杯又是蛊惑人心的大骗子。然而，在"爱"这个词的其他意义上以及其他方式中，爱毫无疑问是赋予生活价值的重要组成部分，从某些方面来看，可以说是最伟大的价值所在。

古希腊人比我们更了解爱，至少在区分其不同种类的变体方面更是如此。他们确定了若干种类的爱：朋友之爱、同志之爱、家庭

第八章 爱是什么？

之爱、对人类的慈爱（博爱）、痴迷之爱、性爱、嬉戏之爱等。每一种爱都被赋予独特的名称和故事：同志之爱被称为"永恒的爱"（Pragma）；性爱被称为"厄洛斯"（eros）；朋友之爱被称为"菲利亚"（philia）；家人亲情被称为"熟悉的爱"，是"记忆"（storge）；嬉戏之爱被称为"卢达斯"（ludus）；对人类的慈爱（博爱）被称为"阿加披"（agape）[在拉丁语中是"卡里塔斯"（caritas），我们从这个词衍生出了慈善和关怀]。在古希腊人看来，我们称为"痴迷之爱"的"狂热"是众神施加的处罚，而他们感激老年（据他们称述），因为到了老年，他们将能够从中解脱了。他们最重视朋友之爱"菲利亚"，这种爱高于其他任何种类的爱。

他们唯一没有明确命名的爱是母爱，它是真正无条件地不求回报的爱，而且通常也得不到回报。母爱是自然界的主题之一，在哺乳动物和鸟类中几乎普遍存在，甚至在鱼类中也不罕见。母亲（有时也包括父亲）会照料和保护其幼崽直到后者能独立生存为止。这种行为的普遍性和显而易见的必要性归功于进化的生物化学机制。在此意义上，至少会因为提供照顾而得到某种回报，即物种的继续存活和涉及其中的基因延续。

尽管母爱具有生物学基础，但这并不意味着它一定会在每个人身上都表现出来，激活孕期和分娩期母爱本能的内分泌过程可能会失败。至少在较富裕的国家，人类已经与生命的重要两端——出生和死亡——保持了距离，而我们的祖先则经常在自己的生活中以及与他们一起过日子的农场动物的生活中目睹生死过程。这甚至使一些女性对痛苦地从身体中生下婴儿并使用乳房喂养婴儿感到厌恶，因为有人认为，这样做会影响乳房的美观。选择剖腹产和使用奶瓶目前在富裕社会中已经成为普遍现象，这两者在母亲角色的原始形式与美容需求之间引入了一种距离以保持隔离和消毒。但是，在正常情况下，人类天性会通过向怀孕妇女体内注入激素混合物来触发一系列行为，这些行为不仅爱意满满，而且表现出对自己宝宝的热爱。因此，有人形象地说："婴儿促成了母亲的诞生。"

尽管母爱具有生物化学因素的基础，但这并不减少其价值。化学与诗歌之间并不矛盾。观察到这一点的重要性是因为它同样适用于人们经历的大多数其他类型的爱。在哺乳动物中，主要负责这一过程的生化物质是催产素，它被认为可以促进个体之间以及个体与群体之间以及群体内部的信任和联系。鸟类和鱼类也有自己的激素，分别是间催产素和异催产素（鱼神经叶激素）。但是，色欲的激素不同，它们是由大脑中的下丘脑产生的睾酮和雌激素，而当下丘脑忙于产生这些激素时，大脑其他部分大都不再工作。这就是痴迷之爱、浪漫之爱和性爱的悲喜剧以及希腊人为何将这些现象视为疯狂的理由。

浪漫通常就是人们所说的"爱"。坠入爱河的喜悦，特别是在得到回应时，是成千上万人每天梦寐以求和无限遐想的对象，也是小说、电影、歌曲和诗歌中最美妙的表达。一些对浪漫爱情的情感高度的精彩描绘常常出现在歌剧之中，因为音乐特别适合这样做。例子多得不胜枚举，但两个最著名的是普契尼所作的单幕意大利语歌剧《詹尼·斯基基》中劳蕾塔对父亲的激情恳请《我亲爱的爸爸》，这首咏叹调内容是请求父亲允许她嫁给心上人里努乔；以及普契尼歌剧《蝴蝶夫人》中蝴蝶的梦想,那个很有名的唱段《晴朗的一天》,她想象自己的美国"丈夫"本杰明·富兰克林·平克顿从长崎港爬上山坡向她走来,并呼唤她的名字,"你愿意嫁给我吗?"这一刻——以及相应的当代其他形式(也许是"我们要搬到一起住吗?")——传统上被视为我们生活中最美好、最令人陶醉的经历变成现实。从米尔斯和布恩出版公司的通俗爱情小说到简·奥斯汀的《傲慢与偏见》再到每一部"爱情喜剧"电影,故事的脉络——(a)相识;(b)吸引;(c)起伏冲突(怀疑或障碍);(d)克服困难;(e)狂喜的接受/认同;(f)结婚!(或其他类似结局!)——大致相同。

现代的浪漫阴谋——自18世纪以来主要如此——是一切都会在婚礼(或类似场合)之后变得美好。就像一艘船穿过减缓的海湾进入宁静的水域,离开在暴风雨中颠簸、击打前行的海洋,相爱的夫妇也到达了他们的泊位并安定下来。就像演员坎贝尔·帕特里克很久以前所说的,"哦!在长椅的喧嚣之后,享受婚床上的宁静!"浪漫小说和电影基本上对于上述阶段(f)之后的事情保持沉默,暗示着会有持续而较为平静的幸福。事实是,痴迷之爱之后的婚姻状态更像是经营一家小生意,而不是浪漫的卿卿我我。虽然可能会有在月光下惬意饮酒的夜晚,但采购、各色账单、接送孩子上学、洗衣做饭、接种疫苗、更多账单、更多采购、更多洗衣做饭等在稳定循环中的重复是痴迷之爱之后婚姻生活的主要内容。

剥去外包装,浪漫爱情以及假定的幸福快乐开端之后的续集终究只是进化机制,旨在确保新一代的诞生并在其脆弱的早期阶段给予照顾和保护。这个过程有不同的阶段:短暂的痴迷之爱阶段的触发，随后较长时间的经营"小生意"阶段，涉及习惯养成和让步妥协。痴迷之爱阶段涉及体液和气体的大量交换——主要是精子、唾液和呼吸——如果发生受精，这些交换使女性伙伴的免疫系统能够耐受容忍外来基因的 DNA，并促进伴侣之间一定程度的相互依恋，帮助他们至少在后续阶段的早期生活在一起。对于有子女或准备要孩子的夫妇来说，这非常重要。

如果这种描述看起来有些玩世不恭，至少可以承认它是真实的。但是，不妨再次问一下，这些事实是否贬损了诗歌——即使它们并没有贬损痛苦，如果考虑到生物化学的强制性法则常常导致出轨背叛和伴侣关系破裂的事实，当一方或双方各有新欢，新厨房桌子不断有新东西被淘汰。尽管如此，许多伙伴关系依然能维持下来，这大体上可分为两种形式：满足和亲密的关系，最好的情况下表现出相互尊重、关爱、关心和关注；以及基于妥协和抛弃梦想的关系，关系维系的基础不是情感滋养而是情感忍耐。托尔斯泰在《安娜·卡列尼娜》的开头说，幸福的家庭是相似的，不幸的家庭各有各的不幸。这是 180 度的大错误（他说的是"幸福的家庭"，但其中婚姻通常是重要内容），因为幸福的婚姻是人人都从中找到和谐共处且因人而异的独特方案的结果，而不幸的婚姻则往往有同样琐屑和普遍俗气的问题清单，涉及一个或多个因素，如怨恨、不忠、酗酒、拮据、无聊、鄙视，有时候，甚至残酷行为的存在就足以解释一切了。

请注意，这些观点适用于浪漫的爱情及其预料之中的变化轨迹。毫无疑问，自从人类祖先住在树上以来，夫妻之间两情相悦相互吸引，并行动起来，从某些方面来说，他们因为没有正式婚姻等制度而更加幸福，这种制度不仅将其捆绑在一起，而且还有加在身上的沉重负担和需要满足的种种期待——请记住，正式婚姻是两个人和国家之间签订的三方合同，其中包括离婚及婚姻案件法庭。一个社会组织得越有条理和复杂，尤其是在传统和经济结构方面，它对财产和世袭问题施加的压力就会越大。包办婚姻是这些社会或其中某些族群的特征，不仅在欧洲贵族和美国富豪中存在，在印度教徒和正统犹太人中也同样存在。因此，在贵族社会长期以来一直受到认可的观念是：婚姻是一回事，而浪漫的爱情和性爱（在生育几个继承人之后）则是另外一回事。

当婚姻双方不再希望在一起生活时，通过使离婚变得困难、昂贵或社会评价上的丢脸等手段强制维系婚姻合同，这种现象在许多社会中在不久前的记忆中还是普遍存在的，它表明社会承认自己在私人关系中有一份利害关系。从某个角度看，人们在其私人生活中选择做什么与别人没有任何相干——只要所有相关方都真正同意——这种观念令人惊讶。更令人惊讶的是，当事方都认为可接受的性行为却被宣布为非法的，甚至是可实施惩罚的刑事犯罪。

但是，无论是否同意通过法律来努力执行道德规范，一个关键问题是没有一个社会——从整个社会到哪怕只有两名成员的社会组织——是公平竞争的环境。哪怕是在以平等和均衡作为构成性特征的友谊之中，除了少数真正的友谊之外，在任何关系中总有某个人或者某些人的权力比其他人更大些。之所以设立一种确保婚姻类型关系的法律框架，理由之一就是带着年幼孩子的年轻女性需要一种补救措施来维持她们的生活,当她被孩子的父亲抛弃而没有任何经济支持时,如果这位父亲有收入,可以为其提供支持。同样,一个女人——通常是女人——如果没有自己的职业或事业,二三十年里一直作为妻子和母亲养育孩子、照顾和管理家庭,到了中年或老年,她也有权获得法律的救济。

这些考虑因素可以独立应用在思考下面这个问题上,即在浪漫伴侣之爱的现代理想模式中,浪漫爱情与婚姻生活能否绑在一起。但是,由于浪漫伴侣模式的出现——将浪漫爱情与养育子女的家庭生活捆绑在一起——就像歌中唱的那样,爱情与婚姻就像"马和马车"一样密不可分,走进婚姻的人们被迫接受这样的模式,而问题也就变得越来越大。浪漫伴侣模式的出现不仅是作为理想,而且作为期待,人们的所有关注和渴望都集中在最初的痴迷和浪漫爱情之上,几乎可以肯定,由此产生的许多爱情婚姻关系将宣告失败——离婚率在发达经济体中已经接近50%,虽然结婚率下降,人们更喜欢非婚同居,但同居的失败率更高。事实上,有人声称,包括早期约会关系在内,90%的恋爱关系都最终失败。这一统计数字本身就应该引起人们对于"坠入爱河"的痴迷之爱(即被内分泌系统所驱使的浪漫爱情)是否能够作为长期稳定的婚姻和家庭生活的基础产生怀疑。

当浪漫爱情和婚姻类关系是分离之物时——后者基本上是出于经济利益和现实生活需要的安排——夫妇双方在年龄和教育程度上存在巨大差异的典型特征使得伴侣关系中的浪漫爱情非常罕见。多年的夫妇生活中缺乏浪漫爱情并没有多大关系,这事本身也不会成为婚姻解体的理由。但是，在浪漫伴侣模式中，浪漫爱情的消失或者另有新欢就很容易成为婚姻关系破裂的原因。说得直白一点，婚姻忠诚的理念——任何一方对另一方的性和情感表达都具有专属权——就像一个拔掉安全栓并持续按住手柄的手榴弹。有人声称消费社会需要高离婚率和分居率，因为夫妻分手时，通常都会重新购买一套"白色家电"（冰箱、炉灶、微波炉），所以离婚对促进经济发展有好处。这种玩世不恭的观点将太多的意识归咎于社会趋势，就像一般观点认为，女性在分手后往往会剪短头发，而男性在婚外情时往往会留胡子茬或蓄长胡子。但的确可以肯定的是，女性拥有经济自主权越多，一旦发现自己的婚姻名存实亡之后，她们就拥有了更多选择。

正如前文所示，从客观的角度来看，浪漫爱情中的爱——狂热、色欲，以及最早期的嬉戏之爱——似乎很少配得上它在电影、歌曲、诗歌和大部分文学作品中所得到的那种压倒性关注。因为将希望和期望拉抬得很高很高，它招致痛苦和损失的真正危险，为未来的生活之路埋下地雷。然而，它依然获得无与伦比的压倒性关注。为什么呢？

原因之一在于浪漫爱情提供的超验性体验，以及该体验的强烈主观性。充满激情地感受到需要拥抱另外一个人，而且相信对方的确或可能以同样的方式来做出回应，这样的感觉实在令人陶醉。即使短暂分离令人感到痛苦，但心中仍然充满渴望和幻想。团聚——拥抱和肌肤相亲的享受——令人狂喜兴奋。他者完美无瑕，英俊潇洒或美丽动人，值得向往和珍惜，那是自己对他或她的无限幻想的投射。这种现象在法国作家司汤达的《论爱情》中所称的"结晶"中得以体现,这是他借自"萨尔斯堡的盐树枝"的传统概念。[1] 那个城市中沉迷于爱情的年轻人会将"最小的大不过山雀爪子的树枝"扔到被废弃的盐矿井下,直到树枝上缀满了晶莹剔透的结晶,然后将它们作为爱情信物送给心爱的人。司汤达将这个做法用作"坠入爱河"的隐喻:坠入爱河就是要沉醉于将对方理想化的幻想之中。因此,陶醉其中者将幻想投射到另外一个人身上,用晶莹闪耀的结晶将他或她包裹起来,其中的平凡或瑕疵被完全遮盖起来。当然,随着时间的推移,结晶会消失得无影无踪。

这表明浪漫爱情只关乎自己。人们爱上了自己的梦想,将其投射到他或她身上,并与其一起演绎了一场爱情故事。这就是体验的强烈主观性之源。心上人不过是自己创造出来的产物。毫无疑问,大多数人会认为这个想法太荒谬:他或她就在眼前,所有的光鲜亮丽、可爱迷人都实实在在,我们不是在心理投射,而是被她或他的魅力迷倒了。我们的确有这样的感受。

有趣的是,司汤达是通过阅读威廉·哈兹里特的一篇随笔而提出这些思想的,后者提出了"一见钟情"的观点,就像《罗密欧与朱丽叶》中所发生的情况,这之所以有可能是因为许多人对完美的心上人已经有了现成的想象——一种已经爱慕不已的理想化形象或

---

[1] 《论爱情》原文为:"在萨尔茨堡盐矿,向被废弃的深井扔一些冻落叶子的小树枝,人们发现树枝上缀满了晶莹剔透的结晶,连那些最小的大不过山雀爪子的树枝也缀满了钻石,人们再也认不出原貌,我所说的结晶就是思想活动,它使我们从所在的一切中发现所爱的对象有新的可爱之处。"——译者注

概念，因此，当他们遇到一个似乎接近这个理想的人时，就立刻迷恋上了。哈兹里特总是一见钟情，当他遇见所寄宿的家庭的女儿莎拉·沃克时，这种感受对他来说尤其明显，而对他来说，这场恋爱最终证明是破坏性的，是一场悲剧。

如果哈兹里特是对的，司汤达与他共享的投射——结晶理论就很有启发性和建设性。它解释了浪漫爱情的强烈主观性：心上人是体验的契机而非对象；爱情体验的对象是体验本身。但是，没有人应该为这种愚蠢受到责备。这是大自然确保"人类是不能让它绝种的"一种方式，正如莎士比亚的《无事生非》中的培尼狄克所说。主张"顺应自然"的斯多葛派，即使明明知道内分泌是促使人们陷入生孩子的亲密接触的，也会接受这是天性，并顺其自然。事实上，不能共同孕育后代的人——比如同性恋者——之间也可以对彼此产生同样的痴迷之爱，这并非对此理论的否定，而是证明生理禀赋在其中所发挥的普遍作用。

浪漫爱情引起世人痴迷不已的另一个原因是它得到了广泛的关注。电影、小说、戏剧、歌曲和诗歌都在吹捧它，赞美它，庆祝它的发生，渴望它，探索它，为失去它而哀叹，教导人们为它伤心流泪。这些作品构成了爱情关系的绝大部分讨论，比我们所接触到的任何一种人际关系形式多得多。反过来，这一论点的一个补充理由是，大部分最深刻、最感人的浪漫爱情往往是得不到回报的单相思，或者受到百般阻挠、迫害和被迫分手的爱情，通常历经千辛万苦、各种考验，而且持续很长时间。想想有多少电影、诗歌、歌剧和小说都是有关这种现象的，从诗人但丁远远地崇拜贝阿特丽切，到《呼啸山庄》中希思克里夫与凯瑟琳的分离，从埃洛伊丝对阿伯拉尔的热切渴望到法国小说家奥诺雷·德·巴尔扎克与基辅的伊维琳娜·汉斯卡女伯爵长达几十年的书信恋情——他们在她守寡后5个月才终于结为连理，而他自己也在不久之后去世。

在埃洛伊丝和阿伯拉尔的故事中，这种姓名排序是合适的，因为在他们的爱情故事中，埃洛伊丝显得更加突出；她拥有一颗真正激情澎湃的心，使她成为深沉爱情的典范，哪怕遭到全世界的诅咒和上帝的惩罚也在所不惜。阿伯拉尔是巴黎大学一位杰出、年轻的哲学家，当他听说美丽聪明的埃洛伊丝是巴黎圣母院一位牧师的侄女时，主动提出愿意担任她的辅导老师——目的是引诱她，这是他后来自己承认的事实。他们很快相恋了，埃洛伊丝正求之不得呢。他们狂热的激情导致她生下一个儿子，他们以科学为荣，将他命名为星盘。他们秘密结婚，但埃洛伊丝的叔叔对这段关系感到愤怒，雇用了一伙暴徒袭击阿伯拉尔并阉割了他。这一残酷事件和伴随而来的丑闻迫使阿伯拉尔进入修道院，而埃洛伊丝则进入女修道院（根据阿伯拉尔的吩咐，她心里纵有百般的不情愿还是服从了）。在这场惨败发生后的15年后，埃洛伊丝看到阿伯拉尔写给朋友的一封信，信中讲述了两人悲惨的故事。她写信给他，开启了如今闻名的情书往来，由此奠定了两人作为爱情典范的地位。

埃洛伊丝的书信令人陶醉，充满激情和渴望，毫无遮掩的色情欲望，痛苦不堪的自我控制，美妙无限的多愁善感，动人心魄难以自持。阿伯拉尔的回信则显得拘谨而又矫揉造作，劝告她控制仍然火热的欲望，将主要精力用来侍奉上帝。她的信充满温暖和思念，而他的信则冷漠和说教味道十足。她写道：

> 亲爱的，你知道，在你身上我是多么迷失自我，全世界的人都知道，可怕的命运降临在我们身上，公然叛逆的大胆行径使我失去了真正的自我，又使我失去了你……在我迄今为止的生活的每个阶段，上帝知道，我害怕冒犯你，而不是冒犯上帝，努力取悦你胜过取悦上帝。是你的命令，而不是对上帝的爱使我掀开面纱……

请记住，这些话是在两人之间沉默了15年之后写的。"我们共享的恋爱乐趣太甜蜜美好了，永远不会令我感到厌恶，几乎不可能从我的思想中被驱逐出去……即使在弥撒圣祭的时刻，当我们的祈祷最纯洁之时，我们共享的色情幻象也在我不幸的灵魂上占据主导地位，我的思想放纵于淫荡场景中而非我的祈祷上。我们做的一切，约会的时间和地点与你的形象一起都在我的内心深处留下印记，带着它们使我与你同在。"

最近，由于发现他们写于实际恋情期间的情书，这些回忆的切肤之痛进一步增强，尽管这些只言片语非常不完整，却魅力无穷，撩拨得人愈加着急。书信不仅揭示了他们灼热的激情，也暴露出偶尔的争吵和分离，这些在荡气回肠的坎坷爱情之路上非常普遍。公平地说，阿伯拉尔在这些早期的信件中表现得比后来更好，但历史对他过于温柔；故事的真正主角是埃洛伊丝，她的爱和诚实完整无缺，而阿伯拉尔遭阉割后的思想只剩下虚伪的辩护、自我辩白和自我宣扬，再无其他内容。

在历史上，持久的浪漫爱情案例直到不久之前还非常罕见。《旧约》给我们描绘了莫逆之交约拿单和大卫，荷马给我们描绘了阿喀琉斯和帕特洛克罗斯，罗马诗人维吉尔给我们描绘了尼苏斯和欧吕阿鲁斯。在罗马诗人奥维德和普鲁塔克那里，有对性痴迷的记录（在普鲁塔克那里总具有破坏性，女孩被争夺她们的男人撕成两半），但它们并不是通往终身幸福婚姻的浪漫故事。在公元2世纪，浪漫、痛苦但最终幸福的达佛涅斯和克洛伊的故事（由公元2世纪的古希腊晚期作家朗格斯讲述）之后，历史上过去1000多年再没有类似故事，直到彼特拉克对劳拉的爱和但丁对贝阿特丽切的崇拜出现。后两者都更加接近吟游诗人歌颂的那种典雅爱情（骑士对贵妇人的忠贞但无结果的爱情），了无生气的理想化描述，与埃洛伊丝的肉体快感不可同日而语。罗密欧和朱丽叶再现了阿伯拉尔和埃洛伊丝的故事，但他们的故事是奥维德式的迷恋而非简·奥斯汀作品中的人物在仔细衡量利弊得失，在评估对方的收入和性格特征是否达到理想婚姻的标准。

正是将书信作为公开发表的文学形式的复兴以及小说的真正开始——两者都出现在18世纪——将色情痴迷、浪漫爱情和婚姻这三种不同的现象融合拼接在一起，使第一种现象成为第二种现象的核心，使第二种现象成为通往第三种现象的自然和适当的途径。这样塑造出来的色情痴迷和浪漫爱情的特殊重要性成为塞缪尔·理查逊的获得巨大成功的小说《帕米拉》和《克拉丽莎》的核心焦点，随后，同样主题的文学作品如海啸一般袭来，集中关注从一见钟情的

第八章 爱是什么？

惊心动魄时刻到步入婚姻殿堂的幸福时刻，仿佛所有生活、所有意义——人生存在的要点和巅峰——都仅仅存在于这两个节点之间。

可以说，对浪漫爱情的重新评价甚至改变了实用性的婚姻制度的特征，在此之前很久，这个制度使得婚姻的家庭内部工程在夫妇之间的性兴趣和浪漫爱情消失之后仍然持续存在下去。人们常常引用法国人的做法，这主要是因为法国出产了世界上最杰出的文学家和小说家，他们共同记录了这些问题。想想伟大作家维克多·雨果吧，他爱上16岁的阿黛尔·富歇，并在他们结婚前的3年里给她写了200封情书。尽管她之后与夏尔·圣勃夫有染（他写了一本关于此事的小说《快感》），但她仍然和雨果在一起，并在他去世后写了他的传记。与此同时，雨果则有一个情妇朱丽叶·德鲁埃，在整整50年时间里，她每天给他写两封情书；但这并没有阻止他还有另外一个情妇——画家弗朗索瓦·奥古斯特·比亚尔德的妻子莱奥尼·比亚尔德，此人还是第一个进入北极圈的法国女性。雨果传记的作者所需的大部分最佳信息都存在于这个圈子里的人的书信往来以及有关他们的书信。

坦率地说，将爱情书信公开发表出来的做法是在不那么含情脉脉的书信集出版后大获成功之后才出现的，比如17世纪的玛丽·德·塞维涅给女儿的《书简集》，以及18世纪巴黎沙龙女主人路易丝·迪平尼和那不勒斯外交官费迪南多·加利亚尼之间的书信往来。在伦敦，观点交流的场所是咖啡馆，在巴黎，大名鼎鼎的才女贵妇主持的沙龙则是这些交流的场所。如乔佛宏夫人、朱莉德·莱斯皮纳斯小姐，以及后者的阿姨兼导师、失明却又强悍的杜·德芳侯爵夫人（她曾经对有关圣丹尼斯的成就有个著名而尖刻的评论，他把割下来的头颅夹在胳膊下步行前往巴黎："Il n'y a que le premier pas qui coûte." 最好被翻译成"万事开头难"）。

书信传统成为浪漫爱情的叙述方式，通常是长期的、持续的、受到干扰的、一再推迟的或者得不到回应的爱情，无论是以虚构的形式——如卢梭在《新爱洛伊丝》中的例子——还是在现实生活中如朱莉·德·莱斯皮纳斯小姐。朱莉是杜·德芳侯爵夫人的亲戚，夫人的沙龙并非知识分子沙龙，而是贵族沙龙，她的公寓因其黄色织缎壁纸而闻名，壁纸上装饰着火焰般的蝴蝶结，全欧洲的名流慕名而来。当夫人中年失明后，她邀请朱莉与她同住，帮助接待客人。显而易见，朱莉很快就比夫人更受关注，而且和数学家、《百科全书》编辑让·勒龙·达朗贝尔有了私情，这让夫人妒火中烧，于是把她解雇了。于是朱莉自己开办了非常成功的沙龙。

朱莉对本文主题的重要意义在于她出版的书信中有关她的两次悲惨恋情的描述。这两次恋情给她的生活带来阴影——这些充满深情和酸楚的书信被法国批评家圣·佩甫比作埃洛伊丝书信。第一次恋情是她与西班牙驻法国朝廷大使的儿子莫拉侯爵何塞·冈萨加的恋情。冈萨加经常参加她的沙龙，他们之间应该产生了深深的爱意。纵然深爱着对方，但冈萨加因为患有肺结核，不得不离开雾气笼罩的巴黎，前往阳光灿烂的西班牙疗养。他们彼此写信倾诉衷肠，她的信中充满了思念、柔情和焦虑；以至于她引诱他不顾一切地回到自己身边——他的确死在回来的路上，死在波尔多，去世时只有30岁。

第八章 爱是什么？

失去了自己心爱的人，若知道自己也被对方深深地爱着，这或许可以稍感安慰。但是，在朱莉的第二段恋情之中，即使她的感情得到了回报，却没有得到安慰。她爱上了一名军人，吉伯特伯爵雅克·安托万·希波利特。他当时是一位上校，后来成了将军，他的著作是影响战略家拿破仑的主要著作之一，而他的军队改革则是拿破仑后来成功的重要因素之一（吉伯特本人于1790年去世）。他是个非常忙碌的人，经常外出参与重大事件。当时男女关系的不对等造成那个时代男性和女性在思考爱情上赋予情感在生活中的不同权重。这一点在此案例中得到典型的体现。朱莉渴望见到吉伯特伯爵，但是见面的次数太少，当他因为家庭和金钱娶另一个女人后，她陷入了绝望。她写道：

> 吸引我的是我们再次见面前必须度过的天数。啊，上天啊，如果你知道没有你的日子是多么难熬啊。看到你的乐趣和愉悦被剥夺得一干二净！我的爱，对于你来说，职业和娱乐活动已经足够，但是对我来说，我的幸福全在你的身上，我只有你。如果不能见到你、爱你，如果不能在生命中的每一刻都爱你，我宁愿不活了……我的爱，我让自己顺从内心的需要，我爱你，我感受到的快乐和折磨就像那是我生命中第一次和最后一次说这些话一样。啊，为什么你要这样责备我？为什么我现在沦落到如此地步？总有一天，你会明白的，唉，你现在已经明白了。对我来说，无法自由地为你而受苦，没法因你而受苦，这对我来说可

怕至极。爱你难道还不够吗？……我的爱，我在受苦。我爱你，等待着你……

很令人悲伤的是，在她临终之时，当他急忙赶去见她时，她却拒绝他进去。据说她的临终遗言是："我还活着吗？"朱莉的案例提醒我们前面所说的内容中隐含的一种重要区别：痴迷之爱与浪漫之爱的区别。她的故事属于浪漫之爱，但她第二段的浪漫爱情则接近单相思的病态痴迷。这种单相思的痴迷是爱情如此令人着迷的另一个原因。文学和历史上充满了这样的案例。萨默塞特·毛姆的《人性的枷锁》就是此类经典之作：有着畸形足的医学生菲利普·凯里爱上了自私、不负责任的女招待米尔德雷德，尽管她背叛了他，与另一个男人发生关系怀孕后却被抛弃，菲利普无法克服对她的感情，陷入了她混乱生活的泥沼之中——正如书名所示的枷锁。当他最终恢复过来时，他选择妥协，接受生活现实，将失败转化为接受，并完全顺从规范，认为"最简单的模式——出生、工作、结婚、生子和死亡——也是最完美的"。

其他有关单相思的痴迷之爱案例，常常伴随着沮丧和痛苦，无论在现实还是小说中都有很多。约瑟夫·冯·斯特恩伯格的电影《蓝天使》描绘了一位教授由于对夜总会歌手和"共享女人"劳拉的痴迷而沦落为酒吧小丑，最终成了疯子。屠格涅夫几十年来一直爱着无法得到的歌剧演唱家保琳妮·维亚尔多，他的经历成为其小说《初恋》和成熟的长篇小说《春潮》的基础。73岁的歌德爱上了17岁的乌尔里克·冯·莱维佐夫女男爵，并向她求婚；她拒绝了他，这成为他的伟大诗作《玛丽恩巴德哀歌》的契机。奥斯卡·王尔德被他对"波西"——阿尔弗莱德·道格拉斯勾魂摄魄的迷恋所毁灭,而哈兹里特也因为对莎拉·沃克的单相思而促使他创作了《爱之书》(又译《新皮革马利翁》),这本使其身败名裂的书(当罗伯特·路易斯·史蒂文森读完《爱之书》后,愤懑地把书扔到房间另一边,说:"这人的名字再也不会从我的嘴里说出来了。")。王尔德的《自深深处》是他在雷丁监狱中写给波西的一封长信,其中对王尔德的感情和波西的自私行为带来的后果进行了撕心裂肺的沉痛反思。

还有一些不太戏剧性,但同样痛苦的例子,如法国诗人保罗·瓦莱里对珍妮·洛维顿的痴情,她冷淡地回应;或者英国传记作家里顿·斯特拉奇的忠实伴侣多拉·卡林顿,她宠爱着他,尽管他是同性恋,他们的关系是柏拉图式的。(当她嫁给另一个男人,不是很成功,她在蜜月旅馆里给斯特拉奇写信:"昨晚,当他快乐地睡在我身边时,我哭了——我为那个极其悲惨的命运而哭泣,我爱你却永远无法拥有。")在斯特拉奇去世之后,她悲痛自杀,因为不能忍受没有他的日子。这些悲惨案例似乎与警告人们不要屈服于欲望、不要坠入爱河的目的相反,它们使得爱情和狂热的激情观更具浪漫色彩。我们原谅人们以爱的名义所犯下的极端恶行。事实上,我们因此而尊敬他们。我们想起诗人珀西·雪莱,他因相信无神论而被驱逐出牛津大学后,先是和哈丽特·韦斯特布鲁克私奔并在爱丁堡与她结婚——他后来将这一行为描述为"一次冒失而无情的行动"——然后抛弃她,与玛丽·戈德温一起逃到意大利,后来玛丽因为《弗兰肯斯坦》而闻名天下。19 世纪将这种行为视为雪莱的重大道德罪过，而 21 世纪将其看作是可原谅的追求浪漫爱情之举。

萨默塞特·毛姆为他最好的小说取了与斯宾诺莎的《伦理学》第四部分相同的名字："人性的枷锁"。这部伟大哲学经典的第五部分名为"人的自由"。对斯宾诺莎来说，枷锁源于我们思想上的不清晰和困惑；而当我们对自己和世界有了清晰的认识之后就实现了自由。这概括了所有古代伦理学派的基本教训，印度救赎神学的教导以及几乎所有现代心理治疗的基本思想：智慧和内心的自由是拜清晰性所赐。人们能够从浪漫爱情、痴迷之爱和性爱激情中了解的一切都表明，它们是困惑和幻想的产物，正好与清晰性截然相反。这是令人伤心的事实，如果不被普遍忽视，那将令人愈加感到悲哀。

就算承认或者备受推崇或者臭名昭著的爱情、浪漫之爱、痴迷之爱、欲望和性欲的案例中涉及的所有喧嚣和动荡不定，让我们来反思如下事实：除非他们是连续不断地陷入爱河，相对于他们的整个生命来说，大多数人生活中被浪漫爱情所占据的时间其实非常短暂。其中极度兴奋和激情满怀的部分可能仅仅能够持续几周或几个月而已，那段时间里，除了激情本身，什么都不重要，无论是神明还是财富，无论是事业成功、赢得奖项还是参加世界大战都见鬼去吧。徜徉在浪漫爱情之海中，感觉到自己坠入爱河，也感觉到对方像自己爱对方一样爱自己。这种美妙的感觉可能会持续更长一段时间，而浪漫的时刻也可能会再次降临，将人们带回那些在阳台上品味红酒的月圆之夜。然而，我们依然享受着电影或小说的结局，当男女主角订婚之时，我们感觉到，仿佛那一瞬间才算圆满，那种巅峰体验才是关键。

第八章 爱是什么？

想象一下强烈激情阶段就像是一座房屋的门厅。浪漫爱情的下一步是设想——当我们试图窥探房子内部时——客厅、厨房和卧室，我们想象另一种更加安静的浪漫场景徐徐展开，孤独感已被驱逐出去，我们得到了安全的保障。著名的约翰逊博士将第二次婚姻描述为"希望打败了经验"，但他也可以将第一次婚姻（或类似婚姻的人际关系）描述为绝对简单的"希望的胜利"，因为我们承认这样的常规现实：几乎一半的婚姻最终失败，超过一半的非正式同居关系失败，因此，在发达经济体中，人们普遍接受了连续多次的多配偶制——一生中有多个伴侣。这种常规可能让人认识到在进入门厅时，不能有不切实际的期待。毕竟，世界上没有比不幸婚姻内部更让人感到孤独和悲哀之地了。

上文提到，持续维持下来的长期关系中的另外一半，其成功有下面两种理由之一，它们广泛存在且并不互相排斥。让我们再次考虑这两种理由：其一是其中一方（或双方）做出妥协，有时候做出非常大的妥协，放弃自己的大部分，包括自己的希望、计划和雄心壮志以消除两人关系之路上的障碍，这是比较常见的方式；另一种是双方成为朋友，他们可能仍然是恋人、配偶、子女的父母，但是，在这些事情之上他们首先是朋友，这种关系贯穿始终。或者他们可能是朋友，但不再是情侣，他们的关系留有很多空间和空气，这样做不仅不会减弱反而增强了两者间的纽带。在任何一种变体中，关键都是友谊。关于这一点的重要意义随后就将讨论。

前面的讨论表明了一个令人惊讶的事实，那就是相较于其他种类的爱（夫妻之爱、兄弟之爱、父母之爱和朋友之爱），浪漫之爱的历史非常短暂。仅仅从以这种主题为题材的文学作品开始，浪漫之爱被视为一种特殊形式的爱情是在18世纪才真正开始出现的。这值得进一步探索。从希腊神话中的帕里斯和海伦的故事，到奥维德，再到中世纪骑士的典雅爱情，到但丁对贝阿特丽切的渴望，再到罗密欧与朱丽叶，我们很难找到浪漫之爱被认为是某种长期稳定关系之开端的证据，无论这种长期关系是性的痴迷（例如罗密欧和朱丽叶）还是理想化的通常没有肌肤相亲的柏拉图式痴迷（例如但丁对贝阿特丽切的迷恋，因为贝阿特丽切似乎根本就不知道他的爱）。在文艺复兴时期吟唱的"美丽的塞西莉亚"赞歌中，同样可以看出这种理想化，尽管在这种情况下约会的机会更明显，但那只是有关性的问题而非终身厮守的承诺。

相反的例子很少。上文提到的朗格斯的《达佛涅斯与克洛伊》是个感人的故事，讲述了一对年轻夫妇希望共同生活的原因远不仅仅是性。在神话中，存在大量欲望和情欲而很少有长期的爱情，虽然我们可以在俄耳普斯和欧律狄刻，奥德修斯和珀涅罗珀，赫克托尔和安德洛玛刻的例子中发现长期的爱情——后两个例子令人惊讶，因为它们是婚姻美满和伴侣关系的罕见迹象。

最特别的神话例子是丘比特和普赛克的故事，撇开其中丰富的象征意义不谈。丘比特对普赛克的爱情在她背叛他之后依然存在，并促使他帮助她完成他母亲阿芙罗狄忒作为惩罚所设下的不可能任务（普赛克之所以受到惩罚，是因为她的父母说她比阿芙罗狄忒更美丽——这再一次展示了众神奇特的正义感）。几乎没有人质疑匹拉墨斯和提斯柏或者罗密欧和朱丽叶的自杀情节——两对情侣基于非常有限的相识而自杀：前者通过墙上的一个洞悄悄交谈，实际上从未见过面；而罗密欧在聚会上对朱丽叶一见钟情之前，还一直为另一个人叹息，他们只是在相遇几天后就双双自杀了。无论如何，这些例子都让人想起古希腊人将性的痴迷归类为狂热的观点，因为他们将爱情的苦恼视为像其他疯狂一样的病态发作。

那种不要江山要美人的伟大爱情——安东尼和克莉奥佩特拉就是一个典范——虽然记录很少，可是一旦出现就令人印象深刻。沙·贾汗对穆穆塔兹·玛哈尔的爱被刻在一座精美的陵墓——泰姬陵上。阿伯拉尔最初对埃洛伊丝的肉体欲望转变为持久的爱情，至少从她的角度来看；她写给阿伯拉尔的信是对这一事实的美妙见证。但正如前面提到的那样，正是在从18世纪开始的米尔斯和布恩出版公司推出的大量浪漫的"男孩遇见女孩"类通俗爱情小说，这种转变发生了，并成为主导性的修辞手法，并在歌剧、诗歌乃至最近的好莱坞电影和流行音乐的推波助澜下越来越占上风。塞缪尔·理查德森、简·奥斯汀和勃朗特姐妹是该流派的杰出代表，尽管并不完全没有争议。菲尔丁写了《莎美拉》和《约瑟夫·安德鲁斯》来讽刺理查德森的《帕美拉》中"马基雅维利式"的权谋算计，因为菲尔丁认为，如果一位年轻女子能激起男人对她的欲望却又控制住他，直到他无法忍受，他就会最终娶她；这是一种故意的性挑逗策略。对《简·爱》中潜在的一种愤世嫉俗看法是，罗切斯特在失明和残废之后——他的男子气概破碎，恭顺地匍匐在简的掌控之下。因此每个女人的最终目标都这样：给一匹桀骜不驯的烈马套上缰绳，将他拴在她的马车的辕杆之间。

当然，高雅文学的证据可能具有误导性，正如托马斯·格雷的《墓园挽歌》中所引用的那样，我们的"粗鄙的父老"可能普遍会坠入爱河，希望在天真羞愧的孩子、母鸡和猪羊的环绕下过着幸福的家庭生活。但更有说服力的社会历史提示，正如前面已经指出的，无论我们的"粗鄙的父老"经历了多少内分泌活动，婚姻或其类似物并不以性爱为开始，通常是出于实际事务的考虑，涉及财产、嫁妆、契约和家族利益。在今天的许多社会中，从印度到正统犹太社区，婚姻都是由父母和媒人安排的。英国贵族的婚姻是世袭的和考虑经济利益的，很少是浪漫爱情的产物。在合法生育若干继承人之后，双方自由地去他处寻求情感和性满足，只要处理得得体，婚姻就得以维持，这是将家庭"工程"与痴迷之爱和性欲之爱相关的动荡机遇隔离开来的证据。一般来说，只要在离婚很难，并带来社会耻辱的情况下，这样的安排所需要的小心谨慎就成为默许的选择。

在这里提到的有关浪漫爱情故事与浪漫之爱的论断，像所有概括性陈述一样，都需要加以限定，并且上文也已经提到限定的若干例子。这至少是一个很有意思的主张。我们不妨考虑一下莎士比亚的《第十二夜》中描绘的情境。我们认为自己处于熟悉的领地，因为当今的态度让我们看懂一切。奥西诺公爵的"如果音乐是爱情的食粮，那就演奏下去吧"表明，他与奥利维亚伯爵小姐相爱的方式和《傲慢与偏见》中达西爱上伊丽莎白·班纳特的方式相同。但当我们目睹奥利维亚迷恋上装扮成男孩的维奥拉，维奥拉迷恋奥西诺，以及维奥拉的孪生兄弟塞巴斯蒂安一见到奥利维亚就迷恋上了……当女扮男装的真相和种种误会在故事的结尾解开后，他们各自找到自己的爱情，实现大团圆，我们看到了什么？这是一连串的一见钟情，毫无疑问都会导致婚姻，但是，这些痴迷之爱很少基于交往和了解。相反，故事中唯一有深厚基础的爱情是管家马伏里奥对奥利维亚的感情。

在这里引用简·奥斯汀的达西是有意义的。回想一下，起初他并没有看上班纳特一家，包括伊丽莎白在内；他对她的兴趣是随着了解的增加而逐渐产生的，虽然他看不惯伊丽莎白的庸俗母亲和有些讨厌的妹妹，并且当他目睹她的习性品格明显胜过与自己订婚的表妹安妮·德波时，这种兴趣就愈加浓厚了。这是奥斯汀的哲学；对她来说，爱情取决于习性品格，取决于逐渐了解习性品格的真正价值，以及原则问题上的一致性。对她来说，爱情始于友谊，事实上仍然是友谊，并且随着友谊的加深，爱情也越来越浓烈。对一见钟情的痴迷之爱——类似奥斯汀时代及以后大量出现的小说中遭到广泛批评的浪漫的眩晕——通过伊丽莎白的妹妹丽迪雅与无赖乔治·威克姆私奔的情节来加以批评。我们预料到丽迪雅和威克姆被迫进入的婚姻不大会幸福。

奥斯汀的《爱玛》以不同的方式表达了同样的观点。主人公爱玛·伍德豪斯的自我主义招致许多麻烦和损失，吃了苦头后才吸取教训并相应改善了自己的品格。她这样做的回报是与名字有意思的奈特利先生结婚，他一直在等待她长大后才决定表露真情。当然，奈特利先生已经成熟、稳定，处于完全适婚的阶段，符合奥斯汀的婚姻原则。奈特利先生绝对不像罗密欧，奥斯汀也不会让罗密欧接近爱玛的家乡海伯里村或《傲慢与偏见》中的背景地麦里屯的大范围内。

上述内容特别涉及浪漫爱情。在讨论爱情的思想史时，西蒙·梅的焦点集中在浪漫之爱和夫妻之爱上面，他也将当前的爱情观念视为最近的产物，它始于过去一个半世纪，如今几乎形成一种新宗教——爱情被视为上帝，完全将宗教中"上帝就是爱"的观念颠倒了过来。指出这一点很好；人们希望从爱情中得到持久的认同，这是由无条件接纳和承诺所提供的，这正是上帝向最忠诚的信徒提供的东西。然后梅指出，这种想法把人们的期望提高到吓人的地步，没有一个凡人能够为神圣的恋人提供其渴望的完美无缺。你若得到上帝的爱，你在宇宙中就有了一个家，就能获得存在的保障，这被梅称为"本体论意义上的根基"。然而，人类世俗的、泥足的爱情无法提供这样的保证，尽管早期几乎所有恋爱关系的"原声带"都是与此相反的断言和主张。

对于梅来说，爱的基本范式是亲子之爱，父母对子女的无私的、无限的爱。他指出性欲望、魅力和美貌——柏拉图在《会饮篇》中说，美貌是引领我们一开始坠入爱河的原因，但随后将注意力引向各种形式的善良和真理，使得爱情变得更具纯粹的智慧色彩，从而变得更美好："柏拉图式爱情"——这些东西与父母对子女的那种无条件承诺相比几乎没有可比性。

这是真实的。与此同时，即使爱子女有其快乐的一面，但在大多数正常情况下，也混合着很多的焦虑和吃力不讨好的牺牲，而且可能会遭到身处青春期的子女的拒绝，或者在孩子成年之后遭到居高临下的傲慢对待。生物学依靠让女性渴望生孩子来处理这个问题（概括性论述来了），在生活的某些阶段，她们渴望、期盼孩子，那个温暖、可爱、依赖感十足的、美妙和迷人的小东西，很容易招人喜爱，很强烈地激发你来保护和关心它。但是，请注意，她们渴望的是婴儿，而不是很难对付的青少年，或者要去当兵打仗或者远赴地球另一边的成年儿子或女儿。如果预见"生个孩子"的长期后果，至少会让人三思而行一番的吧。

不过，母爱无疑是无条件的、永久的爱的典范，尽管进化生物学对这种现象提供的解释相当简单，但这依然是件美好之事。孩子们喜欢母亲，通常也喜欢父亲，这可能是因为孩子们对父母的需要回报了父母的爱——当孩子们还小时，他们需要安慰和保障；长大之后，他们需要得到物质支持（主要是金钱）。这是爱的范式吗？这取决于是否存在一种统一的爱，而不是我们为了方便或简洁起见通称为"爱"的各种不同依恋和情感，因为它们共享某些特征，并引起或激发交叉重叠的情感。女人对使其怀孕的男人的性痴迷与她对孩子的爱几乎没有任何相似之处。如果有任何相似之处可寻，也许在抚养孩子涉及的焦虑和努力可以类比为浪漫爱情中的紧张和误解，因为这些事使得爱在这两种情况下都变得极其复杂。唯一不带有这些掺杂物的爱或许就是友谊了，这种爱提供了大量好处，它们均源于积极的人际关系。

友谊可以说是成熟人际关系中最好的一种，因为无论在顺境还是在逆境中，友谊对人的影响都是最积极的，同时也是最少具有破坏性的。如果我们随着年龄的增长与父母成为朋友，如果我们的孩子在成长过程中成为我们的朋友，如果随着时间和共同经历的累积，我们与配偶成为朋友，如果我们和同事成为朋友，而且，如果在社交互动、旅行、日常生活中,我们与遇到的某些人结为朋友并持续维持朋友关系,那么,即使我们始终是父母的孩子,孩子的父母,家庭生活的伴侣,工作上的同事,我们也会在原有的关系上添加这种更高程度的相互喜爱和兴趣。这种关系可以用下面的例子来解释:朋友就是那个在深更半夜打电话寻求帮助时,你愿意起床去见一见的人。奥斯卡·王尔德说,真正的朋友是会当面刺伤你的人,也就是说,在必要的时候,他会告诉你令人不悦的事实真相,符合对称性的要求,他同时也会"站在你这边"支持你。

我们将朋友描述为能和我们相处愉快的人,你信任他们并与他们分享秘密,需要帮助时,他们会前来帮助你,并且会不客气地向你寻求帮助。你遇到困难,他们会支持你,他们的缺点(只要不是太大),你愿意容忍。当然,存在一些有毒的和片面的友谊,这几乎不配称为友谊,互惠和平等是关键因素。实际上,"有毒的友谊"这个概念更能说明真正友谊的本质,不是将朋友与敌人对立起来的那种关系。

关于友谊的这些说法显而易见。哲学家们非常重视友谊,将其视为有价值的生活的核心支柱之一。亚里士多德在《尼各马可伦理学》中用两本书详细分析了友谊的本质,并得出结论,朋友是"另一个自我"——这意味着就像你会小心照顾自己的幸福和声誉一样,你也会照顾朋友的幸福和声誉。这可能包括阻止他做愚蠢或坏事,并鼓励他取得成功。成功时你会与他分享喜悦,就像他会与你分享一样;如果你们中的任何一个做了不怎么光彩之事,这将反映在对方身上,双方都会感到丢人。亚里士多德的讨论引发了有关友谊的悠久而丰富的辩论传统，尽管他并非第一个提出此话题之人。柏拉图的《吕西斯》是我们知道的研究"真挚友爱"的最早文本，它与"性爱"有所不同。亚里士多德之后的哲学家们，最重视友谊的价值和重要性的是伊壁鸠鲁派。

友谊的基本特征之一是，友谊是自然的、自发的、自由的付出和自由的回报。当不是家人或恋人的人建立友谊时，吸引两人结为朋友的理由无疑是复杂的且大部分是潜意识的问题，与各自的心理有关。尽管如果被问到为什么要成为朋友时，他们会提到共同的兴趣、观点、品味、欣赏对方的幽默感等，这些无疑都是正确的。然而，潜意识的线索肯定也起到一定的作用，因为虽然我们在被问及原因时给出理由，但解释应该在适当的情感之中，情感的源泉对我们本人来说也往往是难以捉摸的。但友谊本质中更重要的特征是相互性和尊重，后者包括尊重对方的自主权。18世纪英国散文家奥利弗·哥尔德斯密斯曾说："友谊是地位平等者之间的不涉及利益的交往；爱情则是暴君和奴隶之间不公平的交往。"这句话虽然只对多数爱情关系是真实的，但对几乎所有友谊都是真实的，它突出了友谊的自愿性质以及摆脱其他关系中等级差异的自由——这些其他关系往往因为依赖性、心理和物质力量的不平衡、强加的社会角色、一方需要或渴望对方的要求比另一方更为强烈等而或明显或隐晦地表现出双方地位的不平等。

友谊是我们称为"爱"的其他关系应该努力追求的目标或者组成部分，无论是家人还是恋人（包括配偶、伴侣等自己选择的亲密关系）。在家人中，考虑到子女和兄弟姐妹是出于偶然因素生活在一起，而非自由选择的结果，这种关系逐渐成熟而发展成为友谊，实际上是成长的结晶，也是成长过程实现的标志。恋人之间，在仍然保持恋人身份的时候成为朋友就意味着互惠性的巩固——互相帮助和相互分担日常生活责任，更重要的是，有了自主性所需要的信任和尊重，这是任何个体要繁荣发展都需要的东西。妨碍后者实现的一些条件——比如嫉妒、过度依赖、过度需要、永远满足不了的关注和示爱的要求，以及使用夫妻间普遍存在的其他手段窒息对方的热情——不是友谊。若用哥尔德斯密斯的话来说，是一种类似专制暴君的行为。

友谊的概念具有丰富的含义。拥有一个朋友意味着在宇宙中并不孤单，你与另一个生命及其兴趣和目标建立起联系；它意味着有义务把自己的时间和心思奉献给另一个人作为馈赠，并获得相同的回报，这是自愿的、宝贵的、令人满足的和建设性的礼物。虽然朋友有时候可能会遭受痛苦，你会替他感到痛苦，但愉快是友谊的总体性特征。失去友谊是一种悲伤，当我们关心和喜欢的人离去时，我们哀悼的主要是我们与逝者之间的联系纽带所代表的意义。

从这些思考的结果来看，若用来回答苏格拉底之问，我们建立更亲密人际关系的目标应该是友谊，将友谊作为值得过的生活的一种最高的和最有价值的特征之一。无论我们与他人的联系以何种方式开始——痴迷之爱、出生、社交场合的偶遇——如果发展成为一种关系，那么最好和最成功的关系将是友谊关系，或者说在原有关系基础上加上友谊关系。

伊壁鸠鲁花园是一群朋友组成的群体，可以预料的是，这种关系的概念比亚里士多德的观点显得更轻松，因为亚里士多德认为，友谊只能存在于真正有品德的人之间，而且不应该包含任何交易。伊壁鸠鲁认识到，人们之所以经常成为朋友就是因为他们相互弥补对方所缺，他们可以彼此完善，甚至可以相互竞争。从这个意义上说，朋友并不是"另一个自我"，因为那意味着两者的身份之间过于亲密，而且无论如何，忽略了人性的多样性和个性的独特性。因此，在友谊中将任何交易元素剔除出去意味着忽略了互惠性的重要意义。因此，我们可以赞同亚里士多德对友谊的高度评价，但我们更偏爱伊壁鸠鲁的友谊观，因为它更具包容性。

斯多葛派将友谊视为"首选"的善之一，但是根据他们的观点，人的内心宁静不应依赖自己无法控制之事，所以友谊应被归为"中立"，因为人无法控制朋友的遭遇或朋友的行为。对此问题，西塞罗在《论友谊》中描述了莱伊利乌斯对心爱的朋友西庇阿离世的看法。但莱伊利乌斯在那里给出的叙述表明，将友谊作为"中立"对待，从失去朋友对自己产生的影响的角度看，并非持有一种不冷不热的友谊观，也不是贬低友谊的重要性；恰恰相反，莱伊利乌斯对他和西庇阿的友谊的重要性的描述——他们一起学习、一起战斗、一起从事政务，从青年时代起一直持续终身——是对友谊的美好描述。但是，当西庇阿去世时，莱伊利乌斯继续履行参议院的职责，并控制了自己的悲痛。有人问他："你的智慧在于你将自己视为自足的存在，认定生活中的偶然事件不会影响你的美德；当你失去你最亲爱的，也是品德最杰出的朋友时，你该如何应对？"莱伊利乌斯的回答就在这个问题之中：自足的存在和拒绝让生活中的偶然事件影响自己美德的态度使他有能力继续如常生活；拥有这种力量并不减少他对西庇阿的爱，也不会使他对自己丧失朋友的痛苦有任何减少。

西塞罗让莱伊利乌斯以这样的话语来解释这些事情：

> 因此，虽然我为西庇阿感到悲伤，但我在我们的友谊本质中找到安慰和力量，经历这场变故，他和我们的友谊都幸存下来。我们一起上战场，一起学习和同甘共苦；这些都是无法被夺走的。我认为，他现在希望我做的，如果还能提出希望的话，就是我不要放任对他的思念使我失去对自己、对他人以及对和他的记忆的责任。我愉快地回想过去的美好，并鼓起勇气承受他离世的痛苦，并转向同样感到悲伤的其他人，安慰他们。因为我们能在共同的感受中找到安慰，我们知道其他人理解我们的感受。

接着，他用前一章提到的同样令人欣慰的真理作为总结："什么也不能取代西庇阿，就像什么也不能取代我们爱的任何人一样。我们的悲痛不会停止，但我们必须学会与悲痛共处。"

我们再次看到，在理解爱这种现象时，通过考察在失去爱时所失去的东西，我们可以学到很多东西。失去所爱的亲友，失去另一个人对自己的爱或失去自己爱另一个人的感觉教导我们明白爱的意义所在，就像发现爱的经历一样雄辩有力。在我看来，在进行这种考察时，我们发现在失去爱或所爱之人时，我们失去的是一位朋友。而当痴迷之爱结束时，或者家人之间没有发展出超越年龄和地位不

第八章 爱是什么？

平等的关系时，就未必出现这种情况了。

如果在完整描述父母子女、兄弟姐妹、浪漫爱情和友谊关系中涉及的情感态度时，放弃使用"爱"这个词，并列举每一种关系的正面和负面因素进行解释，那么结果是，与负面因素挂钩最少的关系是友谊。在思考如何回答苏格拉底之问时，这将是切中要害的考虑因素。但是，这并非赋予友谊如此高的重要价值的主要原因。为了看清这一点，我们再次使用否定策略：想象一种完全没有友谊、没有朋友的生活——从婴儿期开始一直到现在——一种永远处于情感孤立和内心寂静无声的生活，如果有朋友的话，他们的声音和笑声就会响起。可能与亚里士多德和伊壁鸠鲁派所认为的情况相反，在这种情况下过上值得过的生活或许并非不可能——斯多葛派可能会做到——但是，多数情况下是不太可能做到的，而且从一个重要的方面来说极其罕见。

第九章 运气与罪恶

我们可能问过这个问题，面对人性之恶给我们造成的重重苦难，使历史和我们周围的世界污秽不堪，那么我们进行怎样的哲学思考才能使生活有价值、有意义且"美好"呢？尽管存在奥斯维辛大屠杀的可怕阴影和创伤的事实，但是此后的数十年中同样的非人性之恶在卢旺达等多地不断重复上演，为何会出现这种情况呢？

我们也可以反向问这个问题：我们对这一切不做哲学反思，而是期望去理解它们，这样做就能够消弭人类未来的恶行吗？后面这种更为乐观的设想面临的一个问题是，反复出现暴行这一事实让我们认识到人类的行为，以及人性之中潜在的善与恶。善与恶是并存的，这是一个基本事实。但它们的呈现取决于什么？是个体的习性特征、环境差异，还是运气？

下面是我对这些相关问题讨论的一些看法。

首先要注意"美好生活"这一短语至少有三层不同且互不排斥

的含义：一是指享受快乐的生活；二是指道德虔诚和正直的生活；三是指人们感到值得过的，甚至是有积极意义的生活。这三层含义并不是专属的、排他性的，因为一个人过上前两层含义的美好生活，他就会觉得自己过的是第三层含义的美好生活；如果他过的是第二层含义的美好生活，那么他就会过上所有三层含义的美好生活，因为他发现过一种虔诚和正直的生活既愉悦又有意义。

由此可见，若一个人依照美好生活的第三层含义而生活，那么他可能会践行这种生活，因为他会感知另外一层或两层含义带来的好处；但是也可能出现这种情况，即一个人感受到第三层含义带来的美好生活，却感知不到前一层或两层含义带来的好处，比如对他来说是一个有意义的目标，在实现的过程中却是痛苦的挣扎，这与虔诚和正直的生活无关。

哲学家的主要目标在于第三层含义，另外的一层或两层含义构成了第三层含义，或者说至少促成了它的形成。人生变得有价值或是因为它使人心神安宁，或是使人品德高尚，或二者兼而有之。但是，与近代哲学中的存在主义者不同的是，古代哲学家并不认为美好生活取决于完成目标时的非同寻常的意义。对伊壁鸠鲁派来说，美好生活就是对第一层含义的适度解读；对亚里士多德派和斯多葛派来说，美好生活指的是第二层含义。他们都不会把生命的价值与崇高目标和重要意义的实现或在某个领域的成就联系起来。

很显然，在某些环境中过上这三层含义上的美好生活要比其他环境更容易。要是你生活在战区，危险重重，缺乏最基本的生活物资，每一刻都被恐惧、饥渴和悲伤所困扰，那么"美好生活"就是一句空话。如果你生于和平富足的国度,受过教育,有医疗保障,有一份满意或者至少可以容忍的工作,收入稳定,那么"美好生活"这一概念就是很自然的一件事情。获得令人满意的生活的资源对于社会中的大多数人来说是完全可能的,并且可以说是唾手可得。

在当今达到完全"民主和法制"标准的经济发达国家,美好生活的缺失,至少从物质条件来说,要么是在某方面行动受限(并非完全是身体残疾,而是在社会上处于绝对不利的状态),要么你在意识形态上如此反对其政治制度和经济形式,以至于你拒绝接受它所提供的一切(鉴于发达国家现行的经济和政治体制产生的不公现象,尤其是在经济方面,因此这两方面的影响范围非常大)。正如我们在第五章中讨论的种种原因,生活在发达国家并不能保证会感觉生活美好。事实上,生活是否美好与经济状况关系不大,拿那些经济拮据但其他方面富足(比如善于建立和睦邻里关系及懂得休闲)的人来说,按照某些标准来衡量,他们拥有更快乐、更满足的生活。相反,经济发达国家给人带来的更多是不快乐以及糟糕的生活感受。原因是显而易见的,很少有人有足够的金钱来满足消费型社会的种种诱惑。公司大多数员工永远不会成为董事会成员,从步兵走向元帅的职业金字塔已经变得过于陡峭;与邻居拥有的财富和生活方式比较,你可能会烦恼不已……这些被认为是富裕社会人民不满的主要原因之一。富裕社会的生活方式带来了自身的弊端,主要是精神健康问题、心脏病和癌症的高发。除此以外,还有常见的不断带来压力的因素:填报纳税申报表、时刻关注利率变化对抵押贷款的影响、应对物价上涨、处理电脑故障、平衡工作和私人生活的矛盾……这些都是规范性的结构所圈定的义务和不满的根源。这里还未提到家庭生活的种种问题，比如成长的烦恼、衰老、疾病、悲痛、失败以及某些崎岖的人生之路……片刻的愉悦或宁静对很多人来说是少之又少。

由此我们可以这样认为，尽管个体所处的环境会对一个人的生活感受产生影响，但并非唯一因素，很可能也不是关键因素。这一点隐含在古代伦理学派的教导之中，只有亚里士多德学派指出物质条件对于高质量生活的重要意义（毫无疑问，这一无意识的哲学也融入规范性之中）。与外部因素的分离达到极致是斯多葛派和印度托钵僧追求的目标，其暗含之义是，一个人身处战区，危险重重，食不果腹，或者在战俘营里受到残忍虐待，他仍然可以断定他过着一种美好生活。

这个说法可信吗？至少似乎是很难做到的。这就需要做出进一步的厘清：斯多葛派可能会把"心神安宁"这一概念从"美好生活"中剥离出来，因为第三者会对战区与和平的发达国家之间的生活进行客观的对比，从而使其成为"美好生活"的标准之一。斯多葛派可能说："我不会将其作为美好生活的标准，即使生活在战区，我也一定会抵挡住焦虑和恐慌情绪。"

斯多葛派的这种说法具有说服力。要达到这种状态，比起亚里士多德派或伊壁鸠鲁派，斯多葛派提出的要求更为苛刻。伊壁鸠鲁的"没有痛苦"需要足够的食物，需要"心神安宁"的状态和没有恐惧，由此可见战乱地区没有"花园"生存的土壤。作为实用主义者，亚里士多德认为值得过的生活建立在一定程度的物质基础和社会地位上，因而他承认"道德运气"在值得过的生活中起到的作用。承认道德运气意味着，如果你生活在战区，即使你是一个有实践智慧和其他美德的人，你的生活也不可能像在一个和平繁荣的环境那样美好。

这就需要我们对"道德运气"这一概念本身进行思考，以及在实现有价值生活的可能性方面，我们可以从道德困境之中——与之相关且强有力的例证是奥斯维辛惨剧——吸取何种教训。

从普里莫·莱维的《这是不是个人》中的章节"溺水者和幸存者"的描述可知，在奥斯维辛集中营中，有三种类型的人。在该章中他讲述了其中的两个类型。在集中营里的男人出身各种背景，操不同语言，挤在一起，"被压在生存的最底层"。他们都在挣扎求生，一刻也不得休息，因为"人人都是绝望地、凄苦地孑然一身"。要是有谁发现或者打听到能帮助他活命的东西，他绝不会透露给任何人。在集中营里，实行的是个无情的法则，即"凡有的，还要加给他，叫他有余；没有的，连他所有的也要夺过来"。

对于大多数集中营的囚犯，莱维使用俚语"马塞尔曼"这个词来形容，该词是由集中营里的犹太人囚犯创造的，它指的是那些被疲惫和饥饿压垮的人，其中大部分人已经预料到即将死亡并已经在等死了。其中包括莱维在内的被称为"杰出人物"的少数人，依靠聪明才智和精力在集中营的挑战中取得一定地位，例如成为卡波（Kapo）或"监区牢头"、厨房工人、锅铲工、舍间扫地工，甚至"厕所清理工"，并因此比多数囚犯的生存条件更好些，哪怕只是暂时的。大多数"雅利安"囚犯会自动获得某种角色，而寻求成为"杰出人物"的犹太人必须"使用权谋和拼命努力"。莱维对那些通过这种方式获得成功的犹太同胞并未太过苛责。他们靠出卖同胞获得很小的特权,他们获得的权力越大,就越仇恨自己的同胞,越招致同胞的仇恨。莱维这样写道:"要是有人获得管理一些不幸之人的权力,并有权决定他们生死的话,他就会变得残暴无情,因为他知道要是他不这样做,就会有更合适的人选来替代他的位置。而且,如果他的仇恨达不到压迫者的要求,那么这种仇恨就会毫无理由地双倍施加到受压迫者身上。他只有把来自上面的伤害转移到他的下属身上,这样上面才会满意。"那些"雅利安"中的"杰出人物"也和他们一样,他们是生性"冷酷野蛮"的罪犯,被从普通监狱挑选出来管理那些"马塞尔曼"是再合适不过了。

在第二类中的少部分人绞尽脑汁,加上意志的力量,才能在饥寒交迫、困顿不堪的状况下活下来。他们或者扼杀自己的良知,抛弃自己的"道德世界",为了跟周围的野兽较量,把自己也变成野兽,毫不手软。莱维列举了这一小部分犯人为了活下来而采取的手段——出卖他人、巴结集中营官员或以在那个地狱般的环境中恰如其分的方式发疯,但后者会被送往集中营之外的精神病院中监禁。

大多数"马塞尔曼"的结局就是进毒气室,他们"都有相同的故事,或者更准确地说,没有故事。他们顺着滑道跌落谷底,如同溪流汇入大海"。这是他们容易做到的;他们只能服从命令,吃定量配给的食物(这些食物不足以让他们进行正常的劳动,要想吃到更多的食物,就需要成为"杰出人物"的手段),结果3个月之内他们的生命就终结了。他们还没来得及适应集中营的生活,还没弄清复杂的规章制度，还没学会足够的德语或波兰语来听懂各种命令和威胁之语，他们就被压垮了。他们在懵懵懂懂、跌跌撞撞之中一路向下滑，"他们的躯体开始腐败，因为极度疲惫，他们无法避免被挑选或逃脱死亡。他们的生命是短暂的，但他们的数量是无穷尽的；这些被淹没的'马塞尔曼'构成了集中营的主体，他们是一个无名的群体，非人之人，他们的人数在不断更新，但又是相同的，他们悄无声息地跋涉，做着苦力，内心的神圣火花已经熄灭，心中已经空无一物，再也无法真正感受到痛苦了。他们是否还活着，我们都犹豫不决，难以断定了；他们死了，我们也犹豫不决，难以称他们死了，因为临终之时他们没有恐惧，累得根本不明白死亡是怎么回事了"。对莱维来说，一副瘦骨嶙峋、佝偻着背、头颅低垂、眼神茫然的图像就是那个时代之恶的最好概括。

集中营的建立就是为了剥夺犯人的人性，只要他们活着，就只能顺从，不能反抗，变成受奴役的牲畜，一旦没有了利用价值，就会被处决。莱维被一辆拥挤不堪的运牛卡车送到奥斯维辛后，女人、孩子和老人被直接送进毒气室，而他和其他男人被认为身体适合劳动而送进了劳动营。在严寒之中，他们被迫脱去衣物等待，然后被剃了光头，成群结队地被赶到淋浴室，穿上从其他犯人身上剥下来的囚服，并被分配一个编号。

想想这是一种什么感受，莱维问道，被人从家里拖出来，与家人隔离开，身上有意义和唤起回忆的小物件（相片、手帕）都被没收，成为一堆瑟瑟发抖的赤条条男人中的一员，被编上号码（莱维的编号是174517），随时遭受毒打，像是突然间被扔进一个恐怖而无法理喻的新世界。

莱维说，关键是"人的意志被摧毁了。一瞬间，几乎是凭直觉，现实就展现在我们眼前：我们已经到达谷底。再往下的空间不存在了；现实中和想象中最悲惨的人生境遇都莫过于此。再也没有什么东西属于我们；他们抢走了我们的衣物、鞋子，甚至头发；即便我们诉说，他们也不会聆听，即便他们愿意聆听，他们也不会理解"。每个犯人都成了"空心人，剩下的只有无尽的磨难和需求，忘记了尊严和约束，因为失去一切的人往往会失去自我"。

至此，莱维描述了毁灭过程中出现的两类人："马塞尔曼"和"杰出人物"。他说，与外面的世界不同的是，这两类人之间没有其他人，没有中间阶层。在这里，极端恶劣的营内环境将人逼向这两个极端。那么他在书中没有明确指出的第三类人呢？维持集中营运行的党卫军男女看守呢？他说在介绍那两类犯人的时候，心里想的只有犯人。"我们不会相信轻而易举得出的明显推论，那就是一旦失去了文明规范的制约，人在本质上就会变得野蛮、自私而且愚蠢，因此那些'犯人'只不过是缺乏约束的人。相反，我们认为得出的唯一结论是，在面临必需品匮乏及身体受困的时候，许多社会规则和本能反应就会变得悄然无声。"

莱维的这个观点值得怀疑。掌管集中营的党卫军，以及那些被用作卡波的犯人都毫无疑问展现出残暴和无人性的一面，但这并不是说他们被"文明社会"排斥在外，他们没有经历"必需品匮乏及身体受困"的情况。他们对待犯人的行为变得合法化，不将犯人视为人类，他们被允许凌辱犯人，然而在下班之后和朋友在一起就会

223

展现出正常文明社会的一面。党卫军高级军官选择犯人送进毒气室，并且见证（或者亲自实施）残忍行为，而夜幕降临，他们和家人在一起，听着贝多芬的音乐，读着歌德的诗歌，想起这一幕不仅让人惊愕，更是让人感到一阵不寒而栗。可怕且难以理解之处在于他们的思维如何能保持这样一种分裂状态，很显然普通人是做不出这种事情并能够泰然处之的。

在负责集中营管理的人和偶尔参与巴比亚尔等大规模屠杀事件的人之间存在一些差异。尽管官方政策禁止平民和军队饮酒，特别是在东线背后作战的部队，但希姆莱作为"党卫队"和"最后解决方案"的负责人，确保为参与对"犹太人和布尔什维克"的行动部队提供"特殊口粮"——酒精饮料。他的理由是，在执行对"犹太人和布尔什维克"的行动后，有必要帮助部队犒劳他们的所作所为。他表示，"吃点儿美食，喝点儿好酒，听听音乐"就能"让这些人进入美妙的具有德意志精神的内在世界"。不无巧合的是，这些聚会往往发生在大规模处决之后。这一事实反映在希姆莱的评论中，即这些"庆祝活动"可以避免这些"让人犯难的任务"伤害"参与人员的心灵和品格"。然而，酗酒却导致暴行，比如，"1942年4月28日晚上，盖世太保官员海因里希·哈曼和他的秘密警察在辛桑德兹市为大规模处决据称有300人之多的'犹太共产党人'举办欢庆活动。喝得酩酊大醉的哈曼率领一众警察和当地的纳粹官员闯入该市的贫民区继续杀戮狂欢。"在另一个例子中，"缅济热茨贫民窟的一位女犹太幸存者回忆说，1942年新年前夕，醉醺醺的盖世太保成员闯入贫民窟。她证实'盖世太保成员'入侵贫民窟并进行所谓的'狂欢式杀戮'。在暴行之前和之后使用酒精来推动工作，作为刺激暴力和性侵的催化剂。"

希姆莱提到"让人犯难的任务"和保护"心灵和品格"免遭损害的需要反映了一个事实，那就是在他目睹这种行动的情况下，他很少能够承受冲击，他感到恶心和头晕，不得不匆匆离开。鉴于这些事实，那些长时间负责集中营日常管理的人的问题就更加迫切了，一边是惨无人道的暴行，一边是正常的社会生存，被非同寻常的力量捆绑在一起。因为在这里，不是"社会习惯和本能都被迫噤声"的问题，除了在衰弱憔悴和疲惫不堪的受害者面前之外，他们并没有被迫噤声。希姆莱作为负责用工业化的方式屠杀数百万人的刽子手，却不忍心看见暴行的真实场景。人们可能对人格分裂的潜能感到惊讶，人类何以能够在某些事实和某些感觉之间竖立起一堵高墙，一边自我欺骗，一边自圆其说。对另一个有感知能力的生命体进行残酷虐待的想法都令人恐惧；想想那些送妇女、孩子和孩子的祖父母去死的人（当这些人拖曳脚步从他们身边经过时）将产生多么大的恐惧。对于从时间和环境上说远离奥斯维辛集中营的观察者来说，似乎不可能理解这一点。在那个时刻做出的"选择"是决定谁会立即死掉，谁会在工作一段时间之后死掉。然而，惨剧发生了，人类这样做了，而且是几个世纪以来，文化程度很高、很优秀的民族干的。

关于集中营建立的条件及其目的，已经有大量出版物对其进行了研究。我在这里引用其中的一些原因，这些原因之间通常是相互关联的：其一是纳粹主义的思想体系及其针对所有犹太人、"不良分子"以及德意志帝国的敌人持续不断的宣传攻势；其二是一些人的施虐思想十足。弗兰克尔发现卡波通常因为冷酷无情而专门被从刑事监狱挑选出来。在管理犯人的过程中，习惯和心理防御机制的影响使一些人将自己的怒火升级转移到受害者身上，似乎他们的非人悲惨境遇全是咎由自取。其三是控制无助的受害者所体验到的权力和欲望。伊莉莎·米兰德·科斯拉夫在讨论波兰卢布林市的迈丹尼克集中营的日常运行时认为，它有多种用途，但在1942年夏季到1943年秋季之间主要用作灭绝集中营，她这样写道：

> 残忍行为是一种特殊形式的暴力，区别在于其暴力的强度和动机。暴力会导致不同程度的痛苦，但残忍行为不仅明目张胆地导致痛苦和伤害，更是会带来自尊的丧失。残忍行为只能在权力关系不对等的背景下得以实施。通过羞辱、虐待和杀害囚犯，集中营的守卫，无论男女，都体验并表达出了无以复加的控制欲。请考虑到埃利亚斯·卡内蒂的权力理论，可以看出残忍行为为加害者提供了行使权力带来的致命的、肉欲的强烈快感。

分析"最终解决方案"的各级实施者的心理，上至纳粹首脑、下至集中营的守卫和卡波，是一件令人沮丧的事情。战后调查者试图从被控反人类罪者那里寻求答案，但是由于实施者不愿配合或者无法提供答案而大多无果而终。关于这一现象的最著名讨论之一是汉娜·阿伦特的《艾希曼在耶路撒冷：一份关于平庸的恶的报

第九章 运气与罪恶

道》。她写道,在极权主义背景下,恶并非异常现象,不是个体的变态和邪恶的结果,相反,它呈现出组织性、合法性、高效性,表现在营地的建设,人员和物资的物流运输,列车的调度,被围捕和运输犯人的系统信息收集、劳动力需求与战时关键产业的匹配(普里莫·莱维本人就被分配到奥斯维辛的布纳合成橡胶厂——实际上该厂一盎司[1]的橡胶都没有生产过),信息登记,从受害者身上收集鞋、衣物、金牙、手表和眼镜等活动上。堆积如山的恶行完全是由这些寻常的日常活动构成,然而又不像是在作恶——也许大多数执行者是这样认为的。为了制服受害者并保持对他们的控制,看守们故意让他们忍饥挨饿、耗竭体力,公然施以非人和残酷的行为,这一切就发生营内的看守和受害者之间。这也是施害者与受害者之间相对地位关系的一种"自然"结果,而受害者的地位被排除在道德尊重的世界之外。他们一下火车就被直接送进毒气室,他们听信谎言而保持顺从;军官们告诉他们要去淋浴灭虱,马上就会和家人团聚。一套恶毒的制度可以表现为身体和精神上的控制,这与那些执行者本身是否积极无关。

艾希曼为自己辩解道,他一个人都没有杀过,他只是组织的一分子,从未出现在杀人现场。他是一名军官,跟其他官员一样只是在履行自己的职责。他与自己文件资料上的基本事实完全切割,这是在极权主义环境下恶被正常化的一种结果。思想和道德想象力都被关闭,一切只与数字有关。在这种背景下,"正常化"成为关键。

---

[1] 1盎司=28.34952克。——编者注

阿伦特的分析具有说服力，但其着眼点是狭隘的。它适用于现代大型官僚国家，这些国家的制度和实践随时可以进行工业化屠杀。西非或中东冲突地区的视频显示，衣着不整的年轻人挥舞着AK-47冲锋枪站在卡车的后斗里横冲直撞——在这样的环境和志同道合的一群人在一起让他们忘乎所以，不顾危险，处于过度兴奋的状态，他们的情绪一触即发，似乎无坚不摧，变得异常危险——这与阿道夫·艾希曼在办公室例行公事有天壤之别。但是，以宗教或种族划分为由对一名非战斗平民犯下的恶行——无论是部落民兵中的武装青年还是柏林纳粹办公室官员——都是一样不可接受的。一个是情绪激昂、异常兴奋的武装青年，另一个是单调地执行命令的纳粹，拒绝对行动的意义进行反思，他们跨越红线走向恶的一面。这些可能不是唯一的原因。冷静下达屠杀命令的暴君，和那些害怕自己性命不保而执行命令、余生都活在绝望的回忆之中并为自己开脱罪责而无果的人都有着相同程度的人性之恶。

有人说，如果想了解一个人真正是什么样子，就让他们对某个无助的东西比如一只小猫拥有权力。奥斯维辛集中营的囚犯处于无能为力的状态，自从他们第一次被集结起来送往集中营以来，就遭到非人的待遇。那些被赋予控制权的人因为获得了权力而接受考验，很多人未能通过这一考验。但是，并不是所有人都未能通过考验。这是现在讨论的关键，因为莱维的《这是不是个人》不仅仅是有关"淹死的和被救的"一章，这一章对囚犯进行了毫不留情的二分法刻画。相反，他和维克多·弗兰克尔等人的书都见证了某种更为卓越和富有希望的事实：即使在可怕的奥斯维辛集中营的环境下，人性依然能够绽放。

根据莱维的引述,"萨洛尼卡的犹太人顽强、贪心、聪明、残暴、团结、求生欲强,既令人钦佩,又让人感到恐惧",他们没有人人为己的思想,而是为了生存尽力抱成团。他讲述了一个在布纳集中营工作的波兰平民给他面包的故事。他说有一天春日和煦,温暖的阳光照在劳动小分队身上,他们正向劳动地点进发。"今天是个好日子。我们环顾四周,就像恢复了视力的盲人。我们看着彼此。我们还没有在阳光下见过彼此,有人笑了起来。要是没有饥饿就好了!"其中的一员叫坦普勒,他是小分队的"组织者",他找到一大锅波兰工人认为已经变质而丢弃的汤粥,但是对于小分队来说,这就是天赐之物。坦普勒看着我们,得意扬扬,这就是他的"组织"工作。坦普勒是被正式任命的小分队组织者,因为他对汤粥有惊人的嗅觉,就像蜜蜂嗅到花儿一样。我们的卡波生性不坏,他给予坦普勒一定的行动自由权,这是有原因的:坦普勒像猎犬一样循着看似不可能的踪迹,带回一个无价的消息,那就是距离一英里的甲醇工厂的波兰工人丢弃了10加仑[1]的汤粥。我们一起分享这些被糟蹋的东西,卡波"确实人不坏"。营地除了存在脏乱、痛苦、饥饿和虐待,也确实有时候,"至少有那么几小时感觉很好,没有争执冲突,卡波没有想打人的冲动,我们可以想想母亲和妻子,也就那几个小时我们可以以自由人的身份去感受不快乐了"。

1945年1月,苏联红军逼近奥斯维辛,近郊都能听到战斗的声

---

[1] 1加仑=3.78541升。——编者注

音。莱维患上了猩红热，被送往营地医院。病房内还有两名法国政治犯患上了猩红热。莱维和他们此刻患病是"幸运的"，他们和其他病人被留在医院，因为营地在撤离的时候，数千名犯人被迫向西长途跋涉，几乎都死于路途中的严寒。莱维和那两名法国人合作造了一个炉子取暖，一起寻找食物和改装电池为夜间照明。他们组成一个互帮互助、任务共担的病友核心团体，最终活了下来，直到苏联人到来。之后就是苏联人在照顾他们。

心理学家和心理治疗师维克多·弗兰克尔讲述了他在奥斯维辛和达豪集中营的经历，从中我们了解到，即使在那些恐怖的环境中，善良和博爱的行为也绝非罕见。他写道："冷漠可以被克服，怒火可以被平息，对于这一点有足够多的例证，彰显了人类的英勇行为"，"即使在精神和身体压力如此可怕的条件下，人也能保持些许的精神自由和思想独立。对于在集中营生活过的我们来说，那些走过监房为他人送上安慰，将自己最后一块面包送给他人的事情，都记忆犹新。他们可能人数不多，但足以证明，一个人可以失去一切，唯独不能失去人类最后的自由——在任何情况下选择自己的态度，选择自己的生活方式"。

不仅是个人，有时候整个营地都会保持团结一致。他回忆起有一次一个犯人偷拿了一些土豆的事情，"偷拿土豆者被发现，有些狱友认出了这个'小偷'。营地官员听说此事后命令他们交出偷拿土豆者，否则整营犯人将被禁食一天。2500人很自然地选择禁食。是足足2500人很自然地选择禁食"。弗兰克尔同时也提到一些看守充满人性的行为。"必须指出，即使是看守，有些对我们也产生了怜悯之情——人类的善良行为存在于各个群体之中，即使是那些我们很轻易要谴责的作为整体的群体。群体与群体之间的边界变得重合，因此我们不能简单地说，这群人是天使，那群人是魔鬼。毫无疑问，一名看守或者牢头对营地的氛围视而不见，而是仁慈地对待犯人，这是了不起的行为；相反，一个卑劣的犯人粗暴对待自己的同伴，这是让人极度鄙视的行为。"事实上，弗兰克尔声称大多数看守并没有参与残暴的行动，虽然他们也没有去阻止。"大多数看守这些年目睹了营地越来越多的残暴行径，已经变得麻木不仁。这些无论是道义上还是精神上变得无动于衷的人，至少没有积极主动地参与虐待行为。只是他们也没有阻止其他人执行这些行动。"

弗兰克尔提出的心理治疗方法"意义疗法"——基于这一思想，即方向感和个人价值的丧失被无用感和无意义感取代而引发的神经症——是对弗洛伊德观点的经验上的否定，弗洛伊德认为极端环境会剥夺人最本能的基本需求。弗洛伊德曾断言："如果有人试图让一群背景截然不同的人一起忍饥挨饿，那么随着饥饿程度不可避免地增加，所有个体之间的差异将会变得模糊，取而代之的是表现为一种狂躁的集体冲动。"幸好弗洛伊德不知道集中营内部发生的事情。他的研究对象坐在维多利亚样式、做工考究的沙发上，而不是身处奥斯维辛的污秽之中。在这里，"个体差异"并没有变得"模糊"，人与人之间的差距反而变得更大，因为无论是下三烂还是圣人都被剥去了伪装。

病理学家米克洛什·尼兹利的著作中对奥斯维辛集中营中臭名昭著的门格勒医生的描述非常有趣（虽然几乎可以肯定，有些为自己开脱辩护的意思)。这位病理学家是集中营幸存者,他在集中营的"解剖室"工作(尼兹利从来没有提及解剖之事)。即使是那些将尸体从毒气室运送到火化炉的特遣队囚犯中也有许多人表现出人道主义的情感。有一次,他们在堆积如山的尸体中发现了一个还活着的女孩。他们急切地把她带到尼兹利医生那里,他将她救活了。如何处置她存在一些讨论,负责的卡波得出结论,要进一步营救她是无法做到的,最后在她的头部开了一枪。但特遣队员的第一反应是出于本能的救援行为。

在尼兹利书中的一篇增补文章中,布鲁诺·贝特尔海姆(他本人曾在德国纳粹并吞奥地利后的一段时间被囚禁在布痕瓦尔德集中营,后来被释放并逃往美国)评论了几乎所有写过集中营中的放弃者和幸存者的人都观察到的现象:"那些试图不惜代价保护自己身体的人没有一点儿生存的机会,而那些用自己身体冒险一搏的人则有机会活下去。"对于这一点,弗兰克尔则使用了另一种表达方式:"即使无助的受害者身处绝境之中,面对无法改变的命运,他也能超越自己,绝处逢生。"由此可知,即使是在奥斯维辛,勇气和人性的力量也是存在的——正是由于它们的存在,一些人才得以幸存——即使现在我们所讲述的是要将他们吞噬的非人道暴行。

这并不意味着在奥斯维辛集中营和其他集中营中,除了管理者之外,没有人过着上文中描述过的前两种意思上的"美好生活"。但它的确表明,即使在囚犯、受虐待者和死在那里的人中,的确存在第三层意思上的"美好生活"——值得过的、有意义的生活。这是一个重大发现。

第九章 运气与罪恶

毋庸置疑，纯粹的运气——无论好运还是霉运——与那些在奥斯维辛集中营的人的命运息息相关。他们在囚室"挑选"一些犯人送进毒气室时，犯人恰好在营地医院，之后犯人回到囚室，他们又在医院挑选犯人。运气这一概念——或者说是机遇——因此得以延伸。你的身体是否一出生就更加强健、成长的环境是否使你的意志更加坚定？是否刚好与能给你鼓励和帮助的人编到一组？你和你的狱友是否在战争临近结束时才被抓获并送到集中营？甚至直截了当地说，你是否刚好在合适的时间、地点和环境出生，从而成为一名营地守卫，被要求执行营地任务——管理劳动的犯人、带犯人进毒气室？如果你出生在其他国家或其他时间，你就不会被卷入其中。与那些希望有奴隶和死亡集中营，并自愿参与虐待行动的人相比，你是否应该同样受到谴责？

存在这样一个很自然的假设：人应该为自己自愿的行为负责，而不应该为非己所愿的行为受到责备。如果餐厅服务生被人绊倒，他端的汤洒到你身上，你不应该责备他，这不是他的过错。但是设想下面这个场景：两个人都因误碰手枪保险导致意外走火，其中一个人碰巧射中此刻路过的孩子致其死亡，他为此受到了惩罚；另一个人的子弹射在路面上，没有造成任何伤害，也没有受到惩罚。两个人的行为之间没有任何差异，都是触碰手枪保险导致走火。但是，前者无主观意愿的行为结果影响了对他的判决，他为此负有责任。当然任何人携带枪支都应安全使用并为之负责，从这一点上说两人都有过错。但是，考虑到第二个人也可能因为大意而造成同样的结果，为什么对他的处理就比第一个人更轻呢？由此可见，结果远远

233

比美德重要。

枪支的例子说明了"道德运气"的问题。康德认为,道德的赞美和责备仅仅适用于施动者可控制之事,从而使上述的自然假设成为一项原则。但是,在一篇很有影响力的文章中,伯纳德·威廉姆斯辩称,运气在一个人的道德身份中频繁扮演着仲裁者的角色,这一事实在法律层面得到采纳,在一个人犯罪之后定罪量刑时需要考虑"减轻罪责的情形"——比如一个少年由一群窃贼养大,被成年窃贼胁迫参与犯罪行为。

在手枪走火案中,第一个人的道德身份取决于一个意外后果。在少年偷盗案中,其道德身份是由其所处环境决定的。还有一些更宽泛的相关环境因素:比如基因和教养,这些是个人无法控制的,但无疑它们起了重要作用。这被托马斯·纳格尔描述为"构成性"道德运气,其与"境遇性"运气的区别在于,后者中的个体至少拥有某种程度的选择权——那个少年一旦意识到所处的环境可能带来的影响时,他是可以远离那些窃贼的,但他无法改变自己的基因构成或者幼年时期的成长环境。

在第一个手枪致死案中,第一个人无法控制自己的行为结果,但是要为此负责,这被认为是一种正确的结果,于是"道德运气"就会陷入困境之中。对于这一点,似乎既有正确的一面,也有错误的一面。一方面,"运气"一词的本来含义就是指非能动者之所愿,非其所致,结果非其所能影响;"运气"和"概率"这两个概念是自然联系在一起的。另一方面,比起杀人未遂者,对杀人者做出更严厉的惩罚我们觉得是理所应当的。我们可以确定杀人者和杀人未遂

第九章 运气与罪恶

者的行为是相同的,他们都有杀人企图,都付诸行动,都找到目标并射出子弹。但在第二个案例中,目标受害人虽然未能意识到危险,但在最后一刻子弹从她身旁飞过。杀人未遂者未能成功就在于其结果的幸运成分。

在对"自由意志"的讨论中,会出现对于道德责任的极端怀疑论,因为硬性决定论者认为人不应该为任何事情负责,道德这一根本概念——取决于能动性、责任、赞美和指责的正当性——就不复存在了。按照我们的直觉来理解——手枪案中的第一个人应该为孩子的死负责,而少年盗窃犯因其所处环境应该得到宽大处理——我们的钟摆会朝相反的方向移动,使人为不属于他们的责任负责。这与古希腊人的观点非常相似,他们坚定地认为如果一个人注定要犯罪,那么就一定要受到惩罚。

经过对道德运气问题的详尽研究,纳格尔得出这样的结论:"我认为,在某种意义上,这个问题是没有解决办法的。"这是因为将人类行为仅仅作为事件或者将人们仅仅视为物品对待的思想与主体的概念是不相容的。然而,随着导致人的行为的因素被充分揭示出来,我们越来越清晰地看到行为的确像是事件,而人也的确是物品。"最终没有留下任何可以归责于负有责任的自我,我们只剩下作为更大事件序列的一小部分,可以痛惜,可以庆祝,但不能被指责或者被赞扬。"

在赞同纳格尔的悲观结论之前,进一步考虑如下事实:实际上,我们普通的道德判断和我们的司法制度都基于前后不一的观点,即环境对有罪/过失产生影响(你和朋友的枪都突然走火,只有你的子弹杀了人而你被判入狱),同时由环境因素导致的不平等现象也只能默默接受(你被贫困家庭收养,而你的孪生兄弟姐妹被富裕家庭收养,随之而来的一切都是运气问题)。

当我们深入探讨用于说明我们如何处理道德运气的例子时,重要的区别开始显现。以第一个持枪者为例,假设法庭显示他是一个品行高尚的慈善家,受到社区的爱戴和钦佩;或者显示他是一个粗心大意、不体贴他人的游手好闲之徒。法庭要做出大相径庭的判决也不足为奇。因此,他的品行不仅仅是他所做之事的考虑因素;后果伦理学观点可能会让他遭到起诉,美德伦理学观点则让他不被起诉;或者相反,对于后者则认为应该罪加一等。"好人做了件坏事","坏人无意中做了件坏事";在思考我们对待两个案例区别的时候,我们不禁要问:一个人能无意中成为好人吗——因为运气?道德运气这一概念的最大问题在于它似乎威胁到道德这一概念本身,对能动者道德身份的判断会带来与能动者本身无关因素的考量,这是不公平的。但是,实际上,道德运气表明,与某一特定行为比起来,通常还会出现更大、更危险的事情。第一个案例中的人因粗心大意致人死亡,受害者的整个家庭因此受到伤害;社会不会容忍因粗心大意造成的如此严重后果,因此在判断如何做出反应时必须考虑结果。这种思想是对如下事实的重新强调:伦理学——涉及个人和社会的品德——比道德更广泛,道德的范围则更狭窄,只涉及社会内部的人际关系方面。

这意味着承认在涉及重大利害关系的重要问题上,伦理方面的考虑胜过道德考虑。这意味着承认社会的自我管理在实践上需要,

第九章 运气与罪恶

个体有时候必须为他们所不负责任的事承担责任。同时，这也接受了这样一个事实——就像前面的孪生兄弟姐妹例子暗示的那样——拥有美好的、有价值的生活的前景在很大程度上取决于命运。当你没有遭受困难时，做善事就更容易；很久以前，孟子曾写道，人天性善良，因为贫穷和饥饿而被扭曲，这让他们因为困难而转向犯罪或恶行，因为困难淹没了他们的心灵[1]。这也是亚里士多德承认的观点。难怪玛莎·努斯鲍姆将其著作的标题定为《善的脆弱性》，来标明这样一个想法，即拥有美好生活的可能性很容易受到个人无法控制的因素的影响。这也正是斯多葛派主张的理由，他们认为个人不能受道德运气的专制支配，应将不受我们控制的东西视为"不相关因素"。

文学作品可以让我们检视人们应对道德霉运的方式。大仲马的小说《基督山伯爵》讲述了埃德蒙·唐泰斯遭遇不公，被囚禁于伊夫堡监狱，博学多才的法利亚神甫将自己的知识传授给他，8年后帮助他逃走。神甫因身体虚弱不能和他一起逃走，于是向他透露了基督山岛上一个宝藏的下落。凭借法利亚神甫传授给他的文学、历史、科学和政治方面的知识，再加上这笔巨额财富，唐泰斯乔装打扮，伪装成伯爵，并对那些陷害他入狱并夺走他心爱的梅尔塞苔丝的人进行报复。在伊夫堡，法利亚的智慧、意志及博学多识被大仲马在一个富有想象力的章节中进行了详尽的描写，大仲马的一些灵

---

[1] 原文为《孟子·告子章句上》第7节："富岁，子弟多赖；凶岁，子弟多暴，非天之降才尔殊也，其所以陷溺其心者然也。"。——译者注

感可能来自犯人，长时间的囚禁教会他们为了获取一些必需品而变得富于创造性。也许，有些灵感也来自丹尼尔·笛福的《鲁宾逊漂流记》，这位与小说同名的主人公是个孤岛求生者，依靠机智和意志在荒岛上生存。唐泰斯和鲁宾逊的决心与莎士比亚的《雅典的泰门》和《李尔王》中充满痛苦怨恨的主角形成鲜明对比，后两个角色无法摆脱他们的厄运——更加糟糕的是，他们的不幸完全是活该，是自作自受。

莎士比亚的"消极感受力"是济慈用来形容人类天性中接纳"不确定性、神秘性、怀疑性，而不急于去弄清事实与原委"的能力。这使得他能够将《李尔王》中的李尔王性格软弱，格罗斯特伯爵长子埃德加和大臣肯特为人善良，《奥赛罗》里的伊阿古生性歹毒，这些性格特征成为发生在他们周围的事件的催化剂。在某些情况下可以这样解读：《哈姆雷特》里的克劳迪斯弑兄以及《麦克白》里的麦克白弑君都是为了夺取王位，但是伊阿古并无蓄意谋害苔丝狄蒙娜和奥赛罗之意。莎士比亚处理这些人物时的原则就是："这是人的本来面目。"因此，无论是伊夫堡的故事还是集中营的可怕现实，跟人性有关的事实——糅合了好的和坏的道德运气——都是其根本组成部分。

综上所述，我们可以得出许多有关"普通"生活和哲学的思考。对于道德运气、意志和生活意义的问题，以及在某些环境下生活是否值得过的问题，我们可以通过了解发生在集中营的惨绝人寰的教训，以及从文学作品富有想象力的探索和评价中——文学作品是探究复杂和千差万别的人类经验的最佳资源——找到充分的答案。这是从苏格拉底之问的反思中获益的一种范例,即从收集的材料中寻求答案。这些反思获得的教训不仅与极端环境有关,而且与日常生活有关。事实上,哲学家们教导我们,如果不将这种反思与普通生活相关联,万一在更艰难的时刻需要它们的时候,就根本找不到。

按照统计学的规律,一个人天生聪慧、美丽、富有、健康,能够在一个祥和文明的国度活到90岁,连牙痛或踢伤脚趾这样的困扰都没有,这并非不可能的事。他对自己的人际关系和周围的万事万物都无比满意,对生活中的一切一直很满足,他就是幸福的化身。这种情况从统计学来说是偶尔会发生的。但即使这样,我们也可以肯定这是极其罕见的,因为这是基于我们对人类身体和周遭环境的基本常识。从身体来说,我们天生会衰老死亡,在此过程中也极其脆弱,会遭受微生物和病毒的侵害,遇到落石,因滥用酒精、尼古丁和其他药物而使身体器官受到伤害,遭受自然辐射和事故及其他种种损害。从心理来说,与快乐比起来,我们天生会更多地感受到焦虑、冲突、欲望和压力。这是因为我们是社会性动物,从心理学上说,生活在他人之中首先是在群体中的竞争,会经历不确定状况,遭遇大大小小的挫折和不公正现象。我们说"人生没有公平可言",几乎所有这类陈词滥调都是真实可信的。

根据这些熟悉的观察,我们可以得出结论:歌曲唱得很对,前方有麻烦。麻烦总是在前方等着我们。这是严峻的事实,大多数人在大部分时间里忽视了这个事实,这正是哲学家们建议我们思考如何度过人生的原因,因为有个计划就等于做好了准备。事实上,从某种意义上说,哲学就是为未来做准备——为下一分钟、明天、明年，为生活本身。因为我们所有的思想和行动都面向未来，它们就像海浪一样一波又一波冲击拍打着我们。

当然，要说我们没有为人生中的紧急情况做准备也不完全正确。我们会储蓄购买保险、制订养老金计划、慢跑、适量饮用葡萄酒放松身心。我们会制订计划，比如建造花园小屋、到海边度假、养育孩子。从这个意义上说，我们对于未来不是盲目的，我们也不会天真地认为未来会一帆风顺。但是，这与哲学的思考不同。他们思考的是近乎必然性，如果说"近乎"一词不算多余的话，那我们一定会遭受损失、悲伤和痛苦，我们可能不得不做出妥协——至少对幼年时期的希望和雄心妥协。很多情况下，一场事故、一次时机不对、一个错误，都会使生命支离破碎。转眼之间，情况发生了改变。健壮的年轻运动员在运动场上的冲撞中扭断脖子而瘫痪；孩子冲向车流而遭到碾压。就在一瞬间，整个生命可能消失，或毁灭，或永久性地残缺不全。这些思考显得异常沉重。但是，现在对比一下两组问题："如果发生这样的事，你会如何反应？你认为这对你正在做的事或你的计划会有什么后果？""你应该如何反应？你应该确保你的计划产生的后果会产生什么样的影响？"正是在此处，利用反思机会，借鉴历史、文学和从自己生活中提炼出来的丰富人类经验的底蕴，我们制订应变措施，迎接挑战。

"我们"，这个代词再次引人注目。但是，还不清楚这里需要使用这个词是否受到其他因素的干扰，包括交叉性、种族、不平等、社会和经济的不公正、历史压力、文化、传统、宗教、内在的个人品质、才能、天赋和缺陷、健康状况，以及所有其他构成每个个体特质的环境因素，个体附着于由这些环境因素所织成的网络。而这些因素使得我们更需要使用这个词。我们可以反向思考这个问题，也就是把个体看作是这些因素的受害者，而非主体，因为如果把个体看作主体，在回答苏格拉底之问时就会设定限定条件，答案就会依个体的情况而异。

简言之，如果能在奥斯维辛找到苏格拉底之问的答案，那么在其他任何地方都可以找到答案。哪怕这个答案只不过表达了一种愿望而已，但只要他真心希望去实现它，并真正努力地去做，就足以构成一种值得过的生活了。毕竟，我们中有多少人能在奥斯维辛幸存下来呢？更别说成为其中的"圣人"了。

第十章　职责是什么？

有些人一想起这些就苦恼不已，自己从未要求来到这个世界，然而来到这个世界之后——至少在人生的某个阶段明白了下面的事实——他们发现了自己的义务和责任，发现他人的期待，发现他们就像被困在蛛网中的飞虫那样被主流社会的情绪、观点、习惯、传统和期待所缠绕而动弹不得，尤其是涉及他人的权利和要求，以及他们自身为了生存而被迫去从事的各种事情。在第一章中，我们引入"规范性"一词来描述这个网络。其中很重要的一面就是孩子的文化适应教育——他们的"成长"——用符合规范性网络的行为和感情的方式来教育他们。孩子们通过这种方式学习的传统生活哲学符合该网络的要求，但是该网络并不同样符合人的要求，一个显而易见的原因在于，该网络的节点和空隙将人类个体有些尴尬的多样性划分为少数范畴，并要求它们做到整体上的一致性。

尽管对一些人来说，处于规范性的缠绕之中是一种苦恼，但实际上对另一些人——也许大多数人来说——则是一种便利，甚至是一件轻松惬意的好事。许多人喜欢遵从规范性的要求，因为它们能提供一种目的意识，赋予标准的生活以意义感，在与大多数人共享时又会给许多人带来满足感或轻松感，因为很少有人会喜欢与社会发生冲突，或表现出一种格格不入的非正常状态。遵从规范性要求的生活会让人们感觉到每一天、每一年的生活都有规律可循。他们在此网络中的位置构成他们的生活条件，因此，不会出现需要回答苏格拉底之问的挑战；规范性所要求的职责就摆在他们面前，这些职责通常都简单明了，指明他们在家庭、工作、街头、店铺、公交车和酒吧人群中要做之事。对于"我应该成为什么样的人"的问题，规范性给出的答案是："融入其中，随波逐流。"

尽管"职责"和"义务"存在细微的意义差别，但它们在这里的关联中所指相同：如果你有一项义务，那么你就有责任去完成它。与这两者都存在关联的其他概念包括"纽带""协议""承诺""合同""奉献""要求"，甚至是"（法律）责任"，所有这些概念都隐含信任及问责之意。同时，无论是从法律还是社会非难谴责的角度看，违反它们就意味着受到约束和惩罚。

规范性的义务分为两大类：自愿的和非自愿的。前者通过合同签订、结婚或假期预订的形式得以自我强化，后者仅仅因为我们是社会的一员而强加在我们身上。这种区分并不能与因未能履行相关职责而受到的惩罚相匹配。你可能因违反合约被起诉、因违法被监禁、因婚姻不忠被家人和朋友鄙视。一般来说，社会期待我们遵守规范性的要求，这基于一个极为充分的理由——过度抗拒规范性会让社会无法运转，社会能够带来的诸多好处也都变得难以实现。

事实上，过度抗拒规范性也会使个人的生活变得完全无法进行。比如一个人在追求自由时激烈抗拒规范性的约束，最终的结局是被关进监狱，或者遭到社会的排斥，这是一种比试图逃避规范性更为糟糕的结局。谨慎的人会选择自己的对抗方式。

考虑到这些情况，从实用的角度看，在回答苏格拉底之问之前——为了不浪费时间——对规范性的思考也就意味着应该回答另外一个问题。那就是："让我来回答苏格拉底之问现实吗？难道我的出生地和出生时间，以及在如此严格的限制条件下做出的选择还不能回答这个问题吗？"有趣的是，哲学史上曾经有一段时间存在一个广泛流传的假设，那就是，你应该如何生活的问题实际上是由你的出生地和出生时间决定的，因为你的职责已经被限定，并且这些职责必须得到履行——这里"必须"是"职责"定义的组成部分。这一假设根植于"我的岗位和职责"这一概念之中，继黑格尔之后，唯心主义哲学家 F.H. 布拉德雷和亨利·西奇威克对其进行了广泛的讨论。毫不奇怪的是，在这场 19 世纪的辩论中，"岗位"这一概念——网络之中的特定位置——可能会赋予该位置一系列的特定义务，这里的"岗位"不仅指警官或教师职位，或者丈夫或儿子角色，而且还暗含佃农或地主的社会地位差别之意。在这场辩论中，几乎没有人会否认在特殊情况下佃农会一跃成为地主，但这种情况微乎其微。因而一种很自然的认识是，人们不仅在从事一项工作或扮演一个角色，而且处于社会的某个阶层，这个社会阶层不仅影响他们的聪明才智、可做出选择的范围，还会影响个人前途以及他人的期待。

但是,布拉德雷并未对这一暗含其中的理论做出明确阐述。在他看来,个人是无法离开社会的,社会才能给予个人自我实现的机会——布拉德雷认为"自我实现"是人生的终点和目标——从通过所在的岗位完成自己的职责。"我们发现自我实现、职责和幸福是合而为一的。的确如此,如果找到了自己的岗位和职责,认识到我们是社会有机体的一分子,我们也就找到了自我。"实际上,既然社会对道德做出规范,那么道德就要遵从社会的要求。对美德的要求也是如此。对于亚里士多德的"美德"即"卓越"的观点,布拉德雷附和道:"在社会生活中履行自己的岗位职责就能获得美德或卓越。"这里间接提及亚里士多德是为了提醒我们这一点,即亚里士多德本人并不认为美德和卓越是适合佃农的理想,理由是对他们来说,这些是无法企及的(他们被剥夺了实现这些理想的机会,比如接受教育或竞争与其能力相匹配的社会职位的机会,这一理由——让人难以接受——可能是事实)。毫无疑问,布拉德雷的世界——与亚里士多德一样——没有女人,无论她们是佃农还是贵族,都不能和男人一样有广泛的岗位选择范围。对于女性,布拉德雷暗含着这样一种观点,即在任何社会层面上,她们的岗位都极为有限,要么完全或部分局限于配偶、母亲、保姆和家庭主妇的角色,要么如同从良的妓女一样被驱赶到社会阴暗的角落或者抛弃。对此,社会保守派暗含的观点是,我们不应期望佃农或女性追求亚里士多德所谓的伟大灵魂所拥有的卓越,并非因为他们能力不足,而是因为他们能在自己的岗位上找到适合该岗位的方式,并通过履行职责而取得卓越的成就。在各自岗位履行职责，就都能够成就自己的卓越。这虽然没有明确地说"要明白你的身份"，但也相差无几了。

西奇威克的观点不像亚里士多德那样孤傲，也不像布拉德雷看上去的那样无视社会保守派隐含的观点，他认为有必要"为所有人树立美好生活的理想，有必要通过各种行动和宽容、努力和忍耐——这些是社会功能多样性的必然要求——展示道德精神和原则的统一"。但即便如此，他还是承认这一点，即我们认为的"正确"行为是由规范性的程度决定的。例子之一是家庭关系，社会阶层则是另外一个："根据我们普遍接受的道德观，社会阶层之间的相互责任是在传统的基础上逐渐发展而来的"；"大量传统规则和情感……是我们外在的道德生活所必需的基本要素"。与布拉德雷将19世纪的社会看成一个有机体的观点类似，西奇威克认为，个体对促进社会之善所做的贡献乃是其主要道德价值所在。从这一角度来说，提出"我的岗位"的理论家在这一点上实际上是在重申马可·奥勒留的观点。

布拉德雷和西奇威克对各自的理论并不完全满意，他们承认反对他们的观点是有说服力的。有大量关于他们观点的学术辩论，实际上有其理论来源，也就是黑格尔的个体与社会有机体和个体所依赖的"处境性"（situatedness）的具体融合。在这种关联中，黑格尔所用的术语"sittlickeit"有时被译为"伦理秩序"，有时被译为"道德"，但很显然"sitte"的意思是"习俗或传统"。在所有这些思想中，规范性在当今的多元社会起着更大的决定作用，因为人的活动更多被限制在这个网络之内或者它的周围。在今天的多元社会——

而不是那些由某个政治或宗教意识形态主导的单一社会——教育的影响和不同社会经济阶层之间跨越流动的机会使得身处该网络周围的人拥有更大流动性，因此拥有更大选择范围，而对于网络之中的人来说，则拥有更多"岗位"。尽管如此，这个网络依然存在，而且仍然具有高度的约束性。

让人感到惊讶的是，除亚里士多德之外的古代哲学家并不认为岗位、角色、阶层之类对伦理秩序有任何意义，他们认为这些只是对他们所认同的价值观起到陪衬作用。犬儒派完全拒绝规范性；伊壁鸠鲁或斯多葛派则选择各自的教义并据此选择自己的生活方式。斯多葛派不排斥规范性，但是，会将与其核心价值观无关的观点和要求视为"不相关因素"。伊壁鸠鲁派则将注意力集中在选择避免产生身体或精神痛苦之事，包括节制、友情和智识的愉悦。斯多葛派和伊壁鸠鲁派观点的关键点在于，要对现实的物质本质、命运和死亡的内涵有清晰认识——也就是说，不应对此产生畏惧心理，这样就能将我们从焦虑之源中解放出来。这并不是说古人没有"社会"概念；相反，城邦就是一个比当今任何人口稠密的多元化国家更紧密的实体，其对规范性的要求与当今任何单一文化社会的要求同样严格。生活在5世纪城邦的希腊人就像生活在今天的正统犹太社区一样。因此，哲学的践行者们以一种非常清晰的视角去看待其时代的规范性：犬儒派将其排除在自己的生活之外；伊壁鸠鲁派回避规范性的某些方面，因为人们会因此产生某些期望而导致焦虑和痛苦；斯多葛派则不关心这些焦虑和痛苦，但依然履行自己的义务。

古希腊和古罗马世界的其他生活条件——时空背景、经济和气候——使得人们对规范性的态度不像现在这样让人焦虑。在我们这个人口更多、更加复杂的社会中，法律、财产和个人经济状况成为偏向规范性的生活方式的巨大障碍，做到这一点变得更为困难了。虽然很难做到但并非不可能，特别是在拥有足够财富的情况下。如果一个人经济独立，他可以选择生活的地点，在很大程度上可以选择如何生活，但这种可能性只属于少数人。仅仅是要生存下来——有个躲避风雨的藏身之所、有足够的衣物和食物，并且至少达到一定的品质和稳定性——就变成了一种束缚，实际上也成为一种行为准则，要求大多数人沿着规范性的大道一路直行。

然而，必须再次承认的是，这并不完全是坏事。我们无论如何强调社会对社会人的益处都不为过。一个组织有序的社会提供保护和机会的程度——想想学校和医院、集中资源（通过税收）提供的种种公共服务、娱乐和交通通信设施的改善等——要求社会充分发挥作用，只有当人们履行各自所在岗位的职责（此处指的是自我选择的角色，而非社会阶层和性别所赋予的固定或半固定岗位），这一切才能实现。社会是由我们每个人的默契合作构成的，人人都应尽一份力量以确保社会的正常运转，我们在看待规范性的许多要求的合理性时也同样如此。

如果我们认同以上所有观点，那么给苏格拉底之问一个有价值的答案还有多大空间呢？答案是：很大，在现实生活层面，尤其是在个人的内心世界。

在现实生活层面上，我们在不断做出选择——学习什么专业、申请什么工作、和谁约会等，尽管这些选择的结果无法完全预测，

第十章 职责是什么？

尽管我们可能会后悔其中的某些选择，并且必须重新开始，但我们还是做出了选择。生活并不局限于大多数人所做的选择，至少在发达国家是这样，并非每一份职业都破坏灵魂，并非每一桩婚姻都会失败，尽管大多数职业和婚姻都是如此。即使出现这种情况，也会激发人们做出新选择并据此行动。诚然，随着时间的推移，我们的选择余地越来越小，我们被一开始所做的选择束缚住。在人生的中后期，要想给自己的职业、私人生活和社交网络带来重大变化，就需要付出更多的努力。问题在于，在做出人生的重大选择之时，我们往往还很年轻，还没有很多经验，也不知晓这些选择的意义，从某种程度上说，这简直就是一场赌博。

但是，做出不同的选择永远不会太迟，无论随着时间的推移，它可能变得多么困难。有人放弃赚大钱的金融业而在小农场养鸡，这种情况可能相当罕见，但的确会发生，根据"从存在的可以正确地推断出可能的"的原则，人们能够做一些类似的事，如果有坚定的个人意志的话。爱比克泰德在每天临近结束时会问那些来聆听他演讲的人："你要等到何时才能变得睿智？"他也说过想变得聪明永远不会太迟，即使在漫长生命的最后一刻也能做到。

这并不是说要放弃自己的职业去买一些小鸡来养才能变得睿智，而是要让你做出的选择反映自己的真实意愿，并按照自己的选择来生活。犬儒派以及不那么极端的伊壁鸠鲁派可能会支持在实践中予以改变；斯多葛派会告诉你，态度是关键——"事物的意义不在于事物本身，而在于我们对待它们的态度"——日常生活中的事物都是"不相关因素"，无论拥有还是失去它们，都不会影响你的心神安宁，这才是由你自己主宰的东西。无论你选择哪条道路，你都是选择能驾驭自己生活的东西，这一事实——做自己的主人——本身就是既平等自由又为你赋能的。

然而，这三种道路在生活的种种限制面前依然是脆弱的，更不用说生活中的挫折了，就如同身处拥挤的人群试图从 A 点挤出一条道路到达 B 点时，遭遇的各种推搡和重重困难一样。

另外一种选择是在个人的内心世界自己创建一个选择范围，范围大小的唯一限制就是你的想象力。这里就有自由，"我的心灵是我的王国，我在其中获得了愉快的献礼，它超过了所有其他至大幸福的收获，穷尽大地的所赐和人类善良得到的利益"。在追求自由的过程中我们可以运用斯多葛和伊壁鸠鲁两派的富含洞察力的观点，对于第一派的观点我们可以完全采纳，对于第二派的观点我们取其比喻义，即在内心建立一个心灵花园，也会起到相同作用。

斯多葛派认为，一个不能掌控自己态度的人是无法享有自由的，其理论基础就在于此。个人在实践过程中应用这个观念至少有两种方式。古典斯多葛派伦理学将个人幸福与外部因素分割开来，将外部因素看成是与自己的世界不相关的因素，如果成功做到这一点，自然就把我们从偶然事件中解脱出来。但是，这样做带来的问题是，我们会将工作中与他人的关系以及个人的奉献看成"不相关因素"，因为这些是个人无法完全掌控的。一个理想化的完美斯多葛派，内心会有孤独感。印度托钵僧苦修与世界隔离的超脱境界，这是他们追求的目标。佛教徒试图通过摆脱欲望和依恋来逃避痛苦。但是，我们需要考虑采用这种战略的局限性。因为人生充满痛苦，所以佛教宣扬对所有生命慈悲为怀。但是，这种观点会带来一种紧张关系，如果还谈不上矛盾对立的话，考虑到慈悲与超脱之间是格格不入的——慈悲怜悯就是因目睹他人的苦难而产生的。理想化的斯多葛派的逻辑在于，如果人内心的平静安宁受到威胁，那么他就要控制自己的多愁善感，克制滥发慈悲。在一定程度上，塞涅卡和马可·奥勒留的人道主义思想似乎掩盖了他们的斯多葛派承诺，因为他们承认，作为社会性动物的事实决定了我们无法完全隔断与周围社会的联系。

要想成为一个始终如一的斯多葛派，就要应对种类繁多和亲疏程度各异的社会关系，它们并非"不相关因素"，而是与个人的幸福紧密相关。友情是首要选择，与爱情和婚姻尤为不同的是，友情不会破坏人内心的平静安宁，相反它完全有助于保持这种平静的心境。与此同时，认识到周围世界出现的痛苦，受到激励并尽其所能去结束或减轻这种痛苦，这仍不失为一种明智之举，在此过程中不一定会包含慈悲之心，即使通常慈悲之心是存在的。故此，认识到他人的痛苦以及为此付出努力换来的成功或失败，都不会对他的内心平静安宁产生影响。这种观点与另外一种观点——主要与大卫·休谟有关——相反，即理性本身永远不能成为行为动机。休谟认为，情感才是我们行动的唯一动力。斯多葛派的观点从根本上说是以与此截然相反的思想为前提的。

塞涅卡和马可·奥勒留的例子表明——事实上正如塞涅卡的榜样小加图所示——斯多葛派对外部事物表现的超脱被扭曲成这样一个人物形象：冷漠无情、平淡无趣，除了意志顽强之外一无是处。

这并非斯多葛派的真实生活，也不是该派别的创始人——西提姆的芝诺的生活。然而，要想过上一种接近斯多葛派理想的生活，无疑需要极大的自制力以及时常动用意志力，因为这种生活无法避免普通人生活中的痛苦和折磨，而是依靠控制其回应方式来对付。尽管斯多葛派的教导提出了很好的建议，但是，生活之中除了要持续提高自我控制能力之外还应该有更重要的事，大多数人有这种想法是情有可原的。在此，我们就可以看到伊壁鸠鲁思想的用武之地了。

尽管伊壁鸠鲁派对快乐的定义是没有痛苦，无论是身体上的免于痛苦还是心理上的心神安宁，但是，这里暗含的意思并不是我们应该过一种竭力回避的生活，不去接触任何可能带来痛苦之物，而是要积极寻求能替代这些痛苦之物。锻炼和适度饮食可以保持良好的健康习惯，可以减少生病的概率，而友情、对话和哲学思维的培养（从广义上可以理解为探究和学习）可以带来极大的精神满足感。这就是伊壁鸠鲁花园的生活。其前提条件是以富足和成就感为特征的有价值的生活——富足与金钱无关，成就感如同摘取树上的水果一样简单。健康就是财富，人所拥有之物只要足够就算富有，面包和水对于饥饿之人就是美味珍馐，与朋友聊天畅谈的乐趣和谈话的地点没有关系，无论是在昂贵的餐厅还是公园的长凳上，这些我们既熟悉又真实的现象可以证实所言不虚。

最重要的是，内心世界乃自我的终极资源，我们可以自由地漫游其间，凭借想象和思想获取一切。这是再正常不过的一件事，但是，如果我们只是将其用作逃避现实的白日做梦和胡思乱想——尽管这些活动赏心悦目——或者用于思考一些现有的实际问题，那么

第十章 职责是什么？

很遗憾，它并没有得到充分利用。想象力是创造世界的力量；接受苏格拉底的挑战，去思考、审视、探索、增加知识并加以理解就构成了我们充满意义的世界。

人类想象力的广度令人叹为观止。回顾一下希腊神话中的故事和人物，回想一下但丁的《地狱篇》和塞万提斯的《堂吉诃德》中的故事情节和各种细节，思考一下莎士比亚的"消极感受力"，感受一下歌德的浪漫主义情感、乔治·艾略特《米德尔马契》中的多萝西娅和利德盖特，还有托马斯·哈代《德伯家的苔丝》中展示的对人类源动力的探索。厄休拉·勒奎恩和菲利普·K.迪克的作品描绘的另外的世界反映了他们对现实世界的深刻见解。科幻作家如儒勒·凡尔纳则描绘了一个几乎完全凭空想象出来的未来世界。莎士比亚会让观众将剧院舞台的"圆形木栏"想象为法国战场。奥维德可能希望读者看到达芙妮长出树叶变成月桂树以躲避阿波罗。在这两个例子中，他们都利用了自身所提供的想象力资源，我们也能拥有和他们一样的想象力。

想象力并非文学所独有。爱因斯坦对物理学的一些见解就来自单纯的想象。通过想象一列火车被前后两道闪电击中，他认识到时间在两个参照系之间不是恒定的。如果在火车经过中间点的时候你看到火车外面的闪电，那么它们会同时出现。如果你坐在火车的车顶经过中间点，你会先看到车头的闪电，然后才能看到车尾的闪电，这是因为你需要更长的时间才能看到车尾闪电发出的光。爱因斯坦通过想象电梯钢缆断裂导致电梯坠落的情形，认识到加速度等同于引力场，在电梯坠落时你不会感受到引力的影响（在电梯坠地之前都不会)。

　　作为历史上最无畏的国家治理实验之一,欧洲主要参战国的领导人在二战后决定,欧洲大陆必须停止几个世纪以来的流血战争,必须找到一种和平相处的方式,他们开始对这种方式进行设想,并将想象变成现实,这需要极大的政治想象力、勇气和耐心。18世纪的汤姆·潘恩认为密切的贸易关系会确保国家之间的和平;19世纪维多利亚时代中期,怀有自由贸易理想的理查德·科布登和约翰·布莱特也提出了相同的观点。提出最终成为欧盟构想的政治家包括康拉德·阿登纳、阿尔契德·加斯贝利、温斯顿·丘吉尔、让·莫内和罗伯特·舒曼。欧盟的缔造者们吸收了潘恩、科布登和布莱特的观点并将其应用于实践,首先在1952年成立煤钢共同体,接着于1957年按照《罗马条约》成立了共同市场,最后在1993年按照《马斯特里赫特条约》成立了欧盟。至此,欧洲实现了自罗马帝国以来史上最长时间的持久和平。

　　文学、科学和历史是想象力和探索的产物。漫游在这些领域可以锻炼人的想象力和思维能力。这也许是老生常谈,即学习和辩论可以拓展思维——按照爱德华·戴尔的隐喻"我的心灵是我的王国",也就是拓展个人王国的范围,在这个自由王国里建造城市、搭建景观。在这个领地,人人得以用最自由的方式创造自我,去过一种值得过的生活——也许这就是有意义的生活。

第十一章　与他人共处

上一章讨论的观点与如下事实有关,即人是社会性动物,我们与周围社会的联系是割不断的,这些联系也将责任强加在我们身上。当然,主动与社会脱节或者被社会抛弃的隐士、独处者和遁世者的确存在,他们独来独往,不过这种情况比较罕见。即使是静修士——他们的内心世界绝不允许他人进入——也会生活和活动在他人之中,在街头、商店、工作场所、医院、咖啡厅和电影院,也必须以普通人的方式与他人打交道,他们的交流方式富有成效,能达到互动交流的目的。

犬儒派拒绝社会,但他们就生活在社会之中。伊壁鸠鲁派逃离外部世界是为了创造自己的世界。享有盛誉的《瓦尔登湖》的作者个人主义者亨利·梭罗,无论他与他人保持多么远的距离、无论他多么蔑视社会习俗,过一种近乎当代犬儒派的生活,但是他并没有完全拒绝社会联系。作为"自立"运动的倡导者,他和其他"美国超验主义者"承认并接受这个观点,即接受社会并在某种程度上参与其中——按照自己的条件而定——是理性生活的先决条件。造成这种情况有若干重要原因,都与我们在社会网络中的位置和规范性有关。其中最主要的是心理层面的原因,即我们作为个体与他人有着密不可分的关系。即使是那些偏离于社会网络之外的隐士和遁世者一开始也并非如此,他们至少在幼年成长时期与他人有过一些关系。

有一点是清楚无疑的,即我们的性格特征受到他人很大的影响,父母、老师、朋友和整个社会从我们出生到开始有意识乃至意识成熟都在不停地影响我们,随着我们不断长大,这种影响从父母和社区转向同伴和我们喜欢的社交圈子,其中有些人——让人敬仰的楷模、受人尊敬的朋友、爱人和上司——发挥着特殊作用。这种影响或积极或消极,但无论哪一种影响都体现了人际关系的相互构成性功能。这一点在非洲南部班图人的传统伦理观念——乌班图[1]中得到了积极的体现,该观念可以简单解释为"我的存在是因为大家的存在",这就意味着人与人之间的各种关系——即使是店主和顾客之间无意中的相遇——应该以共同的人性为基础,要求视他人为自己的同类,以善良和慷慨对待彼此,认同互相依存的关系,赋予个人以自由权利,同时自愿承担对于彼此的义务。

当然,善良和慷慨的美德并非乌班图所独有,大多数道德理论

---

[1] 乌班图,意思是"人性",是非洲传统的一种价值观,类似华人社会的"仁爱"思想。——译者注

都会对它们有某种程度的赞美和告诫。然而，这里很自然地出现了一个限度问题，即我们对他人的义务有多大。亚里士多德观点中很重要的一点是，对待自己就要像对待他人一样，把自己当成朋友，即尊重自己，自己不会成为他人的累赘，相反能更好地成为他人的朋友。因此，乌班图所体现的相互性，甚至是朋友之间的关系都必须有一定限度。一个人以友谊之名对朋友频繁索取，强行让朋友过度付出，这种朋友并非真朋友。如果这样的人可以称为朋友或他们自认为是朋友，那么街上的陌生人和所有其他人都可称为朋友吗？生而为人，就意味着可以自由获得一些权利、自愿承担对彼此的义务，可以从一般意义上这样理解吗？

毫无疑问，这个问题的答案是"可以"——前提是要正确去理解。要弄清楚原因以及如何实现，我们不妨思考一下道德。上文说过，道德不同于伦理，道德跟人的行为方式问题有关，尤其是彼此之间的关系；与伦理不同的是，道德不会试图回答苏格拉底的宏大问题，相反，它会在有限度的层面上引导（通常是教导和指引）人们的行为，与人们的性格和嗜好无关。要想弄清楚道德的本质，就要敏锐地认识到，道德从根本上说是拥有得体的行为举止，这似乎有些出乎意料。

犬儒派当然不会同意这个观点，安布罗斯·比尔斯在《魔鬼词典》一书中将得体的举止描述为只不过是"最容易接受的伪善形式"（不出预料，伊夫林·沃会认为只有缺乏魅力者才需要注意行为举止，他说"漂亮的人可以逃脱任何惩罚"）。但是，这些观点可谓大错特错。稍作思考就会发现，没有得体的举止——礼貌和再寻常不过的谦恭——社会本身就不可能存在。得体的举止能促进人际关系，在矛盾冲突中起到缓冲作用。复杂的多元社会在应对多样性、分歧和竞争压力时会将礼貌的行为作为交流的首要选择，因为其他权宜之计——生硬的法律工具、万不得已之时选择的社会隔离——统统不能与之相提并论。重要的是，我们不能将行为举止和礼仪混为一谈，礼仪本身与优雅的仪式有关，比如晚宴使用哪种餐具，或者在游行队列中伯爵是否应该位列子爵之前。这些都与行为举止的真正意义无关，简单来说，举止得体就是要考虑他人，这一点有深刻的意义。这已经超出面对面的交流，考虑他人一般来说就是要以诚待人、尊重事实、信守承诺、值得信赖、不做不顾及他人或伤害他人之事。

行为举止和礼仪之间的对比很好地揭示了前者的道德力量。良好的行为举止很可能表现为不遵守礼仪规范，因为礼仪很多时候被用作怠慢和排斥的手段。当维多利亚女王看见南非总理扬·史末资在饮用餐桌上的洗手水时，她也跟他一样做以缓解尴尬。众所周知，弱者通过无礼来模仿强者，礼仪往往并非一种得体的方式——也是不友善的——并且会伤害他人。这并非说礼仪不重要，礼仪的初衷是为了改善共同生活时出现的各种状况——比如用餐期间食客都为了自己而陷入混乱，徒手撕肉食、将骨头丢到地上、随地吐痰和便溺——这种乱象源自饥饿和贪婪而造成的随意。《侍臣》一书的作者卡斯蒂利奥内试图克服这种无礼行为，同时他建议同代人如何做到行为举止得体，如不要在公众场合挠虱子。但是，他知道，尽管礼仪是行为举止得体的表现，但两者之间存在差异——礼仪既不是必

第十一章　与他人共处

要的，也不能取代举止得体。在他看来，得体的举止从根本上说是替他人考虑，也就是把他人所处的环境和观点都考虑进来，并恰当地融入自己的行为。

这种观点并非卡斯蒂利奥内首先提出。事实上，他运用的是亚里士多德的"高尚的灵魂"概念，"宽宏大量"的个体是亚里士多德伦理的核心概念。"megalopsychos"的英译为"绅士"，并非指因为偶然的出身或财富而拥有社会地位的人，而是指经过口耳相传获得"真正绅士"美称者；是一位彬彬有礼、态度和蔼、体贴周到的人。令人欣慰的是，许多人属于这样的绅士，他们得体的举止体现在每一天和每个时刻的日常交流之中，这也是社会正常运转的原因。而少数粗鲁无礼之人，包括罪犯和极端分子，使得这个世界看上去简直就是另外一副模样。

良好的举止赋予人们相互之间的责任，但如何确定这种责任的界限并不明确。为了说明这一点，我们要提出这个问题："我应该在多大程度上作为兄弟的守护人？"也就是说，对他人的利益我应该考虑多少？我对他人的责任究竟有多大？提出这个问题实际上已经承认必须有一个限度。亚里士多德承认，我们在对他人表达关爱的同时还存在理性而又恰到好处的利己行为，但是当利己行为转变为漠不关心或冷酷无情——这是理想化的斯多葛派观点存在的危险——那么，它不仅从本质上是错误的，而且会威胁到我们的个人幸福，因为自私的行为往往导致适得其反的结果。要弄清楚背后的理由，我们可以思考博弈论中的经典"囚徒困境"。

两人因重罪被捕并被分开审问。他们知道，如果两人都不认罪，他们都会被轻判；如果一人认罪，另一人不认罪，认罪者将会被释放，但另一人会被判无期徒刑；如果两人都认罪，两人都将被判20年监禁。对两人来说，最好的结果是认罪，但前提是另一方不认罪；在对方损失最大的情况下，自己的获益才会最大化。但是，他们面临的风险在于两人都认罪，结果都将面临20年的监禁。对两人来说，总体上最好的结果是两人都不认罪，这样两人都能得到轻判。因此，合作能够实现最佳的结果，这丝毫不会让人感到奇怪。这种合作在日常生活中经常发生，人们会做出妥协并达成一致。遗憾的是，在高风险领域——国际谈判和军事对峙中——历史告诉我们，选择利己要远远多于选择合作，双方都会冒险一试，以牺牲他人为代价实现自身利益的最大化。战争就是最好的例证，这是对双方风险最大的选择，难怪世界会陷入一片混乱的境地。在人际关系层面，这个例子表明，"我应该在多大程度上作为兄弟的守护人？"这个问题的答案接近于"等同于做自己的守护人"，即通过社会合作和妥协获得人人都能接受的结果，从而增加我们的共同利益。

犬儒派——甚至包括那些认为卷入社会就要付出代价、不得不妥协并放弃自己追求的犬儒派，这是他们拒绝卷入社会纷争的理由——也对博弈理论分析产生怀疑，并引用人们常常欺骗这一事实来支持其观点。他们会引述法国哲学家帕斯卡尔的话，即"相互欺骗是社会存在的基础"。社会科学研究表明，犬儒派和帕斯卡尔都错了。大多数人更愿意帮助人而不是骗人，即使他们自己付出巨大代价，当他们看到欺骗行为时也会马上予以惩罚，即便他们自己并非受害者。这一事实既让人充满希望又让人感到欣慰，它证明了利他行为的存在——客观公正地关心他人的幸福（而不是"不感兴趣"）。

可以说利他是普遍存在的行为——到目前为止——缺少了它，社会就不能正常运转。社会在很大程度上取决于互信互助，取决于与非直系亲属的合作，取决于我们愿意与他人共享、给予同情、无私付出以及提供保护。士兵和救援人员的自我牺牲，以及历史上所有将他人利益放在"至高无上"地位的人，这是人类社会本能的最典型标志。这类事情之所以不太常见，是因为各地的新闻媒体都忙于报道冲突事件及其造成的伤害，他们极少提及日常生活中存在的更普遍的合作行为。假设发生了枪击事件，卷入整个事件中的人数会远远超过行凶者和受害者，包括救护人员、急诊室医护人员、警察，最后还有政府和整个社会。他们或救治受害者，或齐心协力将凶手绳之以法，防止其继续伤害他人，或共同谴责造成伤害的犯罪行为。在残忍的犯罪行为面前，表明一种看法似乎不起作用，但事实是，大多数人、大多数地方在大多数时间都是和平安宁的，因为从反向来看，这些言论还是起作用的。

利他行为研究者的结果——研究样本中的大多数人目睹欺骗行为后感到无比愤怒，即使他们只是旁观者——得到了人类学家的支持，他们指出，狩猎者和采集者所在的原始社会之所以注重公平正义，是因为这是生存的基础，因此欺骗行为将受到严厉的惩罚。同样的推动力量在发达社会继续以更加复杂的方式发挥着作用。市场经济社会大多由法律和监管机构构成，如果坑蒙拐骗大行其道就会使整个社会受到损害。即使我们承认欺骗在经济活动中司空见惯，但欺骗行为本身也要低于一定限度，因为骗子也需要大多数人在大多数时候做到诚实才能成功地实施欺骗。

毫无疑问，这些有关利他和公平的说法似乎有些不合情理，因为利己似乎才是生活的核心本质。我们认为，这是人的"自私基因"在永不疲倦的生存竞争和繁衍中的表现，这是人的首要目标，甚至是以一种文明的、复杂的而又精致的伪装形式出现的。西装革履的商人夹着公文包匆忙赴会，究其本质，仍然是在为生存和繁衍而竞争。这是否意味着我们前面的观察结论给出了一幅温馨得令人不敢相信的画面？从最好处说，利己和利他都是人类行为持续不断的特征。但是，它们之间存在不可调和的矛盾对立吗？经济学家长期以来一直认为，利己是能动性唯一理性的形式，犬儒派则会迫不及待地表示，任何为了他人而牺牲自己的殉道者，无论在潜意识里还是暗地里都乐在其中，因此，他们也是沉迷于利己的行为之中。

有些人接受了后面这些观点，加以改进后将其作为道德基础。其中一个引人注目的例子是约翰·莱斯利·麦基的经典之作《伦理学：发明对与错》。按照这种观点，很显然那些与他人相关的行为实际上属于利己行为，但这是可接受的，因为这是"开明"的做法。在施动者看来，短期内以牺牲自己为代价让他人获益，但从长期看他们自己也能从中受益。一个更具概括性的说法是，个体成员会发现社会的总体利益直接或间接地使他们受益。这与生物学上的观察结果一致，即许多物种的组织结构严密，繁殖能力弱的个体会牺牲自己的利益，让繁殖能力强的同伴留下后代，（可以说）它们乐见其成，因为它们依靠这种方式保留下自己的基因。这在蚂蚁和蜜蜂等群居物种中尤为显著。这里利己行为的主体变成整个物种，其个体成员似乎成了利他行为的典范，但是，实际上它们服务于物种基因这个整体利益。

在传统道德里面，利他行为受到赞誉而利己行为受到谴责——至少会被另眼看待。这可以通过我们所熟悉的事实来说明，跟"利他"有关的概念包括善良、关爱和自我牺牲，而跟"利己"有关的概念则包括自私、自我和贪婪。但利己并非一成不变地与这些令人不快的态度和行为自动关联在一起；在我们看来，如果一个人能在照顾他人之前照顾好自己和亲人，或者他的利他举动让他忽略了对自己和亲人的职责，那这就是负责任的行为，而非自私或贪婪。如果利己是负责任的行为，正如这里和亚里士多德所反复表明的那样，那么它就未必是坏事。

这说明管理自己的幸福应该被视为一种职责。在这种观点看来，一个人应依靠自立、独立自主、经济自由、不损害他人利益来提升幸福感。如果——重申一下——在关爱自我的同时能关爱他人，那么他在社会中的角色将得到升华，至少不会成为社会中的消极存在。如果只想在社会中扮演中立角色，很显然因自我放任而导致的贫穷、无知和无足轻重不能作为很好的理由，当然也不可能产生利他行为。关键在于我们不能将利己和自私、冷漠混为一谈，更别提自甘堕落变得自私且冷漠的人了。

利他和利己并非一成不变的或经常相互排斥的，认识这一点对规范性至关重要，因为推崇利他和利己都能够很好地为规范性服务。对于犬儒派而言，利他主义只是马基雅维利式权谋动机的幌子而已，在思考人"从根本上说"是社会性动物这一点时,我们需要援引另一个有趣的事实。这就是我们天生具有共情力。人天生具有运用共情的潜力——暗含这样一个事实,即有关人性的普遍假设:人已超越生物学范畴进入社会学范畴——这再次引出与"我们"有关的问题:既然不同社会,或同一社会的不同历史阶段展现出不同的道德观和伦理价值观,我们怎么能允许做出这样一般性的概括呢?

这种反对观点很显然是以相对主义为基本框架的——相对主义认为社会生活中没有绝对真理和共同性,社会生活中的一切都是由文化决定的,尤其是在道德问题上。具体而言,道德相对主义认为,关于是非对错并没有普遍真理,相反,这些评判多是由每个社会本身的信仰和传统来决定的。由于每个社会在这些方面可能存在显著差异,并相应地呈现出大相径庭的道德体系,因此,相对主义者的核心主张是:要在它们之间做出决定并无客观依据。当我们考虑到不同社会对一夫多妻制和同性恋截然不同的态度时,这种观点似乎很有说服力。

相对主义值得称道的动机之一就是要防止过去的主流社会实行的文化帝国主义,他们在殖民他国人民的过程中将自己的道德观——实际上是自己的规范性——强加在被殖民者身上。尽管其他社会在很多重要方面彼此存在较大差异,尤其是在道德观上,相对主义者希望能确保其他社会的平等尊严及正当合理性。

好吧。我们虽然认可相对主义值得称道的动机,但依然心存疑问,那就是我们是否难以决定下列行为应该得到宽恕,因为实施这些行为在一些社会是可接受或者可取的:女性割礼、印度教葬礼上

第十一章 与他人共处

妻子跳入火化柴堆为已故丈夫殉葬、酷刑、死刑、童婚、战时屠杀平民、剥夺女童的受教育权、强制性宗教仪式、未经正当法律程序的逮捕和拘留？相对主义者试图为这些行为提供辩护，而反对者则指出抵制这些行为才是正义的，其深层原因在于，这与给人类带来苦难和幸福的事实有关——自然而又普遍存在的事实。

我们这里讨论的是一些自然存在的事实（正如我们所提到的，基于相同的原因，它们对于动物也是适用的），因为它们是基于神经系统的，与感觉动物对身体和社会环境特征的反应方式有关。简单来说，很少有人——通常也很少有感知能力的动物——会喜欢疼痛、饥寒、恐惧、孤立、监禁和遭受虐待，在这些感受中我们还可以加上遭遇不公。实验数据表明，即使是猴子也不喜欢受到不公平对待。看到任何人遭受一种或多种不幸都会让大多数旁观者产生一种自然反应，比如见到有人受伤我们会皱起眉头。对此，我们可以用另一种更恰当的方式来表述，即共情力是与生俱来的天性，是"硬连接"。大量实验数据可以支撑这一观点，一些研究者认为，共情力与镜像神经元有关，尽管镜像神经元在解释"心智理论"——解读他人的意图和状态的能力——方面的作用还存在争议。不管镜像神经元是否在起作用，看见他人笑或打哈欠，我们也会跟着笑或打哈欠，看到他人处于困境，我们不免会担忧……由此，我们看到天生的共情力在发挥作用。

要知道，共情是我们对于同胞的实际感受。虽然同情包含对不幸者的情感感受，但是，可能并非对情绪或情感在某种程度上的模仿。一个人会同情丧亲者，但不会有失去至亲的哀伤，然而当他目睹足球运动员摔断了腿却不免会皱眉和惊恐,此时他产生了共情和恻隐之心;同样,当看到他人处于悲伤或绝望中,他也难免心有戚戚焉,在这些情况下,我们会说受到"触动"。同情是一种美好的道德情感,但让我们更深刻地认识到不幸者的遭遇并做出恰当反应的是共情。

一些神经学家,其中最负盛名的当数维托里奥·加莱塞,认为镜像神经元是共情力的基础,是对他人经历的感受并由此引发的反应,并产生对他人经历的一个模型——这一模型不仅会对他人的精神状态进行有洞察力的描述,而且更重要的是,会激发相应的反应。这些解释最终以神经学为基础,镜像神经元是其中最合理的解释之一。有些研究者认为,镜像神经元的缺失是自闭症的原因之一,自闭症的主要特征之一就是不能与人进行正常的社会交往。关键在于,无论这些解释涉及哪些神经心理结构,它们最终都为道德判断提供了基础——因为这些神经结构是一种硬连接,也是普遍存在的。

但是,如何理解不同文化的道德价值观存在的明显差异呢?需要指出的一点是,这种差异通常是非常显著的。在有些文化中,对年迈父母的关爱形式就是买一栋房屋给他们养老;而在其他文化中——据说巴布亚新几内亚的一些部落是此类传闻的信息来源地——关爱的形式就是将他们吃掉(这样他们就能在子孙后代中永生)。 但是,有些差异真实存在而且是由文化决定的,至少是由那些统治者决定的,他们以更高的目标为名,通常最初是宗教,不顾及那些不幸者的神经和心理状态——在他们的意识完全清醒的状态下;他们在对待女孩和妇女的态度上最为明显和普遍,不仅禁止她们享有和男性一样的权利，而且还会做一些让人无法接受的事，如强迫婚姻、割礼、家庭中限制人身自由、"荣誉谋杀"等。人的行为方式与自然禀性会出现截然相反的情况，这并不奇怪，而且通常是必要的。社会中的成年人需要控制住好斗、贪婪和好色的自然习性，抚养孩子的过程中要教会他们控制这些冲动。对于某些不幸，我们要能够关闭或控制自己的共情力，就跟我们要能够关闭或控制争强好胜之心一样，这种关闭是会发生的。

毫无疑问，这种情况要从两个方面来看待：一方面道德源于自然事实，但另一方面社会可能凌驾于自然事实之上。需要注意的是，经验会激发和提升许多天生能力——如果说不是所有的，对这些经验的思考会让这些能力变得成熟；即使我们天生具有共情力，我们也不会对遇到的每个人自动产生共情。我们倾向于对亲属和熟悉的圈子，甚至对这个圈子外面的其他人产生同情或共情，这就需要我们再次思考"兄弟守护者"所起到的作用。然而要拓宽他们之间的界限是有可能的，实际上也是必要的，这可以通过增长见识来实现。12世纪的犹太哲学家摩西·迈蒙尼德明确指出，"无知是罪恶之源，人类彼此之间犯下的所有罪恶都是愚昧造成的"，意思是说，如果不能从他人的角度来理解问题，无论对他人观点是否赞同，都会成为对他人产生共情的第一个障碍。所有那些陈词滥调——"知道某人为何这样想""站在别人的立场上想问题"——都带有迈蒙尼德观点的印记，他补充说，无知之所以有害，主要原因是我们的双眼被自己的信仰和欲望蒙蔽了。

为了使上述叙述更具合理性，我们需要扩大视线范围。于是古代哲学家再次回到我们的视野，因为他们的出发点与我们相同，即人是与他人共处的社会性动物，他们将这一事实视为善恶之源——对他们而言，主要是恶的源头。除亚里士多德之外的哲学家都认可这一点，这也是他们最为关注的，即社会对于任何个人的内心平静安宁而言都是一种危害，且这种危害极大，因为它会勾起人的野心，让人设下不切实际的目标，而实现这些野心和目标的过程通常会带来极大痛苦和危害——就算终于实现了这一切，结果也不过是空虚且稍纵即逝的满足罢了。

在斯多葛和伊壁鸠鲁两派的记述中，正如亚里士多德一样，他们认为伟大的抱负从本质上说是与财富、荣誉和名望这些宏大的词语联系在一起的——在露天广场竖起一座雕像让后代铭记——而不是用朴素平淡的词语描述的农民精心照料农作物，或母亲看到孩子成长时的满足与欣慰。为了劝诫人们不去追求传统社会的理想，同时为了教授人们获得和保持心神安宁的技巧，他们在这一点上达成共识：要想避免焦虑和压力，就必须摒弃带来快乐的一切，即社会所要求的一套评判成功和失败、地位和职位高低、或骄傲或羞耻的千篇一律的通用标准。成功、失败、骄傲、羞耻和负罪感——后面三项是按照社会强加的标准所做的自我评判；前两项以社会为评判标准，哲学家由此认为智者应以个人标准取而代之——这是其核心概念。

许多谚语充满了普通大众对待成功与失败的智慧，以及如何确定那些引以为傲和引以为耻之事。关于这些，互联网时代不乏一些简洁、诙谐、引人注目的妙语趣话。英国小学生都曾背诵过约瑟夫·鲁德亚德·吉卜林的诗歌《如果》,其中的诗句"如果你能面对成功和失败,对这两个骗子一视同仁"告诉我们对"虚幻"的胜利和灾难持有相同的态度,即不屑一顾。事实上,此类大众智慧和流行诗句提炼出的内容极具判断力。无论是骗术还是良方,其中最重要的一点是如何面对失败。一般的建议是以失败为动力,奋发图强,从失败之处站起来,并坚持下去;除非是明显的能力不足(如果10秒内不能跑完100米,那么最好放弃成为奥运短跑运动员的梦想),这不失为一种正确的鼓励之法。几乎所有事物的价值都在于为实现它们而付出的努力,正如他人经常告诉我们的——我们自己也发现的智慧——最重要的不是到达目的地而是旅程本身。

人应该自己定义何为成功和失败,自己决定何为值得骄傲或感到羞耻之事。这一点如同许多简单的道理一样,我们往往很难将其应用到实践之中。然而,自己作为这些事的仲裁者才是人生哲学的核心。社会对这些事的标准对人的指引和干扰越多,个人依照自己的哲学生活的比例就越小——除非他彻底审视这些价值观并据此生活;无论如何,自己的思考和选择才是关键所在,因为他们自觉选择的价值观决定了他们会过什么样的生活。

但是,这里必须提到一个限定条件,以此作为提醒:并非所有的社会价值观都是任意性的;它们也并非因为具有规范性或成为传统就变得一无是处了。不能因为它们成了传统而妄加批判。基于上述原因,我们希望人人都能注意自己的言行举止,这就是传统价值观值得保留的有力例证。但是,万物均有定时,其中包括抛弃礼貌顾忌的合适时刻:在竞选集会上打断一个谎话连篇的政客,拒绝向霸凌行为屈服,看到房子着火时,破门而入拯救被困者,所有这些都是说明问题的例子。

所有这些思考表明,鉴于我们在社会中与他人共处,形成自己的生活哲学并据此生活是需要做出判断的。而判断同生活本身一样,是需要持续不断练习的。因此,像哲学家那样达观地活着就是过一种明智而审慎的生活。

对于在整体上了解如何与他人共处的看法,以及如何增加个人的直接经验和丰富对这种经验的思考,历史和文学可以给我们强有力的帮助。比较含蓄和低调的说法是,文学和历史提供了大量关于职责、利己和利他行为的思考,毕竟,除了这些,文学和历史还有其他什么内容呢?特别是一些具有启发性的文学作品,包括乔治·艾略特的《米德尔马契》、托马斯·曼的《布登勃洛克一家》、詹姆斯·乔伊斯的《尤利西斯》、巴尔扎克的《人间喜剧》、左拉的《卢贡-马卡尔家族》和普鲁斯特的《追忆似水年华》等史诗系列。每部作品都描绘了一部围绕众多个体的圈子和人际关系的芭蕾剧,展现出各式各样的碰撞和融合、彼此的帮助或伤害,展现出一幅又一幅人际互动的/感人(两种意义上)画面,可以说是探究社会生活的"化学反应"的作品。

从一个完全不同的角度看,卡夫卡的《变形记》《审判》主要讲述了当沟通失效、理解发生困难之时会发生的情形——等于处在这样一种心理状态,即手指发麻,无法感知触摸到的东西,或者突然失聪,无法听见他人在说什么;塞缪尔·贝克特的戏剧通常用沉默和简洁的语句代替长句——也就是说它们成了意义载体,但强调意义的多重性和模糊性,这一点在沉默和停顿时表现得最为明显;不说话不等于什么都没说,这也是维特根斯坦的观点,即"对于不可言说之物,务必保持沉默";无论是健谈者还是哑巴,《人间喜剧》中的各位演员仍然在彼此之间产生关联和互动。社会是人的基本要素,如同水对于游动着的鱼儿一样。

从历史中我们可以得到更多的教训,战争或社会动荡撕裂了一切——无论是由疫病和自然灾害还是累积的政治经济问题引起,无疑都展现出人为计划和安排的脆弱性。在所有这些讨论中,有一个不言而喻的假设:社会中个体的思维和行为方式使得社会以一种大致可预测的方式持续运转,社会得以成为个体做出选择的稳定基础。规范性得以延续,就能为哲学上的自我塑造提供可靠的环境,它们之间形成鲜明对比。然而,古代哲学家和印度救世神学家一样,对这样的假设所带来的风险保持警惕。他们提出根本不要做出这样的假设,相反,要建立一个存在于自我之中的、稳定的内在世界,方式是不与他人生活在一起——除了在空间意义上(犬儒派和适度选择和他人生活在一起的伊壁鸠鲁派),或者迫不得已生活在他人之中,可抛开规范性的限制,使其不能主宰我们的心神安宁(斯多葛派)。这样无论发生什么,都不会带来危险了。

这就引出一个至关重要的问题,在思考如何回答苏格拉底之问时,必须把规范性和社会因素考虑进去。这是无法回避的,除非我们成为隐士。那么我们应该采纳古人的建议,即完全或部分与社会脱节,从而让我们的内心退回到心理免疫的围墙之内吗?或者用免于激情来武装自己以对抗生活中的"不相关因素"?古人会告诉我们与他人共处的种种不足：一种观点认为，接受与他人共处并为此做出努力固然会带来痛苦，但这样做是值得的，并应该得到鼓励——简而言之，这是对另外一种观点的反驳，即唯一值得过的生活就是心神安宁的生活。

我们需要更仔细地审视"值得过的人生"以及"有意义的人生"这两个概念可能出现的不同含义。这也正是下一章的主题内容。

第十二章 "人生的意义"和"值得过的人生"

对于"人生的意义是什么"这个问题，我们一般无法回答，因而一般认为这是个可笑的问题，但即使把它当成严肃的问题，我们还是无法回答，这两种情况都建立在这样一个假设之上，即人生目的太过神秘因而没有答案。对许多有宗教信仰者来说，更是如此，在他们看来，上帝之道是如此神秘莫测；正是因为这种神秘性，才使他们回避此类问题，如我们为何会"出现在地球上"以及即便无辜，为何仍要遭受磨难等。其他宗教信徒可能会回答"侍奉上帝"、"爱上帝"或"依照上帝的意愿行事"，但这些答案没有任何帮助，因为即使知道上帝的意愿（是哪些意愿呢？——是爱你的邻居、每日做五次祷告还是对通奸者施以石刑？），我们仍然存在这样的疑惑，即通过遵照这些意愿行事，以及世上之恶和无辜者遭受的苦难，所有这些究竟服务于哪些内在目的呢？

"人生的意义是什么"这个问题本身就建立在很可疑的假设之

上，那就是人生是有目的的，宇宙万物的存在皆有原因，人来到世界上是为了完成某个使命。"The Meaning of Life"（人生的意义）中的限定词"the"表明这种意义是独一无二的，历史上所有生命的存在终其一生都是服务于这单一目的。然而，人们通常会说自己的人生是命中注定的，"我觉得自己出现在地球上是为了……"

作为哲学教授，我常常被问起人生意义这个问题，我会回答："答案就是你的人生意义由你自己来创造。"这个答案是对苏格拉底宏大思想的简要概括，他郑重告诫我们要独立思考，即意义的发现——意义的创造——依赖于每个独立的个体，在于每个人的生活环境。据此，"有意义的人生"和"值得过的人生"是同一回事，有意义的人生才是值得过的人生。这种人生究竟应该怎么过的问题，并没有千篇一律的答案。正如本书反复提到的那样，果真能有这个答案，直接接受即可，哲学还有存在的必要吗？

然而，我们不清楚古代哲学家是否将"值得过的人生"等同于"有意义的人生"，实际上我们甚至不清楚，他们是否将意义与值得过的人生联系在一起。通过对古代哲学理论的研究，我们发现他们所确定的美好人生——值得过的人生——就是正确理解导致痛苦和折磨的原因，在实践中尽力避免，从反方向以体现美德的方式去实现理想的生活，从而实现心神安宁。对美好人生的这些建议适用于那些能理解且身体力行者，在这个意义上，它们是放之四海而皆准的真理，与要求信徒主动皈依的宗教并无差别。同样，印度救世神学家追求的不是意义，而是能逃离尘世之法，也适用于那些能够理解且身体力行者。对于要成为什么样的人、过什么样的生活以及个

第十二章 "人生的意义"和"值得过的人生"

人要遵照何种德行，苏格拉底对我们的忠告是保持独立思考，但是，一旦我们接受了斯多葛派和伊壁鸠鲁派对于值得过的人生的教导，那么苏格拉底的忠告似乎就显得不那么重要了。亚里士多德观点的表现形式不同，他要求人人在任何处境下都要担负起责任，依照中道生活。但是，稍作思考就会发现，在实践中，斯多葛派和非极端的伊壁鸠鲁派教导与亚里士多德的观点并无太大区别，在遵照执行这些教导的过程中同样需要个人做出努力：努力去提升自己的品德、应对在各种特定环境下的机遇和挑战、追求有美德的生活，在每个人生节点都富有创造性并勇于承担责任。这与宗教生活有很大不同，宗教生活从本质上说是一种义务论，即要求严格地遵守法则教义，其内容不像哲学那样以个体责任的形式表现出来。

我们由这些观察产生的一个看法是，只要不是有意去排斥规范性，反而是愉快地接受现实中的规范性，就会带来心神安宁。现实状况是，几乎所有人都发现，生活的现实会磨平我们青少年时立下的雄心壮志，最终都必须接受令人失望和沮丧的结果。不可避免地承受身心痛苦。我们的一生都在完成这些人生大事——偿还抵押贷款，规划养老金方案，工作中尽心尽力换来心理安慰，为子孙后代的学业成就、婚姻、工作晋升而感到欣慰等——这被视为值得过的人生，其价值往往是由规范性来衡量的。大多数人对这种结果心满意足，这种满足就是一种心神安宁的状态。我们几乎可以将规范性视为现代的伊壁鸠鲁主义，但是，两者之间存在显著差别：规范性要求人们（在某种程度上，即使是适度的）接受这样的观点，即金钱、地位和声誉是成功的标志，拥有这些就是向公众进行的一种展示,享受奢侈的生活是人的渴望,如果说不是太经常,至少偶尔也会渴望享有这样的生活;而伊壁鸠鲁派则明确反对这种观点,他们认为接受这种观点并过上这样的生活并不能获得满足感,反而会起到相反的作用。

第五章讨论的幸福观是规范性的生活和伊壁鸠鲁派的心满意足的生活的一种折中。这些幸福观——其理论依据是多巴胺和血清素对情绪和神经活动的作用和它们分泌的结果——揭示了一种简单、实用的心神安宁之法,而且被证实是可实现的。这种方法明确而直接,分为四步:建立良好关系,服务家人和社区,坚持健康饮食和体育锻炼。这无疑是正确而有效的(如前所述,谎言和幻想可以让人感到宽慰,也能起到相同作用,但四步法的优点是无须谎言和幻想)。因此下一个问题是,是否达到心神安宁的状态就够了。这又回到"做一头快乐的猪"的观点上了。如果有人能像佩勒姆·格伦维尔·伍德豪斯在其"布兰丁斯城堡"丛书中描述的艾姆斯华斯伯爵所宠爱的那头猪"布兰丁斯皇后",那么他就会过上平静的生活。但这是值得过的生活吗?有些人的回答可能是肯定的,但他们必须面对叔本华的挑战:他说,值得过的生活必须明显胜过不存在。"布兰丁斯皇后"自认为过得很好吗?她的生活价值在于她给予艾姆斯华斯伯爵和养猪人韦尔比洛夫德极大的满足感。但是,从她自己的角度看,默默无闻地存在与根本不存在有什么区别呢?

事实上,叔本华的要求更高——也许要求过高了——那就是值得过的生活必须是永远有价值的生活。我们还可以说得更明确一些,提出更高的要求,即值得过的生活必须值得永远不停地过下去。规范性的生活——偿还抵押贷款、规划养老金方案等——是这样的生活吗？那么按照这两个要求，伊壁鸠鲁或斯多葛派的心神安宁生活，或是亚里士多德选择的中道生活都是值得过的生活吗？正是在这一点上，值得过的生活和有意义的生活之间存在的差别就开始显得非常重要了，因为尽管对于规范性、伊壁鸠鲁派和斯多葛派而言，叔本华的标准过高，但它没有终结"有意义的生活"这个问题的探寻——这一切都取决于"意义"的含义。

我们可以从这样一个角度来看待这一点，即"布兰丁斯皇后"的生活之所以有意义，是因为她给了艾姆斯华斯伯爵满足感，无论她的生活若从她自己的角度看是否值得过根本不存在。由此人们会问：没有苏格拉底、释迦牟尼、孔子、圣保罗、穆罕默德、塞万提斯、莎士比亚、牛顿、歌德、巴斯德、达尔文、爱因斯坦，世界会完全一样，不会受到影响吗？既不会很明显地变得糟糕，也不会变得更好吗？当然，对其中的一些人来说——牛顿、巴斯德、达尔文、爱因斯坦——几乎可以肯定的是，他们的发现也会被其他人发现，因为这些发现在他们之前就已存在。但是，我们不清楚苏格拉底、圣保罗或莎士比亚的作用是否同样可有可无。在所有这些例子中，包括那些科学家在内的成就所产生的影响都远远超出了他们的个人生活。"发生改变"、对世界产生超越自身的影响力可能并非"有意义的生活"的必要因素，但很可能是围绕这一概念的主要内容之一。只要这种影响是积极的，或者这种影响的积极因素大于消极因素，那么我们的主张是，与他们的根本不存在比起来，其存在更能获得他人的赞同。更明确地说，他们的人生是有意义的，从整个世

211

界的角度看，在很高或较高的程度上，其存在是有相关意义的，有价值的。

从第三方的客观角度判定的那种值得过的人生，与从个人角度来看的"生活得很好"或"值得过的人生"未必相同。一个人可能会过着一种有意义的生活，或者让整个世界获益的生活，但是，他的内心却极其痛苦。天才科学家阿兰·图灵因破解恩尼格玛密码而缩短了二战的时间——他也是计算机科学发展的重要人物——却因同性恋遭受残酷迫害，最终自杀身亡，然而从世界的角度来看，他的一生是非常有意义的。一些人的痛苦其实可能使他人受益，一些艺术家的生活就是如此——比如画家凡·高。一个人可能以这种方式过着有意义的生活，却不知道自己的生活有这样的意义，也许因为其影响是在他死后才变得清晰起来，而他自己却浑然不知。居里夫人的一生可能就是这样，她在实验时因接触放射性物质患上癌症而去世。

至此，出现三个概念：有意义的生活、从自己角度看值得过的生活，以及从世界角度看值得过的生活。第一个和第三个概念看起来非常相似，但事实上它们是单向关系：如果一个人的生活从世界角度看是有价值的，那么它本身就是有意义的。但是，在自己看来有意义的生活，未必会对本人以外的世界产生多大影响。

随着我们的思考变得复杂和深入，还存在两个尚未界定但已被应用到个人生活中的关键术语："意义"和"价值"。为了理解这两个术语，我们也许可以从另外一个角度来思考，正如下文所示：

让我们思考一下"生活的意义"这一概念的含义。请别忘记，

第十二章 "人生的意义"和"值得过的人生"

我们并不认为意义是从外部比如某个神灵预先附加到我们身上的，意义必须是在个人生活的过程中发现或创造出来的。需要指出的是，从这个角度看，"意义"暗含着完成某种任务、需要做出一定努力以达成目标——尤其是要完成某项突出的成就。因此，存在一种更高层次的意义，即朝着某个目标努力，追求内在的或超越寻常的价值。意义追求只是少数人而非大多数人的特征吗？有些文化会倾向于以成就为取向的"有意义的生活"，这是个别文化现象吗？有人可能会说，读过理查德·亨利·托尼和马克斯·韦伯所写的有关新教与资本主义兴起的著作，或者了解过犹太裔音乐家、科学家和作家所取得的成就——犹太人的杰出成果的数量远远高于他们在世界人口中所占的比例——的人可能知道，生活必须要有个目标，追求这个目标本身——无论最终是否实现——都会让生活变得有意义，这样的意义观是由文化决定的，新教和犹太文化以不同的方式促成这一目标的实现。出人意料的是，大多数胸怀抱负者所追求的目标——各种形式的权力（包括财富）和声誉——在古代哲学家看来，就真、善和真正应该追求的目标而言，这些充其量只能起到工具性的作用，而且通常会走向反面，甚至腐化和破坏真正的目标追求。而且，我们努力追求的目标是世俗的野心、虚荣心和成功，这些东西被古代各个学派或完全漠视（斯多葛派），或完全否定（犬儒派、伊壁鸠鲁派），或者视为工具（亚里士多德），这毫无疑问让人感到无比惊讶。

至此，我们可以归结为一点，那就是如果说人生有意义，指的是尽可能过一种泰然自若、心神安宁的生活。古代哲学家的观点与"人生意义是什么"这个问题背后的假设相去甚远，这种假设是人生要有目标，人生意义不仅仅是活着，当然也不只是没有苦恼地活着。后面这种观点也许可算作"值得过的生活"，但还没有上升到"有意义的生活"的高度，目标意识——一座要攀越的高峰，一个要征服的目标——是"有意义的生活"的定义性特征。这一定义所包含的内容一般适用于传记的主角，但是，因为传记记载的是做出某种巨大成就的人——少数人——因此，我们无从得知有多少人在渴求意义。我们一定还记得托马斯·格雷那首充满酸楚的诗《墓园挽歌》，诗中描述的是一座乡下教堂墓地，大量无名坟墓里埋葬着的可能是曾经境遇各异的伟大将军、艺术家和政治家。出于纠正的目的，我们不禁要问：其中有多少人曾经受到目标意识——一种异常强烈的目标意识——的驱动，努力征服某个领域的高峰，而我们对他们一无所知？心理学家卡尔·荣格和维克多·弗兰克尔认为，意义乃人之根本。荣格一再强调，无意义感是神经症的现实和表象的根源："我的病人来自多个国家，他们都受过教育，有相当多的人来找我，不是因为他们患有神经症，而是因为他们无法找到生活的意义。""应该将精神官能症病人看作是无法找到意义的痛苦灵魂。"弗兰克尔最著名的作品是《活出生命的意义》。按照这些观点，我们可以认为格雷诗中乡下教堂墓地的那些逝者或者在对意义的追寻中遭受过挫折，或者以不太重要的方式找到了意义——家庭生活、养花种草、工作或社区服务。这些低调的"意义"也就是规范性的"有意义的生活"得到广泛接受。那些接受规范性的人，甚至是那些考虑接受并这样生活的人，会把相对普通的意义当作能给生活带来满足感的东西，从他们自己的角度看是值得过的人生，因此可能会认为按照免于痛苦和心神安宁去生活是合理的，是值得过的人生所需的全部要素。

如果像大多数人一样"接受存在"的状态，那么情况更是如此。意识到自己只是存在着，你假定自己会按照规范性的要求坚持下去，当你意识到存在的这一事实和你已经在遵循规范性生活的道路上时，你（至少大部分人）在不知不觉中假定自己会继续这样生活下去，努力完成某些事情、取得某些成就，即使这些目标微不足道——但是，实现这些目标无疑是满足感的源头。

而另外一些人——生活在战区、贫穷的失败国家或残暴政权下的人，遭遇厄运、疾病和不幸的人——可能会对逝者心生羡慕，但他们仍然怀揣希望，因为他们不会放弃对更好生活的描绘或梦想，并尽最大努力去追求。对他们来说，"仅仅"值得过的生活本身就是一件美妙之事。即使在规范性本身很难实现之地，也存在怀揣伟大目标和抱负的奋斗者和梦想者，虽然可能只有少数人。

所有这些都表明，"值得过的生活"不一定是远大抱负意义上的有意义的生活。让"值得过的生活"的真正含义变得更加清晰的方式之一，就是再次反思重复过一次现有生活的想法，或者反思是否要长生不老。如果是这两种情况之一，那么我们希望自己的生活是什么样子呢？这些思想实验会带来很多信息，让我们尤为欣喜的是，通过反思，我们得到的保证是死亡让我们得到救赎。

在讲述克莱奥比斯和比顿的故事后，梭伦对克罗伊斯王说："人不进棺材，谁也称不上幸福，而至多不过是幸运。"他似乎在表达这样的观点，即与活着比起来，死亡才是更可取的。这又回到了叔本华的断言，即如果存在一种值得过的生活，至少得证明值得过的生活要比不存在更好。如果你觉得这个标准不够高，那么想想叔本华及印度哲学家，他们认为存在的本质就是痛苦，活着的主要目的就是逃避痛苦。这一观点可能会引来反驳——"那干吗不现在就选择自杀呢？"——对生活悲观者会辩称自杀是一种恶行，是对他人造成伤害和痛苦的不道德行为等。所有这些都不无道理，但是，无论如何，值得过的生活比不存在更好并非很低的标准。叔本华写道，"按照这样的理解"（他指的是值得过的生活一定要比不存在更好），"我们执着于值得过的生活是因为其本身，而不仅仅是恐惧死亡。正因为如此，我们希望这种生活能永远持续下去"。

叔本华知道，大多数人很难接受他和印度智者的观点，即不存在比存在更好——他把对生活的热情、对不惜一切代价地活下去描述为"天生的错误"，并在其主要著作（即其代表作两卷本专著《作为意志和表象的世界》）第二卷第四十九章中对此进行了严厉批判——但是，由于人们如此执着于活着，无论如何都应该给世人一些建议。经过大量详细的研究，他得出与古人以及亚里士多德和伊壁鸠鲁相同的结论，即"审慎的人追求没有痛苦的生活"——这一结论与不存在比存在更好的观点相比，稍微显得不那么冷酷和忧郁。从表面上看，如果我们只专注于如何避免痛苦，结果可能同样是徒劳的和令人沮丧的，这样只会导致一连串灰暗和负面的东西，很难想象一个人只是为了活着而活着，并期望永远活下去。事实恰恰相反。"一连串灰暗和负面的东西"并非叔本华或他之前的古代先贤的本意。叔本华对音乐充满热情，将其看作是最能逃离除死亡之外的痛苦的一种方式。伊壁鸠鲁享受友谊和对话的乐趣，这些都没有表现出任何灰暗色彩。

然而,值得过的生活就是一个人希望永远活着或不断重复的生活,这种想法至少很是怪异。人们会希望过永远相同的生活吗?假设一个人可以永生,而他所认识和关心的每个人只是凡人。生活就会变成无法避免而又让人悲伤的重复体验。暂且假定在一无所知的情况下反复去体验相同的生活是可以接受的,但即使最快乐的人生也不是完全纯粹的,即使最美好的时刻——最伟大的胜利,最让人回味的狂喜——如果反复出现也会令人厌倦,一想到永生和不断复现的生活都不过是幻觉而已,也许是一种解脱。

这并非尼采所说的"永恒轮回"的本意。如果他利用这一概念来说明人应该过一种不断反复和轮回的生活,那么我们会理解这一点,但他似乎只是从其字面意思上去运用这一概念。要是如他所说,加上上文给出的理由,那么存在最终会变成永无止境的痛苦折磨。在思考如何让生活有价值时,不断重复我们的生活是有启发性的——哪怕仅仅一次——尤其是通过这种视角能避免许多痛苦,这是一种有用和明智的方法。但是,一想到再美好的东西也会变得让人难以忍受——就像在炎热的天气里享用冰激凌的快乐,一根、两根、十根、一百根、一千根,到后来越来越恶心和厌恶——不免会让我们改变重复生活的想法。

回到现实,我们只有认识到,要想拥有值得过的人生,就不要期待生活能重新再过一次。生活必须满足规范性的要求,获得相应的回报,不会被预期中的困难——痛苦和悲伤——所压垮,这些困难对规范性来说是不可避免的。这里,我们也要提到宗教。宗教起着支撑和慰藉的作用，就像存放于办公室的急救箱，人们可以在紧急情况下打开寻找阿司匹林和绷带。而在从人口结构上说的宗教社会，如原教旨主义基督教、极端正统派犹太教和一些宗教人口占主体的国家，人们的生活已经依赖于这个急救箱——一位对宗教持怀疑态度的人会说"人们就过着被止痛药麻醉、被裹在绷带中的生活"。我们可以从这两者的对比中得出有意思的结论，即在经济发达的社会，消费文化的侵扰实际上也成为急救箱，里面装着更多形形色色的止痛药和绷带，它们起着"打断注意力"的作用（对应的是T. S. 艾略特在《焚毁的诺顿》[1]中的台词：我们的注意力"被一件接一件恼人之事打断"）。

这里我们要重新回到"意义"上来。一些人自认为是意义的追寻者或创造者，在他们看来，如果不去追求真理、价值和"真正重要之事"，那么就等同于自我的异化，也意味着与他人和世界的分离。他们有了这些想法，就会把发现或创造价值——"真正重要之事"——作为己任。通过将焦点集中在意义上的方向去看待生活的典型案例，我们就能看清它所包含的内容。

存在主义对许多人产生了巨大影响且与本章所关注的内容息息相关。尽管存在主义在二战前才变得引人注目，战后流行了至少20年时间，但是，很长时间以来它一直是个明确的哲学概念，至少自近现代以来——比如17世纪帕斯卡尔的思想——一些思想家如克尔

---

[1] 著名抒情长诗《四个四重奏》里有四首诗分别是对现在、过去、未来及时间整体的救赎问题的思想与体悟，《焚毁的诺顿》是其中的第一篇，集中于"现在"。焚毁的诺顿指一座英国乡间住宅的玫瑰园遗址。——译者注

第十二章 "人生的意义"和"值得过的人生"

凯郭尔和胡塞尔广泛运用过这一概念，但从未使用过这一名称，还有一些思想家如海德格尔和加缪则明确反对使用这一名称。然而，还存在一系列特别的思想变体，它们在总体上统统被归为"存在主义"。萨特的分类为我们提供了范例，那就是存在主义被分为两大类，分别是有神论存在主义和无神论存在主义。萨特和加缪的存在主义——加缪称之为"荒诞主义"——属于无神论。海德格尔的存在主义应该处于这两大类的中间地带，因为其主要概念与有神论无法区分，而另外一些概念则被认为是对神学观念做了去神化的处理。海德格尔不是克尔凯郭尔的追随者，但是，他年轻时加入耶稣会，并在神学院求学的经历应该不会对他没有任何影响。

事实上，存在主义从一开始就是宗教困境的产物。下面我们就其形成过程做一个简要概述。

在 16 世纪的宗教改革运动中，欧洲的一些地区采用了基督教的某种新教形式，而其他地区则仍然忠于罗马教会。在欧洲的新教地区，路德派、茨温利派、安立甘宗，以及某种程度上的加尔文派，他们采用与罗马天主教忏悔一样的方式，试图通过胁迫手段控制其信徒的正统观念——由于新印刷技术的普及和多样化，宗教组织没有足够的能力控制思想传播。欧洲的罗马天主教实施的宗教裁判和火刑持续到 17 世纪初（止于 1633 年对伽利略的著名审判，他被控宣扬日心说），却未能阻止科学和哲学的异端思想传播。

这些新思想与长期以来人们公认的有关世界本质和起源的教条格格不入，从更普遍的意义上说——最初的反抗是含蓄而极少公开的，直至 18 世纪启蒙运动才开始有公开的反抗——与象征着权威和真理的教会格格不入。试想一下，一个人急切盼望得到信仰的某种安慰，而新思想却遭受教条的打压。要是没有上帝，没有来世的保证，在面对"毁灭或无休止的折磨"时，下面这句话难道不是对他的状态的准确描述吗？"他感到他的虚无、他的孤独、他的匮乏、他的依赖、他的软弱和他的空虚。他的内心深处会立刻产生厌倦、忧郁、悲伤、焦躁、烦恼和绝望。"这实际上是帕斯卡尔在《思想录》中描述的存在性焦虑[1]。他坚持认为，即便不太可能存在上帝，我们也应该相信它的存在，这是一件非常值得之事。这样就可以把我们从"令人恐惧而又不得不去做的事中"解救出来，不用再去思虑"比这更可怕之事"：不用在痛苦和毁灭之间做出选择。

我们不需要受过很多教育就能理解，真正和持久的满足感并不存在；我们的快乐只是虚空的；我们的罪过是无限的；最后，无时不在威胁着我们的死亡，数年之内必然绝对无误地将我们置于令人恐惧却又不得不面对的困境之中，要么被毁灭，要么不快乐。没有什么比这更真实、更骇人的了。无论我们多么勇敢，哪怕世上最高贵的生命也只能等来这样的结局。让我们思忖一下，然后确定这一生是否没有好的一面，而总是在期待来生；我们只有越靠近幸福，才会感受到幸福；那些完全确定有永生来世的人再也没有痛苦可言，同样道理，对幸福缺乏洞察力的人也不会感受到幸福。

让我们陷入困境的是，人处于这种心理状态下不仅摆脱不了恐

---

[1] 存在性焦虑 (existential angst)，海德格尔称之为"在世之畏"，angst 在德语中意为焦虑，但海德格尔的"畏"与一般的焦虑不同之处在于，这种焦虑并不针对某种可见的可期待的具体事物，因为畏之所畏者，是在世本身。——译者注

惧,而且丧失了从这些恐惧中被解救出来的希望,因为他们已经没有了信仰。他们从小就被灌输这样一种思想,即人生而有病(原罪),需要治疗(去教堂赎罪重拾信仰),否则死后会遭遇毁灭或永无止境的折磨;虽然他们对是否存在救赎这事心存疑虑,但仍然害怕天生遗传下来的错误和弱点(不仅是"原罪",还包括后天犯下的罪过),会注定遭受永无休止的折磨。那些对此感到恐惧、渴望永生的人会遭受同样的折磨,因为他们有同样的怀疑,同样害怕遭遇毁灭。因此,背负这些想法和半信半疑,同时身怀疑虑和恐惧,他们不可避免地承受存在性焦虑/在世之畏的痛苦。

继帕斯卡尔之后的著名有神论存在主义者主要有克尔凯郭尔、卡尔·雅斯贝尔斯、加布里埃尔·马塞尔、保罗·田立克、马丁·布伯和雅克·马利坦。我们对他们的不同立场做出一个高度简化而准确的归纳,那就是要想消除存在性焦虑,就必须信仰上帝的存在并遵照其意愿行事。对他们中的有些人来说——我会详述他们的观点——与神斗争本身就是存在性焦虑的根源,这与人在反思无神的世界并对其感到怀疑之后所产生的焦虑没有区别。但是,无论神是否属于问题的一部分,在他们看来,神都必然是解决问题的办法之一。鉴于第四章给出的理由,如果我们受到超自然的能动性的控制,坚定地相信我们应该如何思想和生活,果真如此,那么,任何进一步的哲学思考就都毫无意义了。

这说明,正如前面提到的那样,毫无疑问,宗教信仰和托尔斯泰所盛赞的"农民的信仰",大都是一种简单而不容置疑的信仰肯定是避免任何形式的焦虑和实现心神安宁的可靠方法。鉴于此,那些复杂、数量庞大的大部头著作写出来仅仅是得出这个众所周知的简单结论，着实让人感到惊奇。宗教给人带来安慰，这与其他任何能给人带来安慰的事情一样——事实的确如此——给人带来安慰之物，无论真假，只要毫无保留地相信，就能给人安慰。主要问题在于，首先，我们讨论的信仰正确与否是否重要；其次，如果信仰是错误的，那么它带来的安慰是否比真理更加重要。

对无神论存在主义者来说，焦虑的起点是现成的事实。有神论存在主义者始于一个假设——没有上帝的世界将变得多么可怕；如果不信上帝，你的生活将充满存在性焦虑和无意义感，因为你无所慰藉，无从了解人生的意义——无神论存在主义者认为，没有神灵，宇宙并无事先确定的意义。可以说，当你在人生的某一刻能够思考这些事时，出于某些原因，你会猛然发现自己不知不觉来到世界上，这个世界没有存在的任何理由，你自己的存在也没有任何理由，这就是事情的真相。意识到这一点会让你产生存在性焦虑，其典型表现形式是恐惧、空虚和没有任何具体焦虑对象的焦虑。而无神论存在主义哲学就产生于这种焦虑之中。请别忘了，存在主义并非有一整套固定教义的统一学派，而是从各种表述汇集而成的一大堆观点，这就是我要讨论的内容。

由于世界固有的无意义性以及我们存在其中的偶然性，存在主义让我们认识到由此带来的极端自由可能会成为一种负担，因为这种自由迫使我们必须做出选择。我们要成为什么样的人或应该做些什么，并没有现成的蓝图，我们必须自己做出选择，必须塑造一个全新的自我。要认识到在情感和智力上，我们可能做出诚实或不诚

第十二章 "人生的意义"和"值得过的人生"

实的选择,而我们必须做出诚实的选择——努力做到真实。这一要求看上去似乎平淡无奇,但当我们说:"我选择了一种不诚实的方式塑造自我。"我们就会立刻进行自我反思了。我们必须通过选择要去做的事和成为怎样的人,把价值融入生命中,这种价值一方面来自持续的自我创造过程、不断发展的自我之间的关系,另一方面来自我们与周围的人和整个世界的关系,除此以外就没有其他价值来源了。自我创造是持续不断的过程,这意味着我们总是处于一种紧张状态,即我们所处的环境——历史背景、社会和自身的身体状态;"事实性"——我们努力成就自我而尽力摆脱事实性强加给我们的束缚。为了完全自由,我们必须为自己的行为负责;他人不会为我们的选择和结果负责。人的行为具有主观性,通过态度、情绪和反应得以表达,有些情绪状态特别能揭示我们作为主体的存在:焦虑、世界的先在的荒谬性(无意义性)、负罪感和责任感。我们的价值源于自我创造的工作,它超越了事实性的限制,依靠真实性的作为表现出来。

在对存在主义的简要介绍中,其关键概念是根本的自由、选择、自我创造、真实性、责任、事实性、为超越事实性而做出的努力以及揭示存在状态的主观性视角和情绪。其核心观点是:我们在一个没有先在意义的世界里是完全自由的;我们没有携带任何蓝图来到这个世界;我们必须创造一个全新的自我。我们在成为现在的样子之前就已存在,即存在先于本质。

要弄清楚"根本的自由"和没有蓝图的含义非常重要。没有蓝图并不是说没有基因禀赋、家庭环境或社会压力——没有规范性——而是说无论这些因素产生什么影响，最终都是个人自己的行为成就了自己。萨特在《存在主义是一种人道主义》一文中写道：

> 因为假如像左拉一样，我们把这些人物的行为写成是由于遗传，或者是环境的影响，或者是精神因素、生理因素决定的，人们就会放心了。他们会说："你看，我们就是这样的，谁也无能为力。"但是存在主义者在为一个懦夫画像时，他写的这人是对自己的懦弱行为负责的。他并不是因为有一个懦弱的心，或者懦弱的肺，或者懦弱的大脑，而变得懦弱的；他并不是通过自己的生理机体而变成这样的；他之所以如此，是因为他通过自己的行动成为一个懦夫的。[1]

与此同时，"自由"并非指"能够随心所欲做任何事"或者仅仅是"免受法律或社会强加的外部约束的自由"——这些只是与满足自己微不足道的愿望有关，其本身是由事实性（其中规范性是其组成部分）所决定的。政治自由的概念一般就是用这种术语来定义的——并不是说我们不想要这种自由，而是说这并非存在主义意义上的自由概念。存在主义的自由指的是我们每一刻都在做出决定，除了我们自己，谁也不能决定我们应该做什么；做出决定的每一刻我们都是完全自由的。一切都是选择的结果——甚至不选择、不行

---

[1] 此段译文借自让-保罗·萨特著，周煦良，汤永宽译，《存在主义是一种人道主义》，上海：上海译文出版社2005年版。——译者注

第十二章 "人生的意义"和"值得过的人生"

动和不做决定本身就是一种选择——因为我们要对自己的选择及其影响负责,这种责任的事实以及责任的本质都说明了,我们是完全自由的——从存在的根本上说是可自由选择的。选择过程就是自我创造过程。

加缪的《西西弗斯神话》是主体通过选择将意义融入存在的最好描述之一。西西弗斯神话本身充满黑暗和复杂性,给人印象最为深刻又与我们的主题相关的是,西西弗斯因种种罪行而受到永无休止的惩罚,他被罚将一块巨石推上山顶,但每一次快接近峰顶时,巨石又会滚落下来,他永远无法成功——一次又一次地往上推,一次又一次地滚落下来,循环往复,永无止境。加缪用这个故事来说明人生的无意义本质——"荒谬性"、世界的"不合理沉默"和价值观的空虚。但是,即使在此情况下,我们也有一个选择:要么继续活着与荒谬性做斗争,要么自杀。此书的开篇有一句断言:"真正严肃的哲学问题只有一个,那便是自杀。判断人生是否值得过,就是要回答这一根本哲学问题。"如果选择不自杀,我们该如何忍受这种荒谬性?加缪说:接受挑战、与之抗争,甚至是愉悦地接受,从而确立与荒谬性的对立关系,使自己凌驾于命运之上。在加缪的笔下,西西弗斯想起科罗诺斯的俄狄浦斯王有关如何承受痛苦时的惊人话语:运用"经验、痛苦和深藏在血液深处的高贵"。

关键是西西弗斯的命运"只属于他自己"。在文章的结束语中,加缪出人意料地这样写道:"我把西西弗斯留在山脚下!人们总是看到自己再次身负重担。而西西弗斯教会我们,否定诸神并推动巨石是更高的虔诚。他也认为自己是幸福的。对他而言,这个从此没有主宰的世界既非荒漠也非沃土。这块巨石上的每一颗微粒，这黑黝黝的高山上的每一颗矿砂本身就是一个世界。他爬上山顶进行抗争的行为本身就足以使人内心感到充实。人们肯定能够想象西西弗斯是幸福的。"值得一提的是，该文首次发表于1942年，此时正值二战最黑暗的岁月，这一背景为文章的结尾增添了更多辛酸。

存在主义在二战前后及二战期间之所以很"流行"的理由其实很简单，就是它直接揭示人们所处的环境：不确定性、战争灾难、突然死亡、遭受虐待、压迫、压力，所有这些使得规范性带来的安全感都不复存在——在这些环境中规范性立刻失去作用，一切都显得如此虚幻。由于战争带来的灾难，规范性使得人们无法面对生活，无法理解选择的责任。事实上可以这样说，文明史上的地震始于1914年8月，一直持续到1945年（也可以说持续了更长时间，至少一直到冷战结束），一些人的幻想被野蛮摧毁，他们并不急于重新拥抱规范性来寻求安慰。但是，很明显，存在危机使人们变得更加敏锐，更加多愁善感，这是早已存在的事实，正如帕斯卡尔的例子所示。这种心态形成于人们对19世纪宗教垄断思想的霸权终结做出的反应，它们本身就是此前两个世纪启蒙运动的成果，这些后来被记录在马修·阿诺德的《多佛海滩》中，里面有这样的句子："信仰之海从（以欧洲为中心的）世界海滩发出忧伤的退潮的咆哮久久不息。"[1]

这一点我们可以从黑格尔、马克思、克尔凯郭尔和尼采的思想

---

[1] 参阅：马修·阿诺德著《多佛海滩》，飞白译（选自蒋洪新编著的《英美诗歌选读》，长沙：湖南师范大学出版社2012年版）。——译者注

第十二章 "人生的意义"和"值得过的人生"

中看出,也可以在人们对达尔文的态度上,在物质消费和造富梦取代宗教的安慰作用中看出——积累大量的金钱,足以购买更多商品的金钱,这反过来又推动了商业资本主义的发展。因此,得到越来越依赖于生产—消费循环方式的社会的推波助澜,似乎这样一来,生命就被赋予了(虚幻的)意义,或者至少让人觉得这是值得过的生活。

马克思和克尔凯郭尔都认为工业社会造成了人的异化,造成人与自我、与他人的分离,虽然他们给出诊断的方式和随后的治疗手段截然不同。作为世俗的人文主义者,马克思认识到人与自我、与他人之间在物质上的关系。他认为,当商品价值与生产的劳动价值相等时,当私有财产制度被废除,当资源不再被少数人垄断而其他人无缘享受时,当人们都能在平等的基础上相处时,由经济条件引发的异化才得以扭转克服。马克思提出的解决方法是改变社会和经济关系,使个人摆脱压迫和异化带来的影响。他的解决方案是从改变经济关系着手,目的是改变个人生活。

在克尔凯郭尔看来,社会改革的前景首先取决于改造个人生活——这个方向与马克思的解决方案刚好相反。他的诊断是,人已经忘记了个体的意义。工业化社会中的人是"支离破碎的","迷失"在群体之中,怯懦地服从规范而默默无闻。因此,要解决的任务是唤醒人们的自我,让他们充分发挥自己的潜力而"与众不同"。克尔凯郭尔描绘的人生三大领域,即从审美生活到伦理生活再到宗教生活的转变,从审美(感官)感知到伦理判断,最后到他认为我们应该进入的皈依宗教阶段。这是因为追求感官享受的生活足以让我们感到厌烦、恐惧、沮丧和异化,由此,皈依宗教是我们应该达到的状态。遭遇这种厌烦,接着是对不得不做出任何逃避困境的选择的恐惧,所有这些都预兆了人们将陷入绝望的后果,如果试图独自在自我身上寻找解决办法的话。这种绝望是一种"致死的疾病"[1],治疗方法就是实现信仰的飞跃,拥抱有神论。在此,隐含的悖论是自由地将自己奉献给上帝——主动献身以供奴役。对有神论者而言,这是高尚的品德。对于哲学家来说,这是一种终极的自我异化,是为了获得一种幻觉不惜抛弃认识真理的可能性。

克尔凯郭尔跟许多人一样驳斥了黑格尔及其断言,即哲学的终极命题已经完成。但是,黑格尔展现出预兆存在主义洞察力的先见之明,正如马尔库塞对黑格尔观点所做的总结:"如果一个人还没有……认清各种事物和规律的固定形式'背后'的自我和生活,那么这个世界就是陌生的、非真实的世界。一旦他最终获得了这种认识,他就走在不仅认识自己,而且认识所在世界的光明大道上。"在黑格尔看来,承认矛盾和超越矛盾并在思想上达到新融合的冲动挤占了马克思的异化观和克尔凯郭尔的厌烦和恐惧观曾经占据的位置。黑格尔的后继者几乎很少会认同他提出的解决矛盾之法,也就是"采取行动,让世界变成它本来的样子,也就是自我意识的满足"。对于那些没有跟随克尔凯郭尔、雅斯贝尔斯、田立克观点的存在主义者以及从宗教承诺中寻求解决办法的人来说,解决方法则截然不

---

[1] "致死的疾病"(sickness unto death),这是克尔凯郭尔的一本著作的题目。——译者注

第十二章 "人生的意义"和"值得过的人生"

同：采取行动，重塑自我。

这是比克尔凯郭尔带来的影响更大的一个结果。这种影响是由尼采带来的。

尼采的全部精力都用于回答苏格拉底之问："我应该成为什么样的人？""我应该如何生活？"他认为，尽管苏格拉底的回答是基于理性的，但是应该对他所见到的西方文明价值观的扭曲承担部分责任——偏袒日神阿波罗的理性，排斥酒神狄俄尼索斯的情感。在他看来，这主要应该归咎于基督教。他在《快乐的科学》中宣告"上帝已死"，实际上是在宣告建立在基督教思想基础上的一切都已腐朽不堪。如果建立在基督教基础上的文明不再有任何正当性基础，那么就有必要"重估一切价值"。在秩序崩塌的废墟之中，生活的困惑和焦虑变得愈加严重，因为这种秩序不仅缺乏合理性的基础，而且事实上是极其有害的，它削弱和破坏了人的现状和潜能。

要改变这种状况首先要改变对它的认知。尼采在《论道德的谱系》中提出以下诊断意见。以往什么是"好"取决于贵族阶级、品德高尚者的自我评价，而什么是"坏"则是由那些"品味低下、低俗者和下层人"确定。这种秩序被充满怨恨的"奴隶反抗"所颠覆，"好与坏"的标准被另一种不同的标准所取代——"善"与"恶"。骄傲作为一种高贵的品质也变成了罪过，而一些人的卑微、贫穷、驯服却变成了优点。谦卑和驯服正是被奴役者和被流放者的特点。按照后者的观点，富有同情心是一种美德，自我否定和自我牺牲应该得到赞美；尼采将这些称为"非自我"美德，以此与肯定自我的美德区分开来。在《反基督》中在回答"什么是善和什么是幸福"

时,他描绘了基督教的"奴隶道德"价值体系并予以反对。"什么是善?凡是增强我们人类权力感,增强我们人类的权力意志以及权力本身的东西,都是善。什么是恶?凡是源于虚弱的东西都是恶。什么是幸福?幸福不过是那种意识到权力在增长,意识到反抗被克服的感觉。幸福不是心满意足,而是更多的权力,不是和平本身,而是战斗;不是德性而是能干。"[1]

1890年,尼采因精神失常而无法医治,他的妹妹伊丽莎白·福斯特·尼采控制了他的文学遗产并曲解和歪曲了其中的若干章节,后来被纳粹党视为灵感之源。在魏玛的尼采档案中有一张希特勒凝视尼采半身像的照片。但是,把尼采与叔本华的观点放到一起,我们就可以看出尼采的真实意图。在叔本华看来,生存意志构成了世界的根本现实,但由于意志注定会遭受挫折——意志尚未强大到可以消除遭遇到的诸多障碍的地步——因此成为世上种种苦难的根源。尼采认为,克服并征服这种挫折、变得生机勃发才是合乎道德的。努力克服困难,成为"超人"即"超越一切的人",从而成为真正有道德的人。他说要成为这样的人,就要肯定生命、对生活说"是"、活得尽可能积极和高尚。但是,这并非要生活在幻想中,正如他在《快乐的科学》和《瞧,这个人》中指出的那样,拥抱生活带来痛苦和悲伤,因此,勇气是必不可少的。

但是,积极的生活未必全是斗争和痛苦;艺术和音乐是可以带

---

[1] 此段引语借自《反基督》,尼采著,陈君华译,石家庄:河北教育出版社2003年版。(句中"德性"指文艺复兴时期的德性,也即virtù,恰恰是和道德无关的德性。)——译者注

来慰藉的源泉。尼采写道："我们拥有艺术，是为了防止被真理毁灭。"艺术教会我们"如何让事物变得更美"，让我们成为"生活的诗人"，让我们创造性地、以美学的方式对待生活，美学价值也是伦理价值的一部分。这就要求我们能够自立自主和重塑自我，拒绝社会及传统道德观——规范性——强加在我们身上的无处不在的束缚和错误价值观。

尼采没有系统阐述他的观点，而是通过对比阿波罗和狄俄尼索斯所代表的寓意，以论战的方式表达出来。尼采在《悲剧的诞生》（他对这部早期的著作并不满意）中认为，阿波罗的秩序和理性以及狄俄尼索斯的本能、狂喜和（通常）混乱对戏剧来说都是必不可少的。他们之间的紧张对立是所有艺术的源泉。在尼采看来，埃斯库罗斯和索福克勒斯代表了这种紧张对立关系的最高成就，而欧里庇得斯和苏格拉底则更崇尚阿波罗而非狄俄尼索斯——崇尚理性而非感性——这使得伟大的古希腊文化时代走向终结。

尼采不是虚无主义者。他抨击虚无主义和悲观主义，认为这是对宗教道德失去信仰而又没有其他信仰来替代的结果。在《权力意志》一书中，他写道："缺乏一种高等生物，他们具有超强的生育力并对人类保持信仰……低等生物（'群体''大众''社会'）抛弃了谦逊的美德和需求，投向形而上的宇宙观。这样整个人生就会变得庸俗化：只要大众处于统治地位，少数有不同信仰者就会受到欺凌，他们会失去信仰变成虚无主义者。"尼采承认排斥传统价值观所导致的问题，因而海德格尔等思想家误认为他是虚无主义者，实际上他们没有看到事情的本质：尼采不是"贬低一切价值"，而是对这些价值进行"重新评估"。

如若对比一下克尔凯郭尔与尼采,我们会发现一个有趣的结果,前者认为,人人都能摆脱存在性焦虑的状态——通过某种信仰的飞跃,通过丧失自我或者至少克制自我来克服自我的痛苦;后者则认为,不是人人都能将自己的潜能发挥到最大,都能成为超人。因此,尼采的《查拉图斯特拉如是说》——尼采本人的写照——最后得出结论,即许多人满怀希望地把自己教育成更好的自己并最后获得成功,这一结论只适用于少数人而非多数人。这不是排外的或精英的思想,而是令人感到遗憾的想法。邀请总是向所有人开放,但始终只是少数人在不停地呼吁多数人追赶上他们。

海德格尔的《存在与时间》一书对存在主义产生直接影响。这本书是海德格尔为了接替前导师埃德蒙德·胡塞尔在弗莱堡大学的教授一职而匆忙写成的,该书并未最终完成。书中首先对"存在"的概念进行了研究,这一亚里士多德形而上的主题探讨的是"作为存在的存在"的概念,即实体,探讨的内容包括存在的本质、存在的不同层次以及存在的基本形式。这一探究过程被称为"本体论"。其难度之大,就如同要求一只眼睛能看见这只眼睛本身,因为探究者本身就具有他要探究的内容的基本特质。由于对胡塞尔的不满,加上后续"大陆"哲学的发展,海德格尔的研究重心很快从存在这一一般问题转向提出存在这一问题的人,即完全存在于世界中的人,他与世界融为一体,是世界的一部分,他属于这个世界,从而得以体验自身的存在。对在世界中存在的人来说,要理解"存在"的基本目标,就要了解海德格尔所用的"此在"一词,其字面意思为

"在这里",作名词的意思为"存在者"。

海德格尔的出发点在于,要回答"存在"这一问题,就必须从提问的方式、问题向什么或谁提出以及提出问题的人着手。他认为,这样对人进行研究也许有助于我们理解一般意义上的"存在"。但研究不应以心理学或标准哲学的方式进行,而必须以现象学的方式进行——现象学这一概念由胡塞尔开创,着重于研究在世界中存在的前理论意识,这一概念中的连字符说明上述的存在与主—客体关系的世界是不可分离的,存在就在世界之中,是世界的一部分。

海德格尔认为,此在具有逻各斯,他并非指理性或语言——一般的意义——而是指将世间遭遇的事物集合起来并加以记忆的能力。我们在使用工具时,比如一把园艺叉,叉只是其意义网络的一部分——它的用处,为何需要这样的用途等——与所有其他事物及其意义网络共同构成"这个世界"。这样,此在就成了一个汇集点——海德格尔的用语——存在"不再隐藏",而是"显现出来"。这两个概念是其理论的关键。

海德格尔的许多同时代人将他的存在主义哲学归结为一点,即此在的概念是出生与死亡之间的"延伸",一个人在任意一个时间节点"被抛入世界",他需要做出许多选择,他的选择决定他是否"真实"存在。这种真实性尤其跟死亡的不可避免性密切相关,死亡这一无法逃避的事实说明了此在的独特性质,并由此产生恐惧、焦虑和畏。此在"一定会与某物产生关联,会产生、呵护、维护、利用、放弃、承担责任、完成使命、表达、质疑、思考、讨论及做出决定",正是这种"操心/烦"或担忧使得此在与物和他人构成各种关系,并构成了"此在本身",海德格尔将这种关系称为"易上手/趁手性"和"在手",以此强调这一事实,即存在就在世界之中,是世界的一部分,而非与世界分离的纯粹旁观者。他的这一理念源自巴门尼德,即真相就是"不再隐藏"或"揭示",焦虑和操心/烦使得真相得以揭示。要注意的一点是焦虑并非恐惧;恐惧总是针对特定事物而言,而焦虑是一种不确定的普遍畏惧或痛苦情绪,它会改变此在看待世界的方式。揭示就像一块"林中空地",只有在这片空白地带才能弄清楚什么是"操心/烦"。此在逐渐理解的是,作为生活本源的"操心/烦"由三部分组成:被抛出性——不知缘由、更不知缘何在此及在此时,我们被抛入这个世界;筹划——从我们周围的事物中寻找摆脱焦虑的方法;沉沦——此在更多地会表现为一种失败,并且尽力不让真实性表现出来。然而只有展现出真实性,存在的痛苦才能得以消除。

萨特的存在主义——他于1946年发表的论文《存在主义是一种人道主义》的精髓——是对这些存在主义理论的经典提炼。由于他在20世纪五六十年代的政治思想变化,萨特本人偏离这篇论文中的一些思想越来越远,但这些思想成为这一代人(几十年)的存在主义灵感来源,我个人可以证明这一点;这些思想抓住并鼓动了战后世界的思潮动向。无论它作为一篇哲学专著存在哪些不足之处,它都包含了存在主义的主要议题。

萨特称这篇论文的目的是驳斥人们对存在主义的批评。批评之一是存在主义主张"绝望的无为主义"。批评之二是它过于关注人类生活中的卑鄙肮脏之事,而忽视给生活带来美好和魅力之事。批评之三是它把人看作是孤立的个体,而不是在社会中与他人协同合作的人;这就把存在主义者锁定在笛卡尔式的自我之中,从而缺乏与他人建立联系的路径。最后,基督徒不满的一点是,如果没有上帝戒律所体现的永恒价值,那么"人人皆可为所欲为,从这一角度看,也不能对他人的观点或行为予以谴责了"。

有人批评存在主义是一种悲观和忧郁的世界观,萨特反驳说,让批评者不能接受的并非悲观和忧郁情绪,因为大多数人——正如很多谚语和人们通常对生活、政治、天气等的说法所显示的那样——更加忧郁和悲观,相反,批评者不能接受的是存在主义的乐观精神。因为存在主义"使人有一种选择的可能",其前提条件是认识到"存在先于本质"——或者,如果你愿意的话,也可以说是"主体必须作为一切的起点"。即个人存在于对他的界定之前,因为对他的界定——作为个体的他究竟是谁——源于"发现自己,从这个世界中涌现出来",如果他做出选择,我们就知道他会成为什么样的人。他一开始并不存在,他产生于他自己做出的选择;他重塑了自己。"人不过是自我塑造的产物,这是存在主义的首个原则。"如果认为这是过分强调"主体性"而对其大加斥责,那就是没有抓住要点;存在主义强调主体性是为了彰显人的尊严,不同于石头和植物,人"推动自己走向未来,并对自己的行为有着清醒的认识"。"若没有自我投射,一切都不存在……只有成为他想成为的人,他才会真实存在。"

因为存在先于本质,所以人要对自己负责,他们是自己所做选择的产物。"因此,存在主义的首要作用在于,它让每个人都能掌控自己，并将全部责任扛在自己的肩膀上。"这并非道德唯我论。因为"我们说人应该对自己负责，并不是说他只对自己一人负责，而是应该对所有人负责"。这是由以下两方面的事实推论出的结果：一方面，我们做出选择时总会做出最优选择；另一方面，我们会认为这对每个人都是最优选择。这是康德的思想，萨特对这种观点做出改动，即一个人在做出选择时，他知道如果人人都做出相同的选择，就不会出现好的结果，但他会安慰自己说："还好不是人人都会做出这样的选择。"这是在自欺欺人，"靠欺骗的方式为自己辩解的人一定会感到内疚，因为欺骗行为暗含否定一切普遍价值。正是这种掩饰行为才让自己变得苦恼"——萨特所说的苦恼就是克尔凯郭尔在评述亚伯拉罕和以撒的故事时的用词（见附录）。亚伯拉罕接到那道可怕的命令，问题是："谁说那个说话者就是上帝？"由此我们也可以提出这个问题："谁说我就是那个能把自己的选择和对人的看法强加到人类身上的人呢？"我做出自己认为是更好的选择，并认为这是所有处境类似者都应该做出的选择，我似乎在标榜自己是所有人学习的榜样。但是，萨特说："如果有人不这样说，那他就是在掩饰自己的苦恼。很显然，我们在此关心的苦恼不会导致寂静主义/淡泊无为或无所作为。这是一种纯粹而简单的苦恼，是所有肩负责任者都清楚的苦恼。"

所有的领导者都知道责任带来的苦恼，而这种苦恼正是他们行动的条件，因为行动的"前提是存在诸多可能性"。这是一种更大的苦恼，因为如果没有神灵或一套绝对的、先验性的道德原则来证明或指导，人就必须依照自己的职责寻找"我该怎么办"这一问题的

第十二章 "人生的意义"和"值得过的人生"

答案。对此,存在主义并非没有可利用的资源。上面已经给出普遍性的答案;另一个答案是"人的尊严"的相关概念,通过发现人的主体间性表现出来。"因此人直接通过'我思'认识自己(即笛卡尔的'我思故我在')以及他人,从他们自己所处的环境认识他人。他意识到,除非得到他人的认可,否则他无法认识自己(从他是属灵的人[1],还是邪恶之人或嫉妒之人的意义上说)。要是没有他人的介入,我就无法得知有关自我的任何真相。他人对于我的存在不可或缺,就跟我对自己的认识一样重要。"因此,"人类王国"是一种"价值形式",即使我们不能将其称为人性,我们也可以将其描述为一种人类状态。这就是我们做出何种选择非常重要的原因,甚至不做选择本身也是一种选择。在做出选择时,从人的整体本性出发,因此做出的选择并非任性而为。在考虑其他不同选择的影响时,我们会认识到自己处在"组织有序的环境中"。

但是,我们不能用先验的方式来确定什么是正确的选择,因为可能还存在其他正确的选择。萨特引用乔治·艾略特的《弗洛斯河上的磨坊》和司汤达的《帕尔玛修道院》中的例子来说明这一点。在第一篇小说中,麦琪·塔利弗爱上了斯蒂芬,而斯蒂芬与一位"不起眼的年轻女士"订了婚,但麦琪牺牲自己的幸福让斯蒂芬兑现与"小傻蛋"的订婚。相比之下,司汤达笔下的角色吉娜·桑塞维里纳公爵夫人"相信激情赋予人真正的价值,并声称伟大的激情值

---

[1] 属灵的人 (spiritual man),指重生得救的人,行事为人受圣灵的引导、指教,具有属灵的辨别力,能凡事作成熟的判断,却是属血气的人所无法了解的(《哥林多前书》第2章第14节)。——译者注

得付出一切牺牲,这要比斯蒂芬迎娶小傻蛋的那种平庸婚姻和爱情更值得"。麦琪和吉娜的选择都是有原则的,并非出自自我私利和贪欲而随意做出——虽然她们做出的选择大为不同。"一个人可以选择做任何事,前提是建立在自由承诺的基础之上。"在此意义上,存在主义"是一种乐观主义,是行动指南"。因为:

> 人永远处于自我之外:人类之所以存在,是因为自我之外的投射和自我的失去以及超越自我;另一方面,个人之所以存在,是因为个人追求超凡卓越的目标。因为人追求自我超越,所以只能抓住与自我超越有关的东西,因此,人本身就处于自我超越的中心。除了人的世界就不存在其他世界了……存在主义的核心特征就是绝对的自由承诺,由此,人人都能实现自己的某一类人性。

存在主义评论家倾向于引用社会学来揭示其背后的原因:19世纪处于"上帝已死"的道德航向迷失时期,加上20世纪上半叶世界大战带来的恐惧和破坏,引发人们的绝望和虚无情绪,为此存在主义把自己呈现出来,既是作为疾病诊断又是作为补救之道。萨特的论文对存在主义的描述从社会学角度来说颇具吸引力——至少从"存在主义"这个词来讲——在巴黎解放后的20世纪40年代中期就已经变得非常流行且被广泛讨论了。据他自己说,一家匿名的报纸专栏作家署名为"存在主义者",一位女士不经意间冒出一句粗话后说道:"天啦!我竟然成了存在主义者!"但是,事实上我们可以将

第十二章 "人生的意义"和"值得过的人生"

存在主义的根源追溯到帕斯卡尔——为什么是帕斯卡尔而不是古代犬儒主义者和怀疑论者，他们选择的生活方式是基于对规范性的拒绝，因而缺乏规范性的价值观，不就意味着他们有选择的绝对自由吗？——这说明一些基本观点并非与历史紧密相关。人们稍作思考就会发现，主观意识和选择的必然性就是智慧人生的基础，如果没有被规范性的价值观和期待所侵入和取代，这种看法极有洞察力。实际上，主观意识和选择的必然性是苏格拉底之问本身的假设条件，它们并非一种现代创新。但是，事情后来逐步朝着相反的方向发展：苏格拉底之问以及各伦理学派为此努力而形成的存在主义被基督教的主导地位所取代——这是一种新宗教，要求信仰者对一个充满"慈爱"但严厉、危险、变幻莫测、无所不能的父权君主形象担负责任，这需要一种特殊的思维和信仰方式，以至于不会对双方构成严峻的挑战。在18世纪的启蒙运动中，伦理基础问题再次成为争论的主题。在接下来的两个世纪里，伦理和道德基础的问题变得越来越有争议，这一点并不让人奇怪。尽管宗教伦理的残余影响依然存在，正如一首幽默短诗所展现的那样："一个年轻人来自摩尔达维亚／他不相信救世主／他以自己为领袖／创建了举止高雅的宗教。"在此背景下，马克思、尼采、弗洛伊德（在《文明及其不满》中对西方文明的精神分析）和萨特的思想，都被认为是在回答苏格拉底之问，这样就很好理解了。

社会学家同样在谈到"文化情绪"时——给人的印象是整个西方世界的人们都陷入对人类失落状态的焦虑且束手无策，而事实上这只是"被一件接一件恼人之事打断"，他们只是偶尔而短暂地体会到脚下的空虚——实际上谈论的是那些带来文学、艺术和文化思想的少数人，这些人善于表达而且有很强的自我意识。人们普遍认为，我们，尤其是年轻人，都普遍经历过这样一个存在主义危机阶段：从依赖家庭和教育环境中的权威和监护，过渡到令人兴奋且有时存在风险的自由环境。在这种环境中，我们缺乏经验、判断，没有明确目标，同时又有让人不太习惯的自主权，通过阅读传记和个人观察的积累，我们知道这种转变是多么普遍和痛苦。在大学生群体中，这一点尤为明显，因为他们拥有极高的智力和抱负，同时他们拥有的自主权在明显增加。这样数月乃至数年带来的最大影响就如同踏上一段冰面旅程那样紧张刺激而且危机重重。

在 19 世纪俄罗斯的快速现代化进程中，作家的自我意识突出表现出他们遭遇的存在性困境，屠格涅夫、陀思妥耶夫斯基和托尔斯泰就证明了这一点。后两者通过信仰有神论找到了解决方案（"只相信，不质疑"），尽管陀思妥耶夫斯基尖锐批评了托尔斯泰的《安娜·卡列尼娜》中的人物列文，在小说的结尾，列文决定放弃从哲学中寻找答案，转而拥抱基督教，这是农民的简单信仰，不加思考地相信基督教，"在小说结尾，他在两周之后将自己的灵魂钉在一颗生锈的铁钉上"。

然而，这些个人危急时刻暴露出来的恰恰是一系列问题：我们应该做什么，应该成为什么样的人，应该如何看待生活和如何生活。在危机和混乱之中，很难想到也更难回答这些问题，但是，这些问题一旦提出之后就必须得到回答——尽管它们经常被隐藏起来、遭到压制、被留到下一次危急时刻：中年危机、父母去世、离婚、职

第十二章 "人生的意义"和"值得过的人生"

业生涯遭遇瓶颈期，还有收到医生的外科诊断书！

萨特讲述了一个年轻人在战争期间向他寻求建议的故事。这个年轻人面临两难选择，任何一个选项都让他内心备受煎熬：要么逃到英国加入自由法国部队抵抗纳粹；要么留下来照看他深爱着的年迈母亲，他不忍心看到母亲失去亲人、感受孤独。他该做出何种选择呢？萨特的答案是，没有人可以替他做决定，他必须做出在当时他认为最正确的决定。很显然，这个年轻人要是能陪伴母亲会起到更大的作用——陷入战争的巨大蜘蛛网之中的一只小苍蝇是无能为力的，也许只能偶尔起到一点儿小作用，而去照顾老人的实际效果从长远来看能起到更大作用——萨特的回答从原则上讲没毛病，但在实践中没有多大帮助。人们在向他人求助时，如果能得到最好的建议，通常是有帮助的，因为求助者还可以自由选择并做出最后决定（也许与建议相反）。但是，原则是，在充分了解事情的"现状"以及选择带来的影响后，做选择的终极责任还是落在个体身上。

苏格拉底向雅典的同代人提出挑战，要求他们思考如何回答他的这些问题——"我该成为什么样的人？我该如何生活？我该秉持什么样的价值观？"——这就是问题背后的假设，即人人都应该自己回答这些问题。在回答这些问题的同时，还需要回答另一个问题："我寻求一种值得过的生活，是因为它有意义，无论过这种生活的感觉是不是好？还是我寻求这种值得过的生活仅仅是因为它总要比不存在更好，无论这种生活是否有意义？不管它按什么标准来定义？"

如果你接受这两个观点，即我们拥有选择的终极自由，以及除了规范性之外并不存在任何现成的蓝图——规范性本身就是历史和机遇的随机形成过程产生的结果，那么存在主义的分析和洞见就是令人信服的，并且可能是无法避免的。这也就是说，我们必须做出选择，我们的选择造就了我们。这一点非常深刻且至关重要。选择的第一步——如同一个人按照流程图到了第一个分支——就要决定生存还是死亡。如果选择生存，那就要决定是否要追求一种有价值的生活，究竟是因为它有意义还是仅仅因为它值得过。

很显然，人的一生会有各种各样的经历；从痛苦折磨、人生虚度、苦难、绝望和受奴役，到满足、充实、成功，甚至高尚而伟大。大多数人的生活位于这座天平的哪一端呢？我们可以进行大胆的揣测，尽管所有生命都存在一定程度的苦难，但最糟糕的经历——灾难、疾病、压迫和挣扎的痛苦——是生活主要组成部分的特征，最糟糕的情况属于极少数人，无论他们的绝对人数有多大。通过观察，我们发现，大多数人在他们所处的大多数环境中都能发现美好的一面，对普通人来说，有些美好本身就是一种成就，是值得做和值得拥有的好事。这进一步表明，对许多人来说，他们对自己的生活值得过的判断是从他们自己的主观立场做出的，他们说，自己的生活不仅值得过，而且有意义，而不会理会第三方依照苛刻的标准对其生活是否有"意义"做出的评价。设想一个人从小就立志成为一名警官，后来他真的实现了理想，并且事业顺利，他会理所当然地认为自己在为社会做贡献，把坏人关进监狱，让社会变得更美好。这是值得过的人生，他从中发现了意义，对于这个词的这一层含义，他能向第三方裁判证明并让其理解这一点。

然而，假设我们可以接受这样一种情况，即只有少数人具有伟

第十二章 "人生的意义"和"值得过的人生"

大目标的意识和意义追求的需要，并努力实现这些目标——有些人获得了成功——而大多数人，无论何时何地，都只满足于普遍认同的、更加平凡的目标，过着虽然将就但还算满意的生活。接受这样一幅画面似乎显得目标过于低调，但是，我可以为"过着虽然将就但还算满意的生活"就是值得过的生活的结论提供论据，即使按照规范性的标准，人的存在本身就是有价值的——其中的蕴含之意为，至少大多数人的生活曾经是有价值的，而且在目前也是有价值的。出于显而易见的理由，我将其称为普遍论据。我的论据如下：

假设（事实确实如此）宇宙是由"虚无"的量子真空和虚拟实体的作用产生的，仅仅是物理定律的一个函数，而非由某个代理机构有计划地"创造"或"设计"出来。假设宇宙的出现纯属偶然，之后持续存在了数十亿年，期间以相同的物理定律演化，随后以某种方式消亡，比如在引力的作用下坍缩为奇点，或者因为膨胀光子无法从一辐射源到达另一辐射源，很久以后宇宙陷入一片"冰冷死寂"状态。在这段历史进程中，太阳系围绕着一个普通螺旋星系悬臂的普通星系运行，在这个普通太阳系中的一颗小行星上，曾经短暂出现过自我意识和智能生物——也许只存在过几百万年左右——人类（以及少数有智慧的哺乳动物和鸟类）。此后，由于气候变化、瘟疫或毁灭性的战争，有自我意识和智能的生物遭遇毁灭。考虑到智能和智慧并不相同，这让人感到遗憾，但这三种毁灭性因素反而可能会带来安慰作用。可以这样说，如果积极因素——快乐、满足、幸福、免于痛苦、心神安宁——的总和超过了消极因素——疼痛、悲伤、恐惧、不公、饥饿和挫折，那就说明世界的存在是美好的。

但是，如果消极因素超过了积极因素，就说明世界的存在是糟糕的。因此，自我意识对影响因素的看法会影响整个世界及其全部历史的伦理性。这种思考本身证明了规范性所确定的生活目标——工作、抵押贷款、家庭和养老金——以及取得平凡成就的合理性，这些目标为那些享受其中的人带来满足感。由此，人们至少有一个理由去追求快乐、满足、幸福、免于痛苦和心神安宁，因为它们可以让这个世界的存在变得更加美好。这是一个了不起的大目标。

然而，对于那些对意义感怀有更加迫切渴望的人来说，这种非个人性的结果是不够的。他们认为，追求规范性的满足感是人们自我异化的过程。在他们看来，规范性的生活可以比喻为戴着眼罩或者说是带来干扰——工作、谋生、支付账单、行为合乎规范都如同戴着眼罩；电视节目、酒精、海滩度假、名人婚变新闻和半政治闹剧都是对其心性的干扰。大多数人没有意识到自己遭到这种方式的干扰，这就是艾略特所说的"被一件接一件恼人之事打断"。人们戴着眼罩，心性受到干扰，任由自己被裹挟着走在拥挤的群体中随波逐流，拖着沉重的脚步走到过道的尽头，然后瞬间就被遗忘。裹挟人们前行的并非单一机构也非一场阴谋，而是由许多机构和有意无意的冲动、一系列半明半暗的力量汇集而成的规范性。在这汹涌澎湃和不可阻挡的人群之中挣扎，多数人被裹挟着一同前行，那些寻求或试图创造意义者往往发现自己与周围人格格不入，他们遭到推搡、牵绊和阻碍。也许有些人会被他们所激励，少数人甚至会钦佩他们，追随他们的脚步，但是，最终仍然被裹挟在人群中走向过道的尽头。

第十二章 "人生的意义"和"值得过的人生"

诚然，意义的追寻者和创造者也会来到过道的尽头直到悬崖边。但可以这么说，即使他们来到这里，他们也不会从悬崖边坠落，而是从这里展翅飞翔。为什么？因为他们在走完过道的旅途中发现了更多可能性。他们发现了要去完成的事业，这些事业比完成规范性所要求之事更有满足感、更重要、更有趣、更刺激、影响更大。他们会去追求这些东西，他们会竭尽全力。他们发现人的潜能并没有得到充分发挥；他们发现大多数人会习惯性地沿着他人的车辙前行——这是恰当的比喻，虽然有点儿俗套；车轮在旧车辙中行驶可以更好地把握方向，减少颠簸——在其能力范围之内固守熟悉和简单之物。在职场，我们看到的各种抱负都是如此：获得提拔加薪、晋升更高职位，直至成为老板。规范性是他们获得这些的阶梯。立志成为银行经理和立志写出一部伟大的美国小说都属于伟大志向，但是，它们不属于同一类志向（显然它们之间不能互相替代，但也并非互不相容），有截然不同的要求。规范性拥有自己的创造性群体：创业者和企业家，一些政治家当然也属于此类。这样，他们中的有些人也成为意义的追寻者和创造者。有人可能会说，这些创业者追求的目标仍然在规范性的范围之内。他们的目标只是改变轮船甲板上椅子的位置或排列顺序；而具有伟大抱负的意义追寻者和创造者要改变的是，或者说试图改变的是轮船在大海中的航向。

即便如此，我们还是应该提出一个问题，并谈到另一个问题，以此来加深我们对上述问题的思考。

这个问题是：如果寻找意义会使世界上免于痛苦和心神安宁的总量减少，那么即使意义能够被发现或找到，而世界从长远来看变成了一个糟糕体验大于美好体验之所,那么即使意义再大,这种寻找意义本身还有意义吗?这让我们不禁要问,"意义"和"什么是善"是一回事?或者可能是完全不同的两码事?因为如果意义本身就是一种善,那么意义的增加,即使包含着痛苦,也会平衡或者超越这种痛苦。这个问题又引出了另外一个问题:哪个更重要——是发现或完成之事,还是做事的最终感受?

我的想法是,即使在规范性环境下,设定目标并努力实现——无论目标多么卑微,如修花园、学一门外语——并遵循不伤害他人、尊重他人、互相促进、互惠互利的友善原则,显然这样会让生活变得更有价值,无论是对自己还是对他人,因为这些努力本身就有令人钦佩之处,并让生活质量提升一个档次。这种社会向善论是对规范性所确定之善的最终肯定。但是,鉴于上一段中提出的问题,另一个问题随之出现:这样做就够了吗?

正如我反复强调的那样,"有意义的生活"和"值得过的生活"并非理所当然的一回事,但它们之间也并非完全互相排斥。它们都不同于感觉良好的生活——如果是以牺牲他人为代价的自私和放纵为前提,那么这很可能并非值得过的生活。所以,现在最重要的问题是:"你过着怎样的生活?为什么过这样的生活?"最后我还想问:"这就够好了吗?或者足够好吗?如果还不够好,你又将怎么办?"

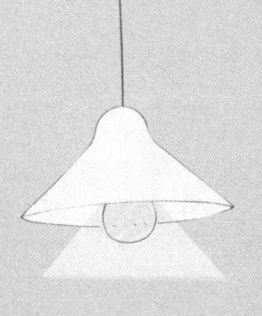

PART III

第三部分

总有一天,生活会让你成为哲学家

> 我宁愿选择短暂而有宽度的人生,而非漫长而逼仄的人生。
>
> ——阿维森纳

第十三章　作为生活方式的哲学

要回答苏格拉底之问，就需要做出思考和选择。而让所做选择发挥作用需要一个过程，因为这个选择可能不同于符合规范性的存在方式和生活方式，或者说是对其做出的修改，而规范性则是我们无意识中一直遵循的哲学。这并不像在地图中挑选好行走路线后将地图折好，而更像是一份陪伴我们走完全程的旅行指南，一份深藏内心、我们不断问询的旅行指南。对古代伦理学派而言，哲学是一种实践——正如玛莎·努斯鲍姆，尤其是皮埃尔·阿多所说，将哲学原则自觉应用于日常生活之中。这使得哲学家们的观点具有更大的权重，他们言出必行，知行合一。

一方面有意识选择该如何生活并将其应用在实践中，通过自身的努力使一切向好的方向发展；另一方面不假思索地选择接受当前的规范性，按照规范性的要求去生活，希望一切进展顺利，这两者之间有很大区别。规范性为每个人指明了大致方向——即使地图没有被折叠起来，人人都可以拥有这份地图的这一事实说明，地图的具体细节信息被有意隐去了。但是，要回答苏格拉底之问就需要选定自己的方向和特定的路线。举个普通的例子：规范性就像是建议人们在接受过正规教育之后去"找一份工作"，却并没有考虑他的性格如何、教育程度如何、打算在哪里以及如何找工作、如何竭尽全力找到及保住这份工作。

努斯鲍姆在《欲望的治疗：希腊化时期的伦理理论与实践》的开篇中写道："实用而又富有悲悯心的哲学理念——一种为了人而存在的哲学，为了满足人最深层次的需求，面对他们最紧迫的困惑，让他们走出痛苦，在某种程度上焕发生机——使得希腊化哲学研究对研究哲学与世界关系的哲学家颇具吸引力。"这是一种正确的观点，因为它确立了上述哲学观点的实用性本质。努斯鲍姆在书中对其进行了丰富而详尽的讨论。她发现各伦理学派提出的获得心神安宁之法与其他可能实现的让生活变得有价值甚至有意义的美好事物与承诺之间存在对立关系，且这种紧张关系没有办法解决。在她看来，各学派摒弃了最终决定生活质量的大多数情感因素——尤其是激情、爱情、性欲、忠诚、仁慈，所有这些都是隐藏在人际关系中的风险因素——运用"叙事理解"来探索自己和他人动机的复杂性。

这一观察结论令人信服，肯定会得到大多数人的支持和赞同。但有一点必须强调：努斯鲍姆提出这个问题是为了反对各哲学流派吗？毕竟他们的目标很明确，就是避免因人际关系中存在的激情、性欲和其他危险因素带来混乱，这是他们从广泛而持续的观察中得出的结论。斯多葛派称之为人之本性；亚里士多德和伊壁鸠鲁派认

第十三章 作为生活方式的哲学

为这些因素在很大程度上是错误的——它们正是引发痛苦和困惑之源，是深思熟虑的生活应尽力避免之物。努斯鲍姆在深入研究各个学派时做出了假设，那就是各学派追求的是"实用的、极富悲悯之心的哲学"，这也是我所强调的。但是，很显然，斯多葛派所追求的并非悲悯哲学，因为悲悯是被他人之事触动，会受到超出自己所能控制之事的影响；斯多葛派给出的解决办法是避免自己受制于这些影响，从而不破坏其心神安宁。同样，伊壁鸠鲁派重视友谊和谈话，避免昔勒尼式的肉欲放纵，与激情生活比起来平淡似水。伊壁鸠鲁派对友谊的尊崇包含对他人的感受——悲悯和同情心——这符合节制原则，既不陷入极度悲伤，也不因情感的过度投入而迷失自我，因为这些情感与免于痛苦和心神安宁的状态相悖。

我们从词源可以了解希腊人和希腊化时代对待激情一词的态度。现在我们认为激情——愤怒、爱情、欲望、仇恨——一词具有主动而非"被动"含义。但"passion（激情）、passive（消极）、patient（病人）"这些词语在希腊语"pascho"和拉丁语"patior"中共用一个词根，意为"忍受，遵照……行事"。"agent（施动者）、actor（行动者）、action（行为）、act（行动）"源自拉丁语动词"agere"的第三变位，意为"开始行动"（即"ago、agere、egi、actum"；与希腊语"agein"有关，意为"引领或运送"）。哲学家们将情欲视为折磨，是神灵带来的狂热情感——忒伊亚神（a theia mania）的疯狂／众神之怒。这不是美好生活的特征。从好的方面说，这种狂热会扰乱心性；从坏的方面说，它会给内心的平静安宁带来毁灭性后果。他们知道忧郁和压力不仅会扰乱生活中的理性行为，而且会威胁身体健康。因此，他们会挑战努斯鲍姆的观点。如果她的观点在于提供另外一种明确的辩护，即值得过的生活必须包含激情的一面，那就会导致观点上的不一致。不过，若仅仅假定激情是值得过的生活的必要特征，那就是没有吃透古代哲学家的观点。

这些观点与作为实践的人生哲学观有关，显而易见，人类激情——我们的爱与恨、欢乐与悲伤、怜悯、关爱、绝望、欲望、希望、羞耻心与罪恶感是自然产生的。哲学生活的主要议题之一就是能够处理好这些情感。我们往往受到这些情感的折磨，相较之下，我们没有太多时间去安静地思考。在我们的印象中，生活被各式各样的激情所干扰，这种印象在许多小说、电影和电视剧中得到强化。大多数故事的本质是问题、混乱、紧张和冲突的交织，各个角色必须经历各种相关情感的干扰，从一种情感状态穿越到另外一种情感状态。我们已经忘记人类所钟爱和需要的故事，基本上都存在于生活各方面的平常语言之中，我们大部分人都在或多或少的不确定性中摸索着前进。伦理学派的目标是让生活脱离总是受激情支配的混乱状态，继而将其建立在理性和稳定的基础之上。

反过来，这也说明，作为生活实践的哲学需要自制力，我们天生被各种激情控制，这就要求我们运用自制力指导我们处理这些激情。看到各伦理学派的教义正是以这种方式结合生活实践，并提供行动指南后，我们就能更充分地理解其观点。

在详细讨论作为生活实践的哲学问题之前，有两点需要做出说明。一是上述伦理学派对激情的看法不应被视作所有学派都有斯多葛派的理想，即最大限度地避免激情和保持冷静，批评者会认为这是冷酷和自私的。不仅仅是昔勒尼派享乐主义，犬儒派也会建议放纵自然产生的任何激情——如第欧根尼对情欲的看法；而伊壁鸠鲁派认为可行的办法并非消除各种激情，而是对其加以节制。亚里士多德认为，激情有其存在的正当性（"在恰当的时间，以合理的方式，为了正当的理由而感到愤怒就是正当的"），他可能不会认同这一观点，即在激情澎湃之时去思考最佳的应对方式，在此情况下保持理性，尽力使一切平息下来。但是，除了第一种观点外，上述其他观点都一致认为，激情会带来危险——即使日常的普通情感——并提出了相应的解决之道（即自我管理）。

二是各学派的教导看上去像一个颇具迷惑性的一揽子解决方案，至少在对其进行总结性描述的文献中看来如此，要是完全接受该方案中的一项或全部内容，将其看作是规则手册而不是新手指南，那么你就成了得到正式承认的"斯多葛派"或"伊壁鸠鲁派"。在前面的篇章中反复提及这一观点，即苏格拉底之问的关键假设在于人必须独立思考，而不是全盘接受他人观点，因为这些观点要么带着理论创始人的个性特征，要么对大多数人都是普遍适用的。相反，对于各学派给出的建议，我们要做的是全部或部分接受其观点，将其视为经过审视的生活选择的组成部分，并仔细审查管理生活的各种要求——也就是说，要能说明理由，尤其是它对他人生活产生的影响——使其成为选择的依据。与此同时，这种或那种人生哲学的主旨特别吸引人也是非常有可能的。如果将沃尔特·佩特或奥斯卡·王尔德归类为"伊壁鸠鲁派"就是不准确的，但是，如果要画一个点状图，说明他们人生观的一致性，那么我们就知道大多数节点的分布位置。

很显然,选择各个学派的观点必须依照某种原则,而非随意或仅仅出于方便。重申一遍,个人做出的选择必须是有理由的。努斯鲍姆对斯多葛派的兴趣不断增加,她在对其进行思考后评论说,斯多葛派竭力将超出自我控制之外的情感反应视作对这些事的错误判断——因而会威胁他们的心神安宁——这与她的观点不一致,她认为,这些情感对于美好生活是必要的。然而她同时也承认,在对金钱、荣誉和地位的"不明智依恋"方面,斯多葛派"可以给我们很多教导",因为有些"不明智的依恋"——欲望和占有欲——会破坏美好生活的可能性。因此,我们需要一个标准将依恋和情感分为明智和不明智两大类,这并不像人们希望的那样容易做到,因为同样的情感在某些情况下是明智的,在另一些情况下则不明智,同样的情况可能会在不同的人身上引发截然相反的情绪,比如有人做的某件事会引起旁观者的怜悯,而会引起另一个旁观者的蔑视。由于情感往往包含着信念——人之所以愤怒是因为她认为自己受到了不公正对待;另一个人之所以悲伤是因为他认为朋友的处境悲惨——某些情感是否给生活带来益处取决于其真值条件。如果某人的生活受到错误信念引发的积极情绪的影响,我们会认为他的生活美好吗?请注意,如果把我们的问题改为:"如果某人的生活受到错误信念引发的负面情绪的影响,我们是否认为他的生活是不好的呢?"我们会给出肯定的回答"是"。然而对前一个问题要给出同样的回答则需要充分的理由。

第九章中明确指出的一点是,各学派的教导针对的目标是心理状态，而非——除非作为附属性的结果——社会和物质生活条件。这一点支持了将心理因素与环境因素割裂开来的努力（犬儒派和斯多葛派的建议）或者支持了限制、引导环境因素对心理因素的影响的努力（亚里士多德和伊壁鸠鲁派的建议）。因此，对激情作用——更不用说其价值——的关注必然包含如何管理激情的大问题。在很大程度上，这就是"作为生活实践的哲学"的含义所在。作为生活实践的哲学——一种生活方式——正是本章的主题。

皮埃尔·阿多是一位哲学史家，他最大的贡献在于展示古代各学派如何将生活方式或个人经历作为一种实践来传授，并以"灵修练习"的方式对其进行构建和强化。实际上，他认为基督教的"灵修练习"概念——主要例子是耶稣会的创建者圣依纳爵·罗耀拉所创的灵修方法——是对希腊化学派的借鉴。阿多年轻时曾在罗马天主教会担任过圣职，虽然几年后不再担任牧师一职，但他对两者的相似之处有深刻认识。他不仅认识到两者的相似之处；多年来，他一直在讲授拉丁教会之父包括安布罗斯和奥古斯丁，并成为研究新柏拉图主义思想家普罗提诺和波菲利的专家，这两位对基督教教父时期思想的发展产生了巨大影响。阿多对马可·奥勒留的研究表明，《沉思录》一书包含奥勒留对自己生活原则的劝诫和警醒；而基督教与之对应的做法则是忏悔和祷告。阿多这样写道，《沉思录》里的修身努力"与著名的圣依纳爵的灵修练习一样严格、条理分明和系统化"。该书属于古代的一种标准文体：备忘录，即每天写给自己的便条，与现在的私人日记类似。

在阿多看来，伦理学派的影响并不局限于后世哲学家的意识和思想中，或者被吸收到基督教的思想之中，而是通过这两种方式进入西方文化，其"问题、主题和符号"已经"在很大程度上或以希腊化思想的形式，或被罗马天主教兼收并蓄，或以这两者结合的形式出现"。希腊与罗马思维方式之间——希腊化思想与基督教之间——的转换存在误译、重新诠释和明目张胆的误解。阿多向我们展示了教会神父的一些关键思想是如何由这些因素产生的。语言、翻译和解读可以起到传达和告知的作用，同样也可以导致误解，公元纪年开始后的 500 年的情况就是如此。同样的误解也发生在当今对古代哲学家文本的解读上，《沉思录》一书就被读者认为是奥勒留本人写给他人的建议，而非他本人为了警醒自己而要采纳和遵循的建议。

"异教"——希腊化和罗马思想——与基督教之间的斗争主要发生在公元 4、5 世纪，最终基督教赢得了毋庸置疑的胜利（公元 380 年，狄奥多西一世颁布赦令是决定性时刻），但付出的代价是基督教必须接受许多异教思想——特别是在伦理方面，因为它在这方面资源贫瘠。但是，早期的历史变化已经对希腊化学派本身的性质产生了影响。在希腊融入罗马世界之后的一个世纪里，雅典的各个学派散布到地中海和中东的其他文化中心。各学派在建立后的数世纪的大流散时期，口耳相传的传统逐渐被依赖文本和文本诠释的做法所取代。阿多指出："为了忠实于创始人，分散在东西方不同城市的四大哲学流派（柏拉图派、亚里士多德派、斯多葛派、伊壁鸠鲁派）不再依赖于他们所创立的学园，也不再依赖于学园固有的口授传统，而只依赖于创始人的文本。因此，哲学的传授首先在于对文本的诠释。"

由此产生两个重要影响：其一，对文本的评价和解读会成倍增加——甚至会在追随者中造成分裂——概念也会发生变化，现在分词"being"本来指正在进行中的事，变成了"a being"——表示某物的名词——甚至"being"的首字母变成了大写的"B"，以此表示一件重要物品；其二，初始学说会发生演化和发展，直至文本变得面目全非，连创始人都辨别不出来了。这本身并非坏事，因为思想可以激发更多的思想，对以往思想的不同解读可以激发出哲学的创造力。在此过程中唯一受到影响的也许是试图重构原有思想、旨在构建一种新思想的学者。

阿多所做工作的一个贡献在于，他将希腊化学派的思想置于不同的历史背景下，将时代所带来的问题、必要性和局限性都考虑在内。同时，他对用来阐述思想的文本体裁保持着警惕——柏拉图的对话录、亚里士多德的专著、伊壁鸠鲁的书信、爱比克泰德的谈话、卢克莱修的诗歌。把握这些能极大地帮助我们理解哲学家们的意图。

阿多认为奥勒留的《沉思录》包含了对爱比克泰德所描述的三种心智功能的训练：判断、欲望和意志。与周围世界的意外和突发事件不同，这些完全可以由我们自己所掌控。奥勒留的个人沉思与这三者之间是严格而非随意的对应关系；它的结构是如此严谨，以至于我们可以辨别出其背后存在"一个极其严谨的概念体系"。该体系反映出爱比克泰德本人对三大论题的描述——判断属于逻辑，欲望属于物理（"自然哲学"意义上的身体和自然欲望），意志属于伦理。阿多敏锐地注意到，奥勒留定期且系统地思考这些问题，但是，我们并不能据此对他个人的真实情况做太多推断；有人可能是一个让所有人失望的酒鬼，并对自己的行为极度后悔，但在私人日记中告诫自己要保持清醒、承担责任。正如法国诗人保罗·瓦雷里所认为的那样，许多人写作并不是为了教导他人，而是想"整理自己的想法"。这正是奥勒留写作的初衷。

事实上，阿多认为《沉思录》绝非奥勒留发自内心的个人反思，而是一个有关备忘录如何写作和写作主题如何确定的典范。"他通常只记载某些事情，这是因为行为准则强制要求他起到表率作用而不得不这样做。"现代评论家在阅读《沉思录》时会赞赏奥勒留的勇气、高贵和对善的渴求，也会指出他在人世间的忧郁、绝望、悲观、屈从、厌恶——甚至还有胃溃疡和鸦片成瘾的迹象——鉴于这一点，上述阿多的看法是一种有益的纠正。简而言之，对语境的感受至关重要，这样可以防范将"历史心理学应用于古代文本的风险"，阿多对古代哲学家的出色解读证明了这一点。

但是，在考虑语境的前提下，阿多探索希腊化伦理学派时所运用的诠释学（解释性）价值同样适用于奥古斯丁的《忏悔录》，他将其解析为一篇精心构建的神学论文，而非一本基于事实的自传。维特根斯坦在表达其哲学意图时也是如此，不同的是，维特根斯坦对这些意图的表达是明确的，他认为自己的哲学能医治其他哲学家的哲学疾病——困惑和迷茫——毫无疑问，这是对语言的误读而产生的。阿多的远见卓识与维特根斯坦的写作方式有关，维特根斯坦的"使命是彻底而决定性地平息人们对形而上的忧虑"，使得"这一类文学类型得到强化，即作品不是传统意义上对某个体系、学说、哲学的阐述"，而是寻求"逐步对我们的精神产生影响，就像医学上的治疗方法一样"。

阿多认为,阅读希腊化哲学家的作品时做的"灵修练习"就是格式塔练习。这是因为我们不再将其看成是哲学观点的系统阐述,所以,那些令人困惑、有时相互矛盾的概念就可以解释清楚了。哲学史家以为古代人跟现代人一样"研究哲学",因而会招致误解。在阿多看来,对古代哲学家而言,写作远不及口头交流,哲学探索和传授主要依靠口头形式进行。活生生的辩论、问答、质疑和解释等话语远比固定在纸张上的文字更具证明力和说服力,在阿多的描述中,这些书面文字只不过是口头交流的"回声"。此外,他说把哲学思想记录下来变成公式和固定的命题,最终会将其变成教条,也许若干世纪以后,当读者对这些思想质疑时,回答他的还是他本人或其他读者,而非这种思想的创始人。要是在口头交流中,它的本来含义就可以立刻予以解答或解释了。

阿多非常支持哲学家自己在文本中体现出的这一观点。很显然,亚里士多德、斯多葛派和伊壁鸠鲁派主要致力于教授一种生活艺术。他们所传授的行为准则旨在帮助追随者们塑造性格、构建日常生活中的行为和反应模式。这是一种有意识的行为,也是一种实践。亚里士多德鼓励在养成习惯中体现这些原则,在运用这些原则的过程中锻炼自己,其他学派也是如此。对一个哲学命题表示赞同与把该命题应用到日常生活中有天壤之别,古代哲学家所传授的内容明显是为了实现后一种目的。

阿多的文章虽然极具启发性,但是,存在将洗澡水和婴儿一起泼掉的风险。哲学家们不仅会提出如何思考和行动的方法,而且会在教导中提供这样思考和行动的依据。有关这个世界和人类社会如何运转，以及它们对人的行为和态度提出的要求，他们会给出有论据支撑的理论。事实上，严肃的伦理学理论（结果论和义务论道德观不同）无一不是建立在与世界和人性相关的理论基础之上的，或者至少与人性相关。

伊壁鸠鲁对死亡的看法是很好的例证。他认为对死亡恐惧源于对事物本质的错误信念，卢克莱修的标题为《物性论》的长诗阐述了伊壁鸠鲁的观点：阐明事物的本质是"物理学"的工作，是哲学应对外部世界的一部分，需要运用认识论的观点——如何认识已知世界——并运用逻辑推理推导出相应的伦理观，这是研究的首要目标。通过观察，伊壁鸠鲁认为物质世界的一切都由原子组成，变化由原子的重新组合产生。不存在充满鬼神的世界，也不存在来世。即使存在神，他们也是由物质组成，他们对人类世界不感兴趣，或者说没有控制力。我们可以在此框架体系内找到如何生活的问题的答案，事物的本质与我们对它们的态度和行为直接相关。

伊壁鸠鲁的形而上学直截了当，巧妙地克服了诸如亚里士多德等人提出的原子论问题。早期斯多葛派的形而上学则更加复杂，也属于唯物主义，但是补充了一个概念，即现实是一种理性秩序（"现实是理性的"是任何探究都要做出的假设；如果没有这个假设，那么除了碰巧观察到的一些短暂而无意义的表象描述，考察现实就没有其他价值了）。

斯多葛派物理学认为，现实的基本特征是因果律，即施动或受动的能力，因此，物质实体是唯一存在之物。物质是宇宙的根本要素，是不能被摧毁的，而且是永恒的。同样不能被摧毁的且永恒的是宇宙的理性秩序，斯多葛派称之为逻各斯，这是希腊思想意义丰富的一个词语；其字面意思为"词"，也有"理性""秩序""原则"之意。逻各斯在宇宙中无处不在，是宇宙的构成要素，是宇宙变化和规律循环的推动因素。斯多葛派也将逻各斯称为"命运"和"上帝"。罗马斯多葛派摒弃了繁杂的形而上学理论，将逻各斯的概念简化为"天意"。后期斯多葛派的这一特点使其在某些方面与基督教相契合。但是，即便是罗马的斯多葛派也不认为他们能讨论"天意"或向其请求恩惠和优待，或在遇到麻烦时得到拯救或支援。因为人人都是独立的个体，这一事实——人人都对自己的道德命运负责，我们是否过着心神安宁的生活，或者是否会成为欲望和投机的玩物都取决于我们自己——源于宇宙作为有序的、按其自身节奏和脉动运行的物质世界。我们得到的告诫是，与其保持一致（"遵循自然为第一要务"）才能掌控自己的人生，做到"不动心"。

我们很难将各学派对于物理学、知识理论和逻辑学的讨论视为灵修练习的组成部分，然而，将由这些知识支撑的伦理道德视为灵修练习的组成部分则是合理的。阿多认为，形而上学和逻辑知识实际上是灵修练习的一部分，这样可以让练习者作为"宇宙之一员"感受到个体与宇宙万物之间的关系。这种看法缺乏说服力，因为各学派对心神安宁的追求与相关支撑理论之间并没有相似性和对应关系。伊壁鸠鲁派并不认为，大海般无垠和无拘无束的感受是花园友谊的组成部分，斯多葛派的世界主义关注的是人类平等，而非与宇宙形而上学的统一。这里有个很好的注解，即斯多葛派认为物理学和逻辑学与哲学是分离的,因为哲学跟智慧有关(请记住哲学一词的字面意思是"爱智慧"),尤其是跟如何生活的智慧有关,虽然物理学和逻辑学是哲学研究的必要辅助方法,但它们独立于哲学而存在。当他们说,探索物理学就是在探索逻各斯,探索理性就是在探索逻各斯,探索如何生活就是在探索逻各斯的时候,他们并非指对每种情况所用的方法和结果都一样,而是指理性秩序分别以适合和对应的物质现象、理性和伦理原则的方式呈现出来,这在上述每种情况中都可以发现。

相比之下,我们可以做出这样合理的推导,即一旦追随者掌握了获得心神安宁的伦理教导,至关重要的下一步就是不断练习、演练并将其应用于实践,不仅仅是在出现困难时拿来运用,而且是每天都要思考。以这种方式训练人的态度和反应并形成习惯,使它们成为自己的一部分。毫无疑问,这就是阿多所说的各学派教导中的"灵修"。与他将各学派的所有思想都归结于这一点相反,早期斯多葛派则声称,对理论支撑的审视和理性批判是合乎情理的,这一点在任何时候对几乎所有哲学思想都是适用的。

另一种观点与各学派的教义文本有关。阿多认为,口头传授是哲学家在传播思想时最主要和最喜欢的方式,这一点可以从柏拉图和其他人的论述得到强有力的印证。在《斐德罗篇》中,柏拉图引用苏格拉底的论述:"你知道吗,斐德罗,这就是写作的奇怪之处,它与绘画有相似之处。画家的作品摆在我们面前是充满生机的。但是,如果你要问它们什么,它们就显得既庄重又沉默,书面文字也是如此。它们似乎在和你说话,而且显得很睿智。但是,如果你想

第十三章 作为生活方式的哲学

问它们问题,并希望得到指点,它们则会永远和你说着相同的内容。"事实上,柏拉图只以口授的形式传授给弟子们"真实而隐秘"的哲学,从未以写作的形式传授,这一传统由来已久,恰恰是因为只有前者才能真正传达真理。

但是,除了书面文本对于写作存在显而易见的限制之外,柏拉图的《斐德罗篇》中还存在一个讽刺之处。柏拉图试图以对话的形式来显示口头辩论中你来我往的思想演变过程,但是,在大多数情况下,这一目标是无法实现的;苏格拉底的对话者通常会温和地回答"是的,苏格拉底",偶尔会回答"不,苏格拉底",这实际上是一篇论文,伪装成对话而已。而且,即使将他们的论点记载下来——留存以便用作以后在其他地方继续辩论的资源——若记载的内容不如对话者最初表达得那么仔细、清晰、全面,这样做也是没有意义的。这就说明,古代的哲学书面文本还不能被排在第二位,如同匆忙记录下来的那些思想要点。也许,塞涅卡和西塞罗的书信以及卢克莱修的《物性论》均可以称得上哲学文本的杰出代表,这些文本在写作艺术上严谨认真,无论如何都不该被描述为只能将就凑合的第二选择。

存在的另外一个事实是,爱比克泰德本人建议把自己的想法记录下来并放在手边,反复阅读,作为力量和慰藉的源头。这样的话同样适用于爱比克泰德谈话的书面记载,其学生阿里安记载他的谈话并将其发表出来,我们可以想象他是受到恩师建议的启发。

此外,柏拉图以苏格拉底的口吻谈到,对于每次阅读而言,文本都表达了相同的内容,这种说法是错误的。因为意义是文本与读者之间的关系，不同的读者可能从同一个文本中读出不同内容，或者同一读者再次阅读相同文本时会发现更深刻的内涵；一个文本可能会对所有读者都启动一系列观点，不同读者会看到不同内容。文本对于反应敏捷的读者来说是有生命的活物。

尽管如此，阿多在这方面无疑是正确的，即希腊化学派传授的是一种生活方式——更恰当地说是一种生活艺术——接受规定的生活方式并应用在生活之中。原因在于，人们所需要的练习不仅仅是记住一些伦理规范，而是要求整个人的态度和行为能与这些伦理规范保持一致。正是在此意义上，练习才是"灵魂修炼"，是作为人存在意义上的"精神"或品德。伦理观不是人身上的附加装置，不是如数学能力或对体育和音乐的兴趣爱好那样的锦上添花之物。更确切地说，伦理观就等同于这个人。根据阿多的观察，"古代哲学家之所以自封为哲学家，并非因为他提出了哲学论述，而是因为其生活带有哲学的味道"。

上述最后一句话反映出历史上许多善于反思者反复表达的一个主题。16世纪蒙田随笔的写作方式虽然不是为了实践他的道德承诺，却是以自我审视的方式进行的生活哲学实践。18世纪切斯特菲尔德勋爵希望自己的私生子菲利普·斯坦霍普成为一名绅士，在长达25年的时间里给他写了一系列书信，第一封信中这样写道：

> 你躺在稻草堆上吃着黑面包，乘坐四轮篷盖马车从海德堡到沙夫豪森一路吃尽苦头，这只不过是一些开胃菜，可以预见的是，你未来的人生旅途会充满更多疲惫和痛苦。

第十三章 作为生活方式的哲学

如果你把我的话视为说教，那我会把这些称为意外遭遇、小摩擦和难题，这是每个人的人生旅途都会遇到的东西。在旅途中，要保证车辆将你送达目的地，你的车辆动力是否强劲、状态是否良好，直接决定了旅途是否美好，尽管你不时会发现道路和旅馆并不尽如人意。因此，要注意确保你的车辆运行良好，每日对其检查、改进和加强，这是人人都能做到也应该做到的；要是忽视它，那么你就会感受到，并且一定会感受到这种忽视带来的致命影响。

沙夫茨伯里伯爵的《阿斯克马塔》[1]（练习）是希腊化学派影响力的主要例证，证实了阿多的论点，也是对斯多葛派行为模式的个人内省和反思。1713年，在他去世后发现的两本笔记本里，有沙夫茨伯里抄录的爱比克泰德和马可·奥勒留著作的段落和他的评注。他将其称为"自我关怀"。特别值得注意的是《阿斯克马塔》里面的思考和他1711年出版的散文合集《论人、风俗、舆论和时代的特征》一书主题之间的关系，其中的主要随笔按照古代书信的格式写成。在这些文章中，他倡导用理智、温和及宽容的态度，反对过于"热情"——宗教狂热——而是运用讽刺诙谐的方式批判当时的道德。在《特征》（*Characteristics*）一书中，他的人生观属于伊壁鸠鲁派。在《阿斯克马塔》（*Askemata*）中，他更多是斯多葛派，书中记载的

---

[1] 《阿斯克马塔》（*Askemata*），这是作者未发表的手稿，后来被本雅明·兰德发表，取名为《哲学养生法》，显示哲学家依照爱比克泰德的教导的训练之道。——译者注

内容是对情感、自然、天意、简洁、情感和哲学本质的看法。然而，他的公共思想和私人想法之间并不矛盾冲突；相反，我们可以看到，通过反思，可以保证个人和整体社会从不同思想流派中吸取养分，并从行为方式上符合世界改良论。

此处，在希腊化学派所提倡的实践中出现一个重要的关键点。在阿多看来，斯多葛派竭力控制以至于要消除无法掌控的各种情感，尤其是发生在他人身上或是由他人的行为导致的并让自己陷入不幸的事。一些人按字面意思来践行斯多葛主义，他们遵循的行为准则是冷漠和免于激情，其中也包括对他人的快乐和悲伤所持的态度。斯多葛派努力抗拒对心神安宁造成严重干扰的各种激情，因此，要成为成功的斯多葛派，除了自己不能有爱憎和悲伤这些情感之外，还不能同情、关爱和怜悯他人。但是，正如前面提到的那样，冷漠无情并非沙夫茨伯里或努斯鲍姆认同的美好生活，这给努斯鲍姆带来一个难题，她认识到一些斯多葛派对诸如追求金钱和地位等传统理想的"冷漠"是正确的。因此，需要再次强调，有些造成干扰的外部因素会让我们心烦意乱，但即便如此也值得我们去付出，有些外部因素，我们则应该保持一种斯多葛式的冷漠超脱，对此，我们需要做出区分，这不仅仅是斯多葛派不得不面对的问题。是否有必要用一种按照某种原则、普遍适用的方法来区分积极的和消极的外部因素？如果有充足的理由，那么主观划分界限就足够了吗？要回答后一个问题则更为简单。根据我们的大量观察，要否定激情的价值需要更加充分的理由，因为所有的快乐和幸福都来自生活的情感层面——爱孩子，欣赏自然之美，享受音乐——它们有时也成为毁灭性痛苦的根源。

在此，一个主要问题与第九章中提到的观点有关，那就是人容易在不知不觉中受到环境、机遇以及天生的和后天的习性（几乎人人从一开始就会在规范性中获得）的影响。伦理学派要求我们对此应该有清醒的认识并能加以控制。控制的形式包括将它们隐藏起来如攻击性和自私行为，或者将其引导进入社会允许的范围，如对食物和性的渴望。即便一些人如努斯鲍姆很自然地认为，热烈的情感对美好生活起主要作用，也会认为有必要对其加以控制，尤其是通过情感教育的方式。

这一观点的形成在很大程度上应归因于始于西方传统的伦理讨论，对此，柏拉图和亚里士多德的著作都有过记载。把美德视为一种卓越，并与真理和理性密切联系在一起，这就给美德的实现带来了限制。与斯多葛派主张的人人平等和平等公民权——世界主义——不同，亚里士多德的观点只适用于小型社会如城邦中的特定阶层以及该阶层中受性别和年龄限制的部分人：拥有完整公民身份的成年男性。之所以需要指出成年人这一点是因为亚里士多德认为，道德思考对缺乏生活经验的年轻人没有多大意义。亚里士多德将"中年人"归入"中产阶级和中等品位"的做法遭到指责，虽然这种指责存在不公（也存在错误。他说的并非中产阶级而是贵族阶级，不是君子与淑女意义上的贵族，而是最"优秀"意义上的贵族。他说的阶级与公民权有关，与社会等级制度无关），但至少在这一点上是正确的。假如我们对他的观点解读无误的话，那么，对他的指责错了吗？以印度学派为例，他们为人生的晚年时期保留着成为托钵僧的机会。但事实上，亚里士多德并不是说获得幸福必须依赖年龄，他建议，年轻人去效仿那些已经拥有实践智慧并据此生活的人，他们自己也能获得这些智慧，成为可供他人效仿的典范。按照实践智慧的指示生活，寻求中道哲学，无论是通过模仿还是反思——尽管反思才是目的——在任何年龄段都会产生幸福感。

然而"卓越"是一个要求很高的目标，重要的一点是，伊壁鸠鲁派和斯多葛派都把重心放在扰乱心神安宁的因素上，把防范它们视为一种必要的而非卓越的表现。前面说过，伊壁鸠鲁派将欲望分为三类："自然且必要"、"自然非必要"以及"既非自然也非必要"。第三类欲望包括财富、权力和地位，根据观察可知，追逐这些欲望会引发焦虑，认识这一点足以让人远离它们，如果我们思考的前提是避免或减少焦虑的话。第二类欲望是性和美食，如果沉迷其中且不因此而扰乱其免于痛苦和心神安宁的状态，那就无伤大雅，如果行为保持适度，心神安宁就不太可能遭到破坏。第一类欲望是对伴侣和健康饮食的基本需求，这是很容易实现的。为了充分进入心神安宁的状态，他们的建议是从公共事务中隐退，转而进入一个真实的或虚拟的花园。斯多葛派着力批判这种隐退行为，他们认为参与国家和社会事务是职责所在。

相应来说，斯多葛派观点需要付出更多努力。对他们而言，控制胃口和情绪——并且展现出勇气、诚实、公正和智慧等美德——为包括获得地位和财富在内的全身心的生活投入提供一个基本框架，因为这些是"不相关因素"，因而无论是拥有还是失去财富和地位都不会对心神安宁造成影响。理性生活这一原则——对于斯多葛派来说，就是依照宇宙的逻各斯而生活——非常接近亚里士多德的观点，但是，最大区别在于，亚里士多德更加注重实用性，除了强调内在美德对于幸福的重要性，他也承认必要的外部物质条件十分重要。

斯多葛派的创始人芝诺提出"良好的生命流动"，即充满和谐、没有烦恼的人生，对此，伊壁鸠鲁派和亚里士多德表示认同。相比较而言，有人认为激情是美好生活的重要组成部分，虽然他们承认激情也会带来不安和痛苦的时刻，但这是可承受的代价——换来的是丰富的体验、情感教育、为他人做贡献以及自身各方面的圆满实现。这是努斯鲍姆的观点。

以上对各学派主要观点的概括显示了他们所取得的一系列成就。其中最主要的成就是所展现出的显性心理分析的结果。这一点常常被提及，即希腊神话富含对于心理的洞察力（所有神话故事都是如此）、崎岖坎坷的人生路途的原型象征意义、恐惧和冲突以及阻碍和失落——一路上充满各种妖魔鬼怪和谜团困惑。但是，希腊化哲学家明确审视人的需求、欲望和与之相关的动机。他们将自己看作心理治疗师，能治愈因偶然性、不确定性及虚假欲望的挫折而引发的痛苦，并提出切合实际的解决方案，因此，他们需要了解准备解决的问题。弄清这些问题是哲学分析的工作；需要反复说明的一点是，他们提供的并非灵丹妙药，而是证据和论据。他们提供的大部分证据来源于对各种情感或欲望的社会形成原因的审视——这些欲望会煽动或挫败人的情感。这代表人类思想的一个新起点。

然而，关于"治疗"这一概念还存在一个问题，"治疗"是伊壁鸠鲁在描述自己的目的时所采用的一个医学隐喻（实际上所有伦理学派都是如此)。我们可能会认为，道德教育的理想是培养聪慧和自立的道德个人，也就是说负责任的道德教育不能是培养像机械一样的人。习惯的形成包含风险，其本质是排除任意一刻由环境引发的新想法。正如阿多所说，亚里士多德明确提出，应从生活方式上进行持续不断的练习，其他学派也都暗示了这一点。习惯的形成过程包括自我管理以及如何做出反应。但是，沃尔特·佩特对此表达了明确的反对意见，其原话稍稍做了改动："我们的失败之处在于要形成一些习惯：因为习惯与俗套刻板的世界有关，而在粗鄙马虎的眼光看来，两个人、两件事或两种情境常常会被同等看待。"劳伦斯·克莱因在为沙夫茨伯里的《特征》一书写的序言中说："导师、哲学家以及所有有志于启迪和教化的人都面临共同的挑战，那就是如何创造和鼓励而非削弱施动者的自主性，即哲学必须创造道德施动者。"(相比之下，在面对权威时，权威的教化方式会导致消极状态)《特征》一书就是为了应对这一挑战，让读者成为哲学家，并确保他们成为世上最有智慧的道德施动者。

以提高自主性为目的的练习不同于灌输条条框框的规则和习惯培养。然而很明显的一点是，斯多葛派虽然有自己的行为准则，但他们把提高自主性作为自己的目标。努斯鲍姆认为，伊壁鸠鲁派在这方面更应受到指责。"他们强调导师的智慧和作用，要求追随者的信任和'忏悔'，有时会使用一些不需要批判性思维的技巧（如死记硬背和多次重复)。"伊壁鸠鲁甚至要求追随者住在花园里面，用他自己的资源支持弟子们的生活。问题在于，由学园提供的生活艺术教育，或者更准确地说是一种练习，"可能会将真理和思辨能力贬低到从属于治疗效果的地步"。果真如此，培养聪慧自立的道德施动者的目标就不会实现，取而代之的则是完全不同的——具有控制性的——价值观，并被认定为焦虑之源。

当然也存在一种对古代各学派的辩护：只要被灌输的价值观能带来心神安宁的状态，那么即使存在那些条件也是可取的。但是，这再一次回到供水系统中添加百忧解这个问题上。同时，也反过来使得努斯鲍姆的观点即治愈重于真理更具说服力了。事实上，对努斯鲍姆来说，这是一个重要而复杂的问题，因为她赋予激情在美好生活中的作用，其中在情感的治愈中又暗含着真理。她这样写道："从人的最深层需求和欲望的角度来定义道德真理（至少在某种程度上）不是没有道理的。"她此后说："所有道德理论都将真理和欲望联系在一起。"这一说法是正确的。但是，主要理论都认为应该切断或限制它们之间的联系，因为欲望乃麻烦之源。古代哲学家建议应该像外科手术一样将其根除才是。

这一观点并不适用于亚里士多德，他通常会就某件事情了解一般人的意见，接着对其进行进一步的审视和提炼。他从不抨击渴求诸如财富、荣誉和权力等欲望，其论证是，这些欲望本身不是目的，而是实现获得幸福这一目标的工具，对幸福而言，这些起着工具性作用的欲望本身是必要条件，但并非充分条件。在这点上，他的观点独一无二。

有关希腊化学派的讨论中缺失的一点是伦理学导师和诡辩者传统之间的比较。诡辩术的鼎盛时期最早出现在希腊独立城邦时期，后来这些城邦相继成为马其顿帝国和罗马帝国的一部分。"诡辩者"

（sophist一词的本意为某领域的行家；"sophos"意为"熟练；机灵；聪明"）到公元前5世纪古典主义盛行时期，该词开始被用来指代更具体的人：专门传授演讲和修辞艺术的老师。在那个时期，公共辩论是一项宝贵的技能；文化大多依靠口耳相传，个人声誉取决于其在公共辩论中的表现。因此，诡辩者的生活过得风生水起。而苏格拉底和包括柏拉图在内的哲学家对这些诡辩者不以为然，认为他们只为贪图金钱而教给他人一些争辩技巧，而不管观点本身正确与否。他们的诡辩术只是为了赢得争辩，而非发现真理；对此，哲学家们是深恶痛绝。柏拉图在其《欧绪德谟篇》中对此进行了抨击，由此"诡辩者"一词含有了贬义。

但是，这种看法对诡辩者有失公允。除了传授修辞技巧，他们还会传授一些对于公共演讲者来说应该知晓的内容，毕竟腹中空空，何以辩之。因此，诡辩者也会传授历史、文学和各种思想，这跟当今学校教育所教授的各种知识一样。公元前5世纪的希腊社会富足成熟，使人们文化水平上升到更高层次，渴望接受传统基础教育之外的教育，他们对哲学话题和辩论产生了浓厚的兴趣。因此，除了修辞技巧，诡辩者还传授"生活哲学"。正是这一点引起了苏格拉底的关注。在道德辩论中，苏格拉底会向这些诡辩者抛出一连串问题，要求他们解释辩论中使用的概念。从历史渊源来说，犬儒派和昔勒尼派同属苏格拉底时代；普罗泰戈拉、高尔吉亚和希庇亚也是和苏格拉底同时代的诡辩者，但与安提西尼和亚里斯提布不同的是，他们并未离开自己的学派。正是后面这些诡辩者以及柏拉图和亚里士多德为具有清醒自我意识的哲学流派的发展树立了榜样，使得诡辩者的非系统性传授——生活艺术——变得正式化。

以上所述带来的一个思考是,生活本身就是一门艺术,与生活目标无关。亚里士多德和斯多葛派认为,人的社会生活和行为与外部因素有关,似乎不受哲学的影响。但是,如果一个人确实受到哲学的影响,并且最后过得更好、更成功——以他们的价值观来衡量——那么就会产生很大的区别。因此,从社会角度看,一个人的人生目标与他从事的工作和职位有关。然而,犬儒派和伊壁鸠鲁派都主张逃避社会,前者更为激进,后者则稍温和些。我们可能会问犬儒派这个问题:"生活的意义到底是什么?以这种极简主义方式存在着,除了拒绝规范生活所需的各种人造物和烦恼等坏处外,还有别的什么意义?"我们可能会想象出各种答案——享受简朴的生活和阳光等——但始终不免心存疑问:作为有智慧的人,他是否能容忍自己的一生都在重复一些简单之事,关闭正常人应该拥有的认知的许多入口和出口,导致认知受阻或者让人变得麻木迟钝。

伊壁鸠鲁学派重视谈话和友谊,这是花园生活的吸引人之处。但是,对于其消极或逃避现实的做法,我们不禁要提出同样的问题:这些交谈对话能带来什么呢?是新发现、某种启发还是新思想?这些交谈可能是为了实现某种抱负,其本质属于"非必要的自然"之物,是焦虑的源头之一。那么友谊这种情感呢?成为朋友就得关爱对方,意味着在必要时采取行动帮忙。有时,这种关爱的表达是沉重的,需要采取的行动也非常艰难。即使希腊的气候舒适宜人,古希腊时代的社会和经济状况相对简单,但是,花园生活的心神安宁也几乎不可能完全不受干扰和影响。在当今时代,如果没有适当条件的支撑——足够的金钱，可安稳退休的场所，一套宽松的规章制度用以应对各种账单、表格、文件和要求——一切都将变得更加艰难。

以上所述再次表明，要追随各个学派，就需要对相关教义——或者说是教义的精髓——进行某种原则性地修改（你也可能说是精心挑选和甄别）。我们可以把沃尔特·佩特的内心世界"花园"视为一种态度，也可以当作我们可以躲避藏身的精神世界；无论如何，这都为选择提供了正当性，使得我们有一种统一体并确保后续行为的一致性，这对我们来说意义非凡——至少在某些时候——可以让我们实现心神安宁。

然而，在本章的讨论中还有一个需要考虑的、绝对不能遗漏的重要因素。那就是无论属于哪个学派，此人对他人的态度和行为都必须符合以哲学家的方式生活的内在要求——重申一次，就是过一种深思熟虑的美好生活；并非只为了自己，而是关注这种生活带来的影响——如果其行为达不到尊重他人的要求，也就谈不上尊重自己了。种族主义、性别歧视和其他歧视性态度和做法在不同程度上无视了他人的人格、剥夺了他人得到公平对待和尊重的权利——除非因自己的行为而丧失了他人尊重。人若想不被消极的态度和行为所控制，就需要去了解跟他人有关的东西；需要避免盲目且单纯地从自身角度看问题；需要对世界及其多样性保持切实有效的包容态度。

因此，"关爱自我"这一概念不仅仅包括自我思考、自我教育、自我掌控之类跟关注自我相关的责任，也包括关注他人的责任，因为人在社会中做出的选择不可避免地会影响他人。很显然，这两者之间是相互关联的，因为一个人若要实现社会责任，就需要充分了解他人不同的想法并将其纳入考量范围。我们也需要丹尼尔·卡尼曼所说的"慢思维"，即仔细思考，深入挖掘、提出问题、不急于得出结论或接受一些似是而非的、转瞬即逝的社交平台信息。关于如何成为有伦理道德之人，普鲁塔克认为，关键是要培养自己的情感认知和克服愚昧无知，为他人树立"优秀客人"的榜样。在其《七贤宴》一文中，普鲁塔克描述了两位贤者在赴宴途中对主客职责的讨论。他们得出的结论是，主人应安排好餐食、酒水和娱乐活动，而客人的任务则是做一个"优秀的谈话者"，也就是要见多识广、知识渊博、见解出奇且能详述解释，还能倾听他人观点，能集中注意力并真正听懂对方的谈话——不仅仅是认为已经理解；不能认真倾听是造成世间沟通困难的常见原因，尤其是在家庭之中——由于善于倾听，就能让对方畅所欲言，并与之讨论、辩论、交换意见并在此过程中启发他人或受到启发，这是优秀客人在宴席上应该做到的。普鲁塔克的言外之意是，在人生这场宴席中，优秀客人也应该做到这一点。

在当今世界，很难想象有人会以犬儒派或类似伊壁鸠鲁派的生活方式从社会隐退。我们面对的各种焦虑——环境灾害的威胁、新技术的快速叠堆（有些具有危害性）、世界变得拥挤不堪且纷争不断——使得这种逃避无异于一种投降，也是放弃责任的做法。由此可知，"关切就意味着采取行动"。弄清楚什么利害攸关，作为个人而言，如果不采取任何行动，其结果远比遭受失败更糟糕。由此可见，在当今社会要过一种善于哲学思考的生活，就意味着全身心地投入其中，做个积极行动者。这个观点极具吸引力。斯多葛派正是由此找到了它所需的目标、资源和解决办法，虽然从定义上说不属于斯多葛派的"不动心"。我们可以采用一种折中主义的观点，让自己过上伊壁鸠鲁式舒适生活，使自己时时保持更新并让思想和情感反应均处于灵活状态，而非恬淡寡欲的"不动心"。定期隐退到自己的心灵花园能够让那些致力于理性生活、肩负繁重任务的人持续为自己喝彩。

总的来说，斯多葛派和伊壁鸠鲁派的教诲是直截了当的，我们可以据此生活但无须刻意关注，或者既不践行也不关注，这是任何持有此类观点都能得出的符合逻辑的结论，即道德努力的目标在于内心的平静安宁，实现目标的手段就是远离外部的不可控事件，或者远离由此引发的情绪波动风险。持反对意见者则认为，在实现个人利益过程中必须考虑他人利益，这是获得内心平静必须付出的代价。

第十四章　人生及其哲学

人们对于营养师自己吃什么食物、医生如何为自己治病、教师如何学习饶有兴趣，这是合情合理的。哲学家又是如何生活的呢？显然，每个营养师、医生和教师都有自己的理论，他们各自可根据本专业领域的要求做出最好的安排。有的营养师可能更加喜欢低碳水化合物饮食，有的则偏好蔬菜、水果、奶制品和全谷物的饮食，还有的可能选择狩猎采集者那样的"原始"生活方式，他的菜单上主要是肉类、坚果和水果。谷物富含碳水，因此，不适合第一类营养师；奶制品和谷物需要农业生产，因此，它们和大部分现代蔬菜并不适合狩猎采集者；而狩猎采集者的饮食方式不适合喜欢低碳水化合物的营养师，因为坚果和水果富含碳水；所有这些食谱对于素食者或者严格素食主义者来说都不适合，因为它们在不同程度上均含有肉类、鱼类和奶制品。因此，有关该吃什么、不该吃什么的理论多得让人眼花缭乱，头晕目眩，相比之下哲学——可以这么说——就是小菜一碟了。

在古代学派中,有的支持完全融入社会生活(亚里士多德派和斯多葛派),有的支持在一定程度上远离社会(犬儒派和伊壁鸠鲁派),他们之间存在显著差异。就伊壁鸠鲁派而言,他们并不完全远离社会,与犬儒派相比,他们不去追求地位和财富,因为世俗的追求往往伴随着痛苦、失望、压力和对外部因素的高度依赖。斯多葛派将伊壁鸠鲁派所回避的事物视为"不相关因素",不会因为这些东西的缺乏——或者受到超出其控制之外的突发事件所导致的成功或失败——而使其心神安宁遭到破坏,因此,一旦时机来临,他们也会寻求职位,并不鄙视财富或权力,这是有正当理由的。伊壁鸠鲁会选择性地随时退回花园,在第五章中提到的19世纪的佩特和王尔德建造了心灵花园(佩特)或心灵和生活方式的花园(王尔德)。

伏尔泰在其小说《老实人》的结尾部分就花园这一概念举了一个异乎寻常的例子。小说的主人公憨第德和他的随从库内贡德、邦葛罗斯博士等人在经历了一系列动荡冒险后,最终在君士坦丁堡定居下来并一起开垦菜园,他们之间仍然争辩不休,但在照料菜园的劳作中找到了一种共同的解决办法。伏尔泰在创作《老实人》时的主要目标是证明"改良主义"优于"完美主义"。"改良主义"认为,我们的目标应该是在生活现实基础上让事物变得更美好,这才是对人类最实用的目标;"完美主义"则认为,完美是可以实现的,并鼓励我们努力追求完美。伏尔泰本人在法国和瑞士边界的费尔尼城堡建立了自己的伊壁鸠鲁花园(选择此处是因为万一与法国当局再度发生龃龉时,他能快速逃往瑞士),他在那里度过了生命中的最后17

年，然而，最终，他还是返回巴黎并在观看自己的戏剧《伊琳娜》上演后去世。

所有伦理学派的教义中都有吸引人的元素，不同元素吸引不同的人。因此，大多数人理所当然地会像西塞罗和后来的大多数思想家一样采用折中主义方法，即使他们有基本的哲学倾向——如西塞罗一样，他在知识论上坚持柏拉图派教义，但尊重斯多葛派并赞同其中的若干原则。同样，斯多葛派的塞涅卡在致鲁基里乌斯的信件中时常讨论并赞同伊壁鸠鲁派观点。文艺复兴、启蒙时代和现代世俗人士等各派思想家通常也是如此。他们采用折中的方式、选择不同观点的种种要素来构建自己的观点，这是合理的，但往往有两个前提：一是它的确能为这些选择提供合理的理由；二是确保结果在内心能保持前后一致。折中主义之所以合理，是因为个体的多样性使得任何一个伦理观在其初始状态下很难适用于任何人，或者说不能完全涵盖个人生活的方方面面。

无论如何，智慧都属于每个人（这一点会被反复提到），一旦发现就应该得到运用并付诸实践。没有哪个学派能垄断所有智慧。因此，我们应该避免把自己局限在某个标签下，任凭相关的"主义"代替我们思考。接受某一"主义"的标签就像戴上一副眼镜，使世界以特定方式呈现出来，某些事被放大而其他事则被屏蔽。按照这一解释，苏格拉底之问的挑战就是要竭力避免出现这种情况，我们要有自己的立场，思想保持自由，试图从不同角度认清事物，摒除偏见。这是真实而又难以达到的目标；我们都带着自己的看法，无论对自我和自己的信念审视得多么仔细，仍然会有很多偏见隐藏在我们内心，并影响我们的选择。要回答苏格拉底之问，就必须在自我意识中长存批判精神，这是职责所在；这样做的主要目标就是帮助我们摆脱隐藏偏见的桎梏。

在我看来，成为某人的信徒或某学派的狂热追随者的做法与哲学的基本要求相悖，哲学要求能独立思考，对某些观点能予以批判性审视，能分辨不同哲学家的主张是否经受住检验，能对各种理论和思想家保持怀疑而又富有建设性——在此过程中能拥有自己的立场，能从生活和思想积累中尽可能多地学习和思考——努力使自己的立场有足够的说服力，同时也要准备在出现更好论据和证据时修正或放弃自己的立场。看到有如此多的人认为某个哲学家可提供所有答案、哲学从根本上说就是对那位哲学家观点的运用，这是一件令人沮丧的事。当我在20世纪60年代读本科时，这种情况在很多哲学教授中普遍存在，他们沉迷于维特根斯坦的思想，并把所有时间都花在解释和阐述其文本，并用他的方式处理所有哲学问题上面。他的著作因为简短和非系统（《逻辑哲学论》除外）的观察而具有预言和神谕色彩，由追随者编撰而成现在的形式，其著作的晦涩难懂竟然意外催生出一个完整的产业，用以对其进行推测、阐释和轮廓勾勒。海德格尔也是如此，像维特根斯坦一样，常常被老师在向学生介绍时说成"20世纪最伟大的哲学家"，他的主要作品被吹捧为"20世纪最伟大的哲学作品"等（在同时期存在不止一个"最伟大"之物，这本身就是夸大其词）。这种话语暗示着思想上的顺从和主动放弃批判能力，欣然接受某位"最伟大"哲学家的行为准则和观点，并在阐述这些观点时甘愿充当附和者的角色。

这样说并非否认伟大哲学家作品中的思想所呈现出的兴趣、天赋、洞察力和影响力——这些恰恰是他们成为伟大哲学家的原因所在，他们打开了思考的新空间和看待事物的新视角。最早时期以来的几乎所有哲学大家都是如此。我们若对其中任何一位着迷，就会像经典英文童话故事《哈梅林的吹笛人》中被笛声吸引走的孩子一样。为了表达对有趣哲学家做出贡献的尊敬，我们应该吸收他们思想的过人之处并加以运用。再说一次，有智慧、有洞察力的思想属于每个人，理应被自由地吸收和运用——虽然我们必须始终承认思想的创始者及其对我们思想产生的影响。

很显然，影响我们的不仅有思想家，还有其他人。说到规范性原则，父母、朋友和周围社会的各色群体均是我们大多数人学习和实践规范性的渠道，尽管我们多数时候并没有意识到这一点。老师的影响力特别大，无论是积极的，还是消极的。糟糕的老师可能会打击学生的自信心，导致学生不再关注本应对其有积极作用的选择。优秀的老师会激励学生教会自己，这正是教育的本质：激励学生自我教育，这是"学习"的真正含义。虽然老师需要像一台电脑一样将一定数量的信息——公式、日期、解方程技巧、安全混合化学物质、区分五音步诗行与六音步诗行等——从其大脑下载，然后转移到学生的大脑中，但教育的实质是教人学会自我教育。受到如此激励，并见识行之有效的自我教育之法恰恰是好老师赐予学生的最好礼物。

我可以列举出六位给我激励的老师，其中两位中小学老师、四位大学老师（在此，我诚惶诚恐地简要回顾"我的哲学生活"经历，以此回应人们对营养师自己吃什么、医生如何为自己治病和我作为哲学家如何生活的好奇之心）。首先，值得一提的是我的中小学老师，由于父亲的工作关系，我们曾出国到非洲生活，主要是现在被称为赞比亚和马拉维的地方。因此，我在非洲大陆的不同地区、不同学校的教育经历相对零碎——总共七所学校——其中有些在学期初到校，学期末就离校，每次在路途中单程就需要乘坐好几天的火车，后来还乘坐飞机穿越壮阔的赞比西河南下求学，再北上返回我们居住的家。那时，非洲内陆有时会成为失意外籍移民的聚集地，"那时"指二战结束后的 20 年，彼时，大英帝国已经迅速日薄西山。因此，在学校里谋得一份差事者要么没有受过专业培训，要么是出于某些或多或少令人啼笑皆非的理由被英国老家辞退的老师。

在这些惊险的上学经历中，我遇到过许多水平不高甚至非常糟糕的老师，但在此没有必要提及他们的名字。他们要么只是照本宣科，教授课本上完全可以自己阅读的东西，要么恐吓青少年，使他们变得顺从、屈服，从来不敢提问、不敢质疑、不敢对事物保持好奇和怀疑的态度。这真是罪莫大焉。后面这类教师尤其让我感到愤怒，付出的代价是我的屁股没少挨板子。对学习者来说，有学习的意愿，同时急切地想质疑——我更接近于后者——是一种健康状态。我们永远都处于学习之中，要是有人能给我们指引方向，传授经验，当然会大有帮助。

其中一位优秀中学男老师是教英语的吉姆·马歇尔。他特别热爱诗歌和莎士比亚，沉溺于这两者之中无法自拔——也可能是对语言可能性的痴迷。文学向我们打开了人类生活的许多窗口，故事让我们得以窥见可能永远无法亲身体验的经历、角色和境遇，所以他的课堂成了我们大开眼界的展厅。就如同人们翻开书的第一页时可能体会到的那种美好感受，这是他的课堂给我们留下的终生难忘的遗产。提及他的名字就会让我再次回想起他那独特神奇的头形，头顶有一绺头发向后突出，就像一只头顶长着羽毛的戴胜鸟。

另一位中学老师叫彼得·威廉姆斯，他身材高大（又高又胖），一只胳膊因小儿麻痹症而萎缩，并且有些口吃。他养着一只名叫尼采的杂种狗，狗身上有一种臭烘烘的难闻气味。他开一辆老款奔驰汽车，换挡杆位于方向盘上，也就是说——他单手驾驶——换挡时必须放开方向盘。由于换挡杆在左边，而他的左臂萎缩无力，这就要求他尽可能快地用右手绕过腹部和方向盘的阻挡，从而完成危险的换挡动作。结果他在城镇道路上的轨迹——幸好非洲早期的车流量不大——是一连串剧烈的转向。但是，彼得·威廉姆斯是一位奇才。他是学校的数学老师之一，曾因在大学期间读过古典文学而不得已教授拉丁语。很久以前逃到非洲后就被学校要求转教数学（他是同性恋者，在那个时代，这是一种犯罪行为），所以他变成了一名数学老师。拉丁语并不在学校为本地学生开设的课程中，这次讲授他最初所爱的内容重新点燃了他的热情。他真了不起，手里拿着维吉尔、奥维德——甚至李维——的作品大声朗读，他的口吃将古老的语言转化为神奇的符咒。可以预料，他尤其喜爱《埃涅阿斯纪》第九卷的文本，其中的一对恋人尼苏斯和欧吕阿鲁斯试图在夜晚穿越鲁图利亚防线时壮烈死去。但是，他也禁不住将这个故事放入整个背景之中，包括古典时期的历史、文学、哲学家和哲学范畴，将这些展现在我们的面前,就像叶芝那织满了金光和银光的天堂锦绣一般。[1]

对我来说,这就是天堂,因为在遇到彼得·威廉姆斯之前,我已经爱上了两样东西:哲学和古代世界。

对古代历史和神话的兴趣源自我8岁上小学时的一次事故。一天在板球场上,一个大些的男同学让我跑回学校替他从寄存柜里取件东西。恰巧学校最近在男同学中发生了盗窃事件,校长下达严格的限制令,不允许任何人窥探其他男同学的寄存柜,违者将被处以开除学籍的惩罚。我提醒那个男同学这件事的严重性,他回答说,如果我不照他的要求去做,就会揍我一顿。这并不是我第一次遇到"恐吓论证"——通过暴力威胁逼迫就范的逻辑谬误——无论如何,打骂体罚都是那个年代家长备用工具箱中的手段之一。这个同学在年纪和体型方面都大我很多,而且恶名远扬,谨慎怕事的我忍不住拔腿朝学校跑去。就在我正从他的寄存柜里翻找时,一个严厉的声音叫住我。真的太可怕了——我被抓了个现行。幸运的是,发现者是我哥哥,他年长我5岁,在学校是个大人物,他是学校中负责维持纪律的学长,寄宿生的管理者。他手臂下夹着一本书。我给他解释了翻看另一男同学寄存柜的原因,然后,他把书交给我,说:"这是祖母给你的礼物。作为惩罚,你要在明天早上之前背诵前两页。如果你能做到,我就不会告发你。"

---

[1] 源自叶芝的一首爱情诗歌《他希望得到天堂中的锦绣》(*He Wishes for the Cloths of Heaven*)。——译者注

第十四章 人生及其哲学

这是一本希腊神话书,到第二天早上,我已经能够背出整本书的内容,并陶醉其中。尽可能找到自己感兴趣的东西,这是我在很早之前就养成的习惯。后来学校要求我们阅读莎士比亚作品(《亨利四世》第一部和《皆大欢喜》),我因此读过莎士比亚所有剧作、十四行诗和长诗,并在接下来的学校放假期间一直读他的作品。这一切都是拜祖母送给我的礼物所赐。我贪婪地阅读能够找到的希腊神话和历史书,并由此遇到了那些哲学家的名字,进而渴望了解他们。

在赞比亚铜带地区的恩多拉市,我们住在一座老旧而宽敞的殖民风格平房里,距离刚果边境和发生在卡坦加战争期间的空难发生地只有几英里。战争就是在我们附近猛烈爆发的。在那场空难中,达格·哈马舍尔德[1]因此丧生。我们家有一套十卷本的百科全书,封面是带有凹凸图案的红色仿皮革,在学校放假期间,我趴在门廊的凉爽石板上翻阅它们,度过了许多时光。这些书籍给我带来许多发现和感触,比如有一张巴黎街头一辆泛着纹路的卡车照片,就像其他深褐色的模糊插图一样。我想到也许每个国家都有自己类型的汽车,与我所知道的汽车相比,造型奇特,比例失调,这意味着世界其他地方可能存在超乎我想象的巨大差异,这不免让人感到惊奇。然后我想起父亲那时开的欧宝,母亲开的是德国大众,她的朋友玛吉则开着一辆造型复杂美妙的雪铁龙C7,这才让我打消疑惑,感到

---

[1] 达格·哈马舍尔德(Dag Hammerskjöld),瑞典人,第二任联合国秘书长,1961年9月18日,前往刚果调解停火,和随行人员乘坐的飞机在北罗得西亚(今赞比亚)恩多拉附近坠毁,死后在1961年被追授诺贝尔和平奖。——译者注

放心了。

然而，让我着迷的是长相英俊的柏拉图和亚里士多德的半身像照片，还有透着调皮的塌鼻苏格拉底半身像。我试图阅读百科全书中关于他们的文章，以及文章中提到的其他人，如巴门尼德、赫拉克利特、西提姆的芝诺、普罗提诺，等等。这些文章都很简短，概述性强，看起来很不过瘾。我想知道阅读柏拉图的原著会是什么感觉，并渴望尝试一下。12岁那年，我妈妈给我弄到一张恩多拉图书馆成人区的借阅证，这通常是16岁以上的孩子才能享受的特权。这个图书馆让人欣喜，里面是各种书籍的大杂烩，都是那些被派往非洲管理这个大帝国、突然死于热带病的殖民地官员遗赠的东西。他们把大学时期的书籍随身带来（对受过教育者来说，图书馆就是宝藏），而他们的亲属无意把这些书运回。这里有本杰明·乔伊特翻译的《柏拉图全集》，这着实让人惊叹。我欣喜地取下第一卷，翻到对话录《卡尔米德篇》的第一页。

《卡尔米德篇》——关于节制和克制——开篇讲述了苏格拉底从波提狄亚战役归来，想知道自己离开后谁会成为人们眼中的宠儿。有人告诉他，当时最受欢迎的人是卡尔米德。他说，想见一见这个男孩，于是他和朋友们一同去了体育馆。苏格拉底被卡尔米德的美貌所吸引，并要求将他叫过来，说："我想看看他是否具备超越外貌之美的东西，也就是高贵的灵魂。"

在不知不觉中，我读完了整个对话并沉浸其中。如果一个12岁的孩子都能理解，那么人人都能理解。讨论并没有得出结论，这是早期对话的一个特点——存疑性——然而仍具启发性，并且会"引发思考"（人们常常这样说但并未完全领会其意义）。在很久之前的那个下午，在非洲大陆的腹地，我对自己说，我们文化中的这些伟大人物为此奉献了一生，我也要像他们一样。

乔伊特的《柏拉图全集》是我那时候唯一可以读到的哲学经典。我随意地漫游其间，《巴门尼德篇》和《泰阿泰德篇》让我感到困惑，《斐多篇》和《会饮篇》的辩论让我大受影响。但就像弹珠游戏机中的弹球在各篇之间跳来跳去，我并没有整体理解柏拉图的思想及其发展。幸好接下来这一问题开始得到纠正。在遇到彼得·威廉姆斯之前不久的一个星期六下午，我在村子的集会上以六便士的价格买到了一本破旧不堪的书，乔治·亨利·路易斯的《哲学传记史》。

我一遍又一遍地阅读这本书，直到它完全散掉。我至今还保留着它，它被胶带和胶水粘在一起，已经没法阅读了。不久之后，我弄到伯特兰·罗素的《西方哲学史》的一本复印本并贪婪地读了起来，我对罗素和路易斯之间的差异和相似之处很感兴趣。这些差异有时很大：路易斯认为19世纪法国社会学家奥古斯特·孔德是个伟大人物，因为他通过引入"实证知识"（在路易斯看来）使得哲学上各种观点之间的竞争得以终结，而罗素甚至根本就没有提到孔德。在罗素的著作中，中世纪神学家占据很大篇幅，诗人拜伦也被认为是某一类型的哲学家，而路易斯则完全忽视中世纪神学家，因为他认为"基督教哲学"这一表述自相矛盾，因为宗教建立在信仰之上，而哲学建立在理性之上。

而我的好运也仅限于乔伊特的书，其余只能通过阅读哲学史来满足我的兴趣，直到返回英国，我才能接触到正式图书馆和大学的哲学研究。这是因为我将阅读哲学看作一次伟大的对话、一场传统的辩论、一种思想和理论的发展。不是以纯辩证的方式，虽然有时候如此，而是试图以一种不断发展的、数量上不断增加的方式去理解这个世界以及人类，从多个角度尝试回答有关现实、知识、真理、理性、善的概念、社会以及最重要的是——对我、苏格拉底和古代哲学家而言——生活方式问题，这些问题纵横交错形成一个混合体。因此，我没有拜倒在任何一位思想家面前。在这些哲学史中，除了罗素本人以外，我提到的20世纪哲学家还有F.H.布拉德雷和G.E.摩尔。

这是彼得·威廉姆斯对我如此重要的原因。他除了增加和丰富了我对古典的兴趣之外，还跟我讲起维特根斯坦、海德格尔、萨特、A.J.艾耶尔和吉尔伯特·赖尔，这是我第一次听到这些名字。威廉姆斯对他们的了解并不多——他没有读过艾耶尔的《语言、真理与逻辑》、萨特的《恶心》、赖尔的《心的概念》或维特根斯坦的《哲学研究》，这些书的出版时间并不久远（请注意这是在20世纪60年代初。这些书的出版日期分别为：艾耶尔1936年，萨特1938年，但英译版是1949年，赖尔1949年，维特根斯坦1953年），但是，他听说过这些书，并说这些书是引发很多讨论和哲学争议的典范。这激发了我极大的好奇心。我找到《恶心》，阅读之后就立刻变成了存在主义者，既是因为小说本身的力量，也是因为他的介绍，后来我通过一手阅读更加熟识了克尔凯郭尔、尼采、萨特、加缪以及受他们影响的很多作家。在开始大学学习的几个月内，我读完所有其他书。维特根斯坦并没有说服我相信，哲学的最大问题是人们对语

第十四章 人生及其哲学

言的误解,而我最初遇到的大多数哲学师生对维特根斯坦的过度关注则令人厌恶。

对维特根斯坦的关注可能会让我放弃哲学——维特根斯坦本人也会认同这一点,因为他极力劝阻学生继续进行哲学研究。但是,这对我并没有造成影响,我对哲学的感情太深了。对维特根斯坦作品的热切崇拜似乎不能带来任何结果,无论怎样,作为四大哲学家之一的蒂莫西·斯普里格对此做出了纠正,在这方面,我称斯普里格为"生活中的人"。

除了彼得·辛格之外,蒂莫西·斯普里格是我所知道的唯一一个对哲学至诚、一心追求哲学之人。他是一位唯心主义者,在读过格林、布拉德雷、罗伊斯和麦克塔格特——唯心主义哲学家(有时被不准确地称为"英国黑格尔派")——以及斯宾诺莎和桑塔耶纳的著作后形成了自己的观点。他留着19世纪的大胡子,身体相当虚弱,给人一种《旧约全书》里孤僻而又自谦的先知形象,如果这一矛盾修辞说得通的话。他穿凉鞋时会套上袜子,头戴一顶小软呢帽,这帽子因为使用过多而变得软塌塌的,让人联想到20世纪30年代另外一种英伦生活方式,他的生活的确就是这样的。他是位素食主义者,态度平和,在哲学问题上孜孜不倦,永远是个充满困惑迷茫同时又坚定探索的典范。他从剑桥大学毕业后开启了学术生涯。当时,他在伦敦大学学院负责编辑《边沁论文集》,部分原因是边沁的观点在他看来丑陋、平庸而且世俗,这也促使他要成为灵魂哲学家。

我从未与斯普里格的哲学信念产生共鸣,尽管我非常钦佩他的诚心探索以及他为此辩护的努力。坦率地说,他追求的是为自己形而上学的直觉找到合理解释——事实上这正是他常常以一种非教条的方式迫切想完成之事。他是一位泛心论者，相信世界由各种经验构成，而这些经验又构成了一个整体，存在于永恒的当下。万物之间的这种联系为我们的伦理道德提供指引，而在他看来，素食主义就是其组成部分。有一次，他到牛津大学拜访我，我们与正在休科研假的澳大利亚访问学者彼得·辛格共进晚餐。席间的谈话促使我也成了一名素食主义者，并一直坚持了数十年。

在牛津大学读书时，我的两位主要老师是阿尔弗雷德·朱尔斯·弗雷迪·艾耶尔爵士（简称A.J.艾耶尔）和彼得·弗雷德里克·斯特劳森。他们在哲学界颇有名望，但是，在个性和哲学见解方面却大相径庭。在我的学业生涯结束后，我和两位老师继续保持来往，和艾耶尔是朋友，和彼得·斯特劳森则是"从前的学生"和同事，我们曾一起前往中国讲学。一到北京，东道主就为我们举办了一场盛大的欢迎宴会，宴会有数十道菜品，席间有普通话的长篇致辞，此后斯特劳森被邀请作为小组中的资深成员致辞答谢。尽管毫无准备，且存在时差反应，但他还是起身致辞——一如既往地温文尔雅。落座之后，我凑上前跟他说："你的致辞太棒了。"他低声回应道："你是说我平时讲得不好吗？"

每两周，我会去斯特劳森位于莫德林学院新建公寓楼的住所拜访他一次，他是我的牛津大学同事，每次我都提前寄一篇文章给他。最初几次，他都是在抽着香烟的烟雾缭绕中对我的论文做出回应："我觉得没有什么不妥之处。"由于没有得到更详细的回复，我很沮丧，于是我写的文章越来越长、越来越详细，得到的仍然是同样的回复，只是偶尔会提醒我在第 38 页（可能是）有个单词打错了。我向一位与斯特劳森共事时间更长的同学倾诉了我的挫败感："他总是说，'我觉得没有什么不妥之处'。真让人抓狂！"同学大吃一惊。"天哪！"他说道，"这是他的最高赞誉啊！"这当然是带有自我吹嘘之嫌的逸闻趣事，不过的确有其真实的一面。因此，我深受鼓舞，决定写下对斯特劳森《个体》一书的看法，有关困扰我的一个关键论点。这是专业争论，无须在此赘述。这让斯特劳森很是兴奋与激动，他迫不及待地与我讨论，从各个角度探讨这一论点及其影响，一直持续了数小时。直到夜晚时分，我才在兴奋之中离开。

彼得·斯特劳森就像一只一丝不苟的小鸟，谦逊而又仔细地应对各种想法，而弗雷迪·艾耶尔则完全是另外一种生物。他在新学院的地下教室上研讨课，他来回踱步，狠狠地吸着烟，语速极快，总是能敏锐地抓住当天学生汇报的要点。这的确是他教学中特别宝贵的一点。我和他共事几年，经常在新学院的办公室见面，他从威克姆的逻辑讲席教授退休后，成为沃弗森学院的研究员。在听完我对某个观点的阐述后，他会说："我不太同意这个观点，但我们可讨论一下！"我们的讨论总是很热烈——而且必须承认总是很艰难——但是，这并不重要，在讨论结束我准备离开时总是激情澎湃。

在新学院时，我经常与弗雷迪共进晚餐，每次都会发生一些逸闻趣事。一次来了一位牛津主教，而弗雷迪是坚定的无神论者，饭后在喝了不少波特酒和白兰地的作用下，两人在教师活动室大吵一架。后来我扶弗雷迪下楼梯时，他停下来高举拳头向天挥舞着说："如果你真的存在，就一定会为此付出代价！"还有一次，他对我说

（我相信他也对别人这么说过，这句话就像精心排练和润色过一样）："我自视甚高，但并不自负。我不是一流哲学家，但属于二流哲学家中的优等生。"如果我们把柏拉图、亚里士多德、康德等极少数人列为一流哲学家，那么，这一说法的确可谓相当霸气的宣言了。

我把弗雷迪对我说过的一件事转述给其传记作者本·雷吉斯，此后被雷吉斯记述在《艾耶尔：我的一生》一书中。弗雷迪说道（大致是这样说的，当然最后一句话的最后十个字一字不差）："如果回顾我的一生，你会觉得我的职业生涯似乎异常辉煌。我是伊顿公学的公费生，在基督教会学院求学，又在基督教会学院读研究生，再后来担任瓦德汉学院的研究员、伦敦大学学院格罗特心灵哲学教授、牛津大学威克姆逻辑学教授，被英国女王授予爵士头衔，当选为英国科学院院士。但是，一直以来我都期待有人拍拍我的肩膀，对我说：'你在这里干什么，你这个肮脏的小犹太佬？'"

这句话惊世骇俗又具有启发性。很少有人知道伊顿公学的学生——也被称为住宿生或"公费生"，依靠资助在此读书的聪明孩子——曾被父母花钱在此读书的校外寄宿生瞧不起。我不知道弗雷迪在基督教会学院和威克姆学院时的心态如何，不过在基督教会学院时，他曾与爱因斯坦共进晚餐，爱因斯坦这样评价他："这个年轻人很聪明。"弗雷迪将这句话视若珍宝。但是，后来在新学院，他感到一丝不安，认为哲学界有人——尤其是激进派正在将哲学从传统认识论的关注转移开，而这是弗雷迪倾注大量心血之所——将他被任命为威克姆讲席教授视为错误，因为他已经过时了。激进派正朝着语言哲学的方向迈进。弗雷迪的著作《知识问题》（1957年）封面

第十四章 人生及其哲学

上有一张弗雷迪坐着的照片，膝盖上卧着一只小猎狗，他直视镜头，而小猎狗则望向一侧。可笑之处在于，连狗都知道哲学已经不存在了，但弗雷迪却还不知道。

这是J. L. 奥斯汀持续攻击弗雷迪观点的结果，J. L. 奥斯汀是个难对付的人，他在牛津大学的年度演讲——演讲内容后来以《感觉与可感物》的书名出版，成为典型的牛津大学笑料——借用弗雷迪早期出版的《经验知识之基础》（该书于1940年在军营中写成，当时他正在受训成为一名英国皇家禁卫军军官）一书，对弗雷迪有关感觉与料的观点进行猛烈抨击，弗雷迪本人也认为该书不够成熟。奥斯汀于1960年去世，而弗雷迪直到1967年才对此做出回应，但此时，大多数人已不再关心这场争论，这实在令人遗憾，因为弗雷迪的回应非常精彩。

有关知识的论战（即我们能够认识什么以及如何获得这些知识的问题受到怀疑论思想的挑战，他们认为感知经验不可靠和推理能力容易出错）一直处于中心地位，这是被笛卡尔以及遵循其脚步的领军人物如洛克、贝克莱、休谟、罗素、普莱斯、艾耶尔等人推动的传统。因此，在早期阶段，我对哲学的兴趣主要与此有关，并竭力想解决这个问题。我认为论战的框架结构——其中心任务是回应，可能的话也是反驳有关知识断言的质疑——是正确的，我集中精力以这种方式解决这个问题。我之所以对此有如此浓厚的兴趣，是因为我在大学本科期间阅读贝克莱作品的经历。

引发我兴趣的那一刻是如此特别，影响如此之大，以至于我至今仍记忆犹新。那是1969年4月的一个周六的晚上，当时正值春假。

假期的前半段我一直待在巴黎，虽然住在左岸新桥附近位于内勒街区的一家廉价旅馆，但我的钱还是花光了。这家破旧旅馆建得又陡峭又狭窄，后来成了一家妓院——这是一年多后我想再次预订这家旅馆时发现的。在一些乐于助人的索邦大学学生的资助下我才顺利回到英国，他们给我详细介绍了他们过去一年的经历。当时我正在第二次仔细阅读贝克莱的《人类知识原理》，那天早些时候，我已经读过这本书。突然，我抬头向上看，房间里难看的橙色窗帘是拉上的。我凝视着窗帘，好像没有看见它们一样。天哪，我想，他是对的！15年后，我出版了一本有关贝克莱的书，详细分析了他的论点——顺便想说一下的是，这是一个备受误解和诋毁的论点——他总体上是错的，却是很有趣的错误，同时有部分是正确的，与休谟、康德和当今神经心理学家以不同方式得出的结论相似（实际上感知经验的世界是一种虚拟现实）。在4月的那个晚上，我认识到他的部分论点是正确的，虽然我得出结论的方式并不正确，我以为他想说的是外部世界——我们所认为的真实物质世界，那个独立于我或其他人对它的有限感知而存在的世界——并不存在。

那一刻，我真切地感受到这个观点的力量，使我陷入我们口头所说的"精神崩溃"，或者用更流行的说法是"生存危机"。事实上准确地说，并非实质上的危机而是机遇，因为在那个从青年步入成年的年龄段——20岁左右——我们都会身陷漩涡之中，会被卷入到一些我们尚未准备好之事——失恋、离开家到外地上大学、惹上某种麻烦、读哲学著作，这些都是寻常之事。除开那些处于挣扎中的真正精神病患者，我们对于世界是一种非真实存在的观点感到恐惧，

第十四章 人生及其哲学

这不是信念而是情绪——由于我们有坐公共汽车和吃早餐的需求，因此，不可能相信这一点——这种情绪无论是由什么引发的，对于许多刚刚成年的人来说，无疑都是寻常体验，是一种与自我分离的细胞反应。总之，对我来说，接下来的几年很艰难，部分原因与这种焦虑状态有关，还有部分原因与外部事件有关，我深陷在这种明显的焦虑状态——畏之中。不过我在哲学研究中找到了极大的慰藉，这既来自研究过程——在对思想的深入探索、研究、写作和跟踪调查过程中出现的自我的无意识状态——也来自我自己的哲学观，它们逐渐成形并清晰可见，虽然仍处于不断发展之中。尤其是我想出一些方法来解决那些亟待解决的形而上学问题，来阐述经验与想法、指称和理论目标之间的关系，也得出若干有关在世界中存在的伦理结论。由于取得的这些进展，出现了某种程度的平衡。这一切虽然由一则逸事引发，但刚才的描述证明了如下观点，即无论是谁，只要收到开启哲学生活的邀约，提出一种人生哲学，他都会从中受益。

如果有人认为主观唯心主义认识论基础上的唯我论可能是正确观点，那么，他可以读一读杜威和海德格尔的著作、厘清维特根斯坦的"反对私人语言的论证"[1]对笛卡尔的传统认识论意味着什么，就会起到有益的纠正效果。这三位思想家以不同方式否定了笛卡尔假设的观点（也就是此后3个世纪的认识论传统），即知识始于个人意识——体验，我们必须从这些体验出发，向外探索超越我们理解

---

[1] 维特根斯坦在《哲学研究》中表明私人语言存在的不可能性。他认为语言的意义是通过社会交流和共享来建立的，个体无法建立起真正意义上的私人语言。——译者注

能力的世界，因此需要确定我们的意识与那个假定的独立于意识存在的外部世界之间的真实连接，但怀疑论者认为，这种连接是脆弱的。笛卡尔引用了"善良的神"这一概念——意味着神希望我们不再上当受骗——神的善良可确保我们的意识与外部世界之间的连接牢固可靠。笛卡尔的后继者并没有采纳这种解决办法，他们试图找到更好的办法，但是，同样没有成功。事实证明，从个人内在经验出发寻求确定的外部世界是艰难而无望的一件事。罗素从1914年的《我们关于外间世界的知识》到1948年的《人类的知识：其范围与限度》中反复尝试解决这一问题。杜威提出的参与者视角（我们作为达尔文生命体存在于环境之中，环境是我们获取和应用知识的客观背景）、海德格尔提出的"在世界中存在"（世界处于"上手状态"和"在手状态"）以及维特根斯坦提出的私人语言观（意味着人们只能用本质上的公共语言来讲述个人经验，因此，这种语言只能在公共语境中习得和使用）都彻底扭转了顺序：从原来的认为我们由内而外，变成了他们以各种方式断言外部世界才最为重要。

这是一个积极的变化，是治疗唯我论焦虑的有效方法。但它仍然没有回答第一人称知识和证据问题（"证据"是他人的第一人称命题）以及怀疑论者的质疑："根据你现在的感官经验和你从中得出的推论，你本人如何能够确定你的断言就是真实无误呢？"在质疑他人的证据时，同样的问题也适用于质疑自己形成的观念。这也可以运用到对记忆、基于经验的知识共享和各种形式归纳法的可靠性的质疑，然而，这些归纳法正是对发生在过去或其他地方和未来的偶发事件的标准推理方法。总之，对认识论中的经验主义讨论——罗素、逻辑实证主义者、艾耶尔等在20世纪上半叶进行了激烈的辩论，但由于他们都以笛卡尔的观点为出发点，所以并没有取得有效的进展——对我来说，这场辩论仍未结束。我的博士论文和第二、三本书都是源于对这个问题的讨论。

"第二、三本书"，顺便要说的是，关于第一本书《哲学逻辑学导论》有个小插曲，这本书的第一版出版于1982年，几乎与我读完博士学位的时间一致。之所以会出现这种情况，是因为在攻读博士学位期间，我发现自己需要一本几乎能囊括所有哲学领域关键概念、表达清晰而又便于查阅的书：包括真值与真值载体、必然性与可能性、分析性与综合性、先验性与后验性、意义与指称、模态、可能世界、存在性与同一性。但是，似乎还没有这样的书，于是我把论文放在一边，并着手写作。写作本身就是学习过程，而且最后证明这是一次很成功的写作。到第三版时，它已然成为学生的资料来源——对于牛津大学参加"逻辑学"（即"哲学概论"）学位考试的学生尤其有用。

写作这本书花了我好几年时间，因而博士论文写作被延期了——这反而是有帮助的，因为延期说明思想在日趋成熟。由于超出了获得研究生助学金的时间限制，我开始兼职做家教和新闻记者以维持生计。有一天弗雷迪·艾耶尔问起我的经济状况，我悉数告知。他也没说什么，几天之后，我收到莫德林学院院长让我去见他的便条。我心里忐忑不安，不知道自己做错了什么，就去其寓所拜访了。他说（这次又是一字不改的原话）："艾耶尔教授认为，我们应该给你一些钱。我们会的。"这就是牛津。我认为，从那以后，它的变化之大已经让人认不出来了。现在若要做出这样的决定，就不仅仅是需要正式申请和委员会讨论了。麦金农奖学金解决了我的燃眉之急，帮助我及时完成博士论文，没有继续延期。

我非常喜欢莫德林学院。这里很美，有漂亮的回廊、精致的钟楼（国王詹姆士一世称其为"最符合牛津特色的建筑"）、鹿园、艾迪生小径和春天长满贝母的水草地，可以说是一座美丽的伊壁鸠鲁花园。古物学家安东尼·伍德称其为"学术界中最高贵、最华丽的建筑……如同欧罗塔斯河畔一样令人心旷神怡，它掩映在月桂树之中，连阿波罗本人也常常流连其间，为他的情人而吟唱"。在詹姆斯·英格拉姆的《大学纪念馆和牛津大学礼堂》中，这里被"用最崇高的赞美之词描述为巍峨的尖塔和角楼、壮观的塔楼、和谐悠扬的钟声、回廊古色古香的扶壁、小教堂、图书馆、围墙之内的小树林和花园"。存在之畏被隔绝在围墙之外，围墙内的幸运儿在哲学的海洋中尽情徜徉。

此后，我在牛津大学圣安妮学院任教10年，很荣幸现在仍担任该学院的编外研究员，至今我对该学院仍有很深厚的感情。和以往的情况一样，圣安妮学院有很出色的老师——他们是我的同事，甚至是我的学生；"通过教学来学习／教学相长"是一条颠扑不破的真理。后来我在伦敦大学伯贝克学院任教，学生的情况截然不同——他们都是大龄学生，大多数人在忙完一天的工作后利用晚上来学习哲学。虽然情况不同，但同样可以从他们那里学习很多东西并具有激励作用。我在牛津大学和伯贝克学院的学生，以及后来的人文新学院的学生，都是我的灵感和教学的重要源泉，很重要的原因是哲学是一项涉及辩论、澄清、质疑、探索、理解、思想交流、从不同角度看问题、被迫思考、为自己辩护、倾听他人之事的学问。这些活动证明了阿多的观点，即把口头交流作为哲学主要媒介的重要性。对于学生和大学老师来说，这些活动是哲学研究的重要方面，而且是非常有益之事——对我们的思想、思考的内容以及我们本身都是如此。

第四位因为相遇而对我产生重大影响的哲学家是迈克尔·达米特。我在牛津大学新学院担任讲师期间，因达米特接替正在休科研假的乔纳森·格洛弗而与他结识，我参加了他的讲座和研讨会。达米特是研究弗雷格的语言哲学的学者，提出一种关于真理和意义的"反现实主义"理论，我在很大程度上对这一理论深感同情，尽管此间也发生过显著的曲折。我们相处得很好，我甚至还充当了他及其出版商达克沃斯出版社的科林·海克拉夫特的中间人，两人后来闹翻了。由于科林是我的私交，也是我的首位主要出版商，因此，我很适合充当中间人，并且起到很好的沟通效果。但是，我对宗教的态度导致了我与达米特的最终决裂，他是虔诚的天主教徒，在读过我的若干宗教文章后勃然大怒，气急败坏地给我写了一封信。他的同事和朋友对其暴脾气早已司空见惯，往往过不了多久就被他忘得一干二净；但是，这一次我们彻底不再来往了。他在语言和数学哲学问题上刨根问底时展现出的强大思维力，就如同露天矿井里的大型推土机一样令人印象深刻，这与他那孩子气的暴怒性格形成鲜明对比，他往往不顾及他人看法，上一秒还散发着无限魅力，下一秒就突然翻脸，电闪雷鸣，风雨交加。

我所结识且喜爱的哲学界其他重要人物还有约翰·麦基，他是牛津大学学院的澳大利亚籍哲学家，对学生很和善并总是帮助他们；希拉里·普特南，我同她一起去过中国和欧洲；帕特里夏·丘奇兰德，我第一次见到她时，她是我的节目嘉宾，我当时在英国广播公司的环球广播部主持一档科学节目；亚历克斯·奥伦斯坦，他是纽约城市大学的一位老朋友；西蒙·布莱克本，他在牛津大学、剑桥大学以及美国都有着杰出的教学经历；丹尼尔·丹尼特，他与西蒙·布莱克本、史蒂文·平克、丽贝卡·戈尔茨坦、彼得·辛格和理查德·道金斯一起担任我所在的新人文学院的客座教授。在我的职业生涯中，我与W. V. 蒯因、唐纳德·戴维森和约翰·塞尔等人同台授课，结识了理查德·罗蒂和玛莎·努斯鲍姆等人，并在此过程中遇到了许多优秀而且有天赋的人。塞巴斯蒂安·加德纳是我遇到的最杰出的哲学学者之一，他曾在伯贝克学院与我短暂共事。该校曾在不同时期聘请过多位著名哲学家任教，其中包括克里斯托弗·贾纳韦、戴维·维金斯和马丁·戴维斯。

由于我对物理学和宇宙学的浓厚兴趣，因而结交了几位重要朋友，包括起源研究所的劳伦斯·克劳斯，伦敦帝国理工学院和欧洲核子研究中心（CERN）的特金德·维尔迪，他们也都曾在新学院讲学，曾邀请我参观大型强子对撞机。

这一串人名说明了我的兴趣所在以及我所关注的思想和思想家们，同时也说明在与他们交流时，无论是否赞同他们的观点，我都受益匪浅。

在此期间，我的工作主要集中在两个方面。一个是——现在仍然是——认识论和形而上学（即知识和现实）中的若干核心问题。

第十四章 人生及其哲学

另一个是——现在仍然是——探索苏格拉底之问的答案。它们是相互关联的，因为前者探讨的是包容性现实的本质、内容和认知方式；而后者探讨的是个体生活和社会现实问题——后者是包容性现实的一部分，只占很小一部分，却对大多数人来说最为重要——以及我们如何活在这个世界并进行最好的探索，不仅为了我们自己，而且为了他人。

我有和沙夫茨伯里伯爵一样的热情和抱负。回想一下他对《特征》一书目标的描述，"让读者成为哲学家，并确保作为哲学家的他们成为道德高尚的智慧施动者"。因此，这里有一种劝诫作用；"至少真正值得过"这句话意味着在生活中尽可能减少规范性给我们带来的束缚，几乎人人都拥有做最好的自己、做更大贡献的巨大潜力。这种暗流本身源于一种信念，即通过教育（尤其是自我教育）和反思使人变得更好；鉴于规范性常常不假思索地放任人们肆意破坏的恶行，无论是对地球、对个人权利还是以一种削弱和浪费的方式糟蹋人类生存的可能性，这种教育和反思就显得尤为迫切了。

我从各种思想、社会、文化、科学、艺术和人文等代表人类创造力的领域抽样选出的代表构成了一个丰富的宝库，人人都可以从中获取创造美好生活的资源。这些内容被我收录在八卷随笔、两卷思想史和一部思想百科全书中。我在写作时秉持的信念是，我们看待他人和世界的方式与对其做出回应的方式之间存在明显差异，它们源于我们不仅知道——这是显而易见的——而且迈出超越和高于知道的另外一步，达到理解的程度。如果遵循英国著名小说家爱德华·摩根·福斯特的"唯有连接"的忠告，那是在我们详细了解丰富的思想和文化所呈现出的内容并对其进行思考之后才会出现的情况。在与一些人对于他们的生活和生活中的重要问题——他们的言论和经历——进行伟大对话时，有些人会发现一些特别能吸引注意、触发洞见或带来希望、促使他们探索的东西，或者提出一个他们必须回答的问题。这就是意义在向我们发出召唤，如果我们协调频道能听到召唤的话。

当我们从各类文学作品、哲学论文集、自然科学发展概览、历史书籍中抬起头来，或者被深深地带入他人的人生和境遇之后走出剧场步入夜色中时，苏格拉底之问便有了特殊的意义。我对哲学的研究——不仅是逻辑学、形而上学和认识论等纯技术方面的课程，而是大学课堂很少教授的另一半哲学，也就是本书中讨论的各伦理学派——得到了极大的丰富和补充。我会花上数小时、数年时间流连于二手书店，以及花光所有积蓄去看戏剧。这些书店最吸引我的地方是那些常常被人忽视的随笔作家：蒙田、考莱、德莱顿、艾迪生、约翰逊、哈兹里特、兰姆、利·亨特、托马斯·德昆西、伊萨克·迪斯雷利、R.L. 史蒂文森、奥古斯丁·比勒尔、G.K. 切斯特顿，等等。我很早就开始欣赏哈兹里特的作品并持续到现在，这也促使我写了一本他的传记《时代的争吵》（2000 年），以此说明他本身过着非规范性的生活，却保持着对规范性的不间断观察。

近代的优秀随笔作家，如乔治·奥威尔、戈尔·维达尔和琼·狄迪恩，都是从这一伟大传统中涌现出来的。以前文学的两种主要形式是诗歌（包括戏剧）和随笔，而小说则是被视为低人一等的文学形式，直至 18 世纪理查森和菲尔丁的作品才使其受到欢迎和重视。19世纪的连载小说——狄更斯、特罗洛普、萨克雷——在那个时代就像后来的电影和电视一样。但无论怎样,就像今天在剧院盯着屏幕观赏的观众一样,读者有机会丰富和代入他们的经历、见证人类的悲喜剧并可能通过反思来提升自己的生活品质。

但是,正如亚里士多德所说,知识和理解固然重要,但如果不对其加以运用也是不够的,真知源于实践。他还说伦理和政治是紧密相连的,因为生活在社会之中,就需要良好的社会环境以确保美好的个体生活。社会中的个体可能创造属于自己生活的关键之一就是个人权利和公民自由。而要保证权利和自由得以实现的关键因素之一就是,确保人人在社会组织上有选择权和发言权,而且各种声音和意见都应在后续的安排中得以表达和反映,从而使社会运行符合所有人的利益。所有这些需要每个人的参与和贡献——"自由的代价是永远保持警惕"。鉴于即使在"先进"的民主国家,政治的本质也要求如此,如果一个人想知道是否能过上属于自己的生活,同时认识到个人在社会的集体行为中发挥的工具性和内在价值,那么这种参与就并非可有可无的。正如柏拉图所说:"对政治不感兴趣者注定无法享受到贤能政治的好处。"正因为如此,一些哲学家投身到他们所处时代的社会和政治问题之中。说政府必须"超越政治",就是要坚持政府是为所有人的集体利益服务,而不仅仅是为政治分歧的某一方支持者服务。政治——政治辩论和争论,是对国家的经济管理、外交事务、社会供给和总体发展方向的探索和讨论——非常重要,而且一直是公共对话的最核心特征之一;但是,政府一旦成立,其职责就不再是继续进行政治活动,而是在协商基础上为全民服务——协商来自公共政治对话——政府正是在协商基础上成立的。詹姆斯·麦迪逊在《联邦党人文集》第十章中对"派别主义"——党派政治——及其对责任政府的危害提出无可辩驳的警告；美国和英国（以及大多数"西敏寺模式"[1]）等国的民主制度对复杂多样的民众意见越来越麻木，毫无疑问，事实证明他的判断是完全正确的。

上述段落中所考虑的问题都与意义和值得过的人生问题有关。在把这两者联系在一起时，我自然将各伦理学派的原则和教义与自身的生活经历——有些经历来之不易，有些经历显得愚笨至极，但这就是人生常态——以下面的方式联系在一起：从亚里士多德那里，我知道了坚守理性才使人类变得与其他物种不同，也就是理性地探究、学习和思考，才能变成最好的自己；因为我们属于人类并拥有这些能力，所以我们要对自己和这些能力负责，对我们存在其中的、可施加影响的世界负责。从伊壁鸠鲁学派那里，我汲取了自然主义、世界改良论、重视智识和社会生活的愉悦，尤其是友谊，我们可以——比喻义——选择为自己建造一座花园，从而过上一种与自我认知协调一致的理性生活。从斯多葛学派那里，我懂得了在面对丧亲、悲伤和失望等更大挑战时所需要的东西，也就是尽可能坚决有效地掌控自己，以及尽可能勇敢地承受突然出现的不可避免和无法控制之事；斯多葛学派竭尽全力去完成自己设定的目标，以及他们对待生活的克制和律己态度令我钦佩不已。

---

[1] "西敏寺模式"（Westminster Model）是以英国西敏寺宫的名字命名，即内阁是国家最高行政机构，国家首脑为首相，而女王只是国家的虚位元首，礼仪上代表国家。首相和内阁对议会负责。——译者注

第十四章　人生及其哲学

将上述这些目标综合起来，毫无疑问，我们就会得到一幅既有理性而又有一丝苦行僧色彩的画面，但是，伊壁鸠鲁派却在情感和审美层面上留出了广阔空间，享受情感和审美愉悦将让生活变得丰富多彩、新鲜刺激。在生活中，很少有人能离开音乐、艺术、情感、娱乐和大自然的美景——大海、乡村、高山；对于那些无缘享受这一切的人来说，生活是沉闷乏味的。作为情感动物，失去这些滋养，我们就会枯萎和衰弱；作为社会性动物，失去宝贵的人际关系，我们就会凋零和没落。即使最为严谨和理性（真正具有理性）的人，也不会忽视这些令生活值得过的东西。

但是，仅有这些还不够。我尊重那些通过思考接受规范性对值得过的生活提出的要求，并选择按照这种方式生活的人，我对他们表达尊重的主要原因是，他们在思考之后做出了选择。但是，那些具有雄心壮志，希望做出贡献，有所作为或创造，希望自己会留下印记，不希望默默无闻度过这一生，而是在某个领域用自己的成就凸显存在价值的人，他们都会说出这句话："但是，仅有这些还不够。"这里"不够"就是指个体生命的意义。对我而言，"不够"代表对理解生命和世界的渴望，并以一种尽可能清晰而富有洞见的方式把人类努力与自身对话的结果以及意义探索表达出来。追求这一目标一直是我的主要愿望，也因此让我的生活变得丰富而有意义。在认识世界和我们自身的所有方法中——从科学到艺术、从历史教训到当下的生活经验，所有这些都是哲学的组成部分——两项既重要又互相关联的任务：认识世界、发现美好并让世界变得更美好。

当我第一次读到享誉欧洲的乌兹别克哲学家阿维森纳的作品时，

我很喜欢他说的一句话——当有人建议他因为生病而不应跟随赞助人鲁斯塔姆·杜什曼齐亚尔的军队出征时——"我宁愿选择短暂而有宽度的人生，而非漫长而逼仄的人生"，他不会躲在家里，因为有一个世界在等着他去探索和了解。要去了解的欲望，就如同要去创造的冲动或帮助他人的慈善义举一样意义深远。追求真促成我们对事物的认知；追求美促使我们对所做之事产生认知。它们之间并行不悖，因为追求真和追求美可告诉我们世界真相，以及什么才是世上最重要之事；因为人人都是世界中心，所以我们自己的世界——以及包含相互重叠的所有这些宇宙的大宇宙——里的东西才是真正重要的。

这种个人哲学不仅接受了苏格拉底之问的假设——人必须思考，必须独立思考——而且还抓住了苏格拉底的精神特质，那就是承担起做选择的责任。因为思考就是以某种方式看待事物并做出内在选择，而正是存在这一行为——有意识的存在，正如一个人沉浸在思考之中而感受到的存在——才体现了选择的责任，这是一种更大的责任，因为事情的本质决定了我们无法做出一种选择而非另一种选择。人们在对存在主义的戏剧性概括进行表面上的解读时，往往会认为存在主义是在遗传学和神经心理学的基础上产生的，其影响是如此之大，以至于决定论的种种形式在我们的生活和选择中发挥作用，因此，事实上并不存在"彻底的自由"——我们做出的选择完全是由所处的环境决定的。但是，即使情况如此，下面这种说法也是错误的——或者说是一种放弃——"哦，好吧！虽然我有一种无所不能的幻觉，但是，我是各种力量斗争博弈的产物，这些力量为

第十四章　人生及其哲学

我指引方向"。在创造意义的过程中,顺从或抗拒自我本性的斗争和在世界上创造意义的斗争同等重要,这些斗争、目的、目标都是意义的组成部分。成功并非意义的本质,唯有追求成功的努力才是真实的。正如人们所熟知的那个比喻,旅行过程才最为重要。

在我自己的写作和教学中,如同对本书讨论的主题进行思考的哲学家一样,无论是出于志向还是出于职业的要求,我都在试图为思想和文学打开一扇观景之窗,邀请他人来此漫步,让他们得到和我一样多的收获,甚至更多的收获——我由此收获了幸福。虽然也存在苦涩的草药,人类的死亡、苦难、失败和错误就像种子一样随风飘舞。阴影可能笼罩在整个风景之上,伸出的手在探幽之中会被荆棘刺伤,但无论如何,此处是可发现善的所在,也是让善战胜一切之地。

既然生命要承受苦难、生命的尽头必然是毁灭、人类的一切都是不道德的、我们深陷在各种各样的幻觉之中不能自拔,我们为何还要活着呢?对于叔本华的这一问题,我们不妨想一想尼采是怎么回答的。他的回答是:"是的,就是要确认酒神狄俄尼索斯追求美的生活,而且要付诸实施。"

有趣的是,叔本华、尼采、卡夫卡等人发现,某种形式的悲观主义要么本身就是答案,要么是出发的起点——最终找到比悲观主义稍好一些的结果。他们都没有以乐观主义作为起点。他们会说,对于其他类型的思想家——比如儒家——坚信人性是善良的,大自然在根本上是美好的,在看到周围那些堕落的证据之时,他们一定会沮丧不已。但是,若以悲观主义为起点——即使一个人永远处在悲观之中，说实话，向上就是唯一的方向。叔本华在聆听音乐时就不再悲观了——这意味着越来越好。卡夫卡（至少在他的小说中）尝试抗拒艺术、宗教和爱情，其中任何一项都被视为能带来救赎的秘方；即使在一座没有出口的城堡之中，蜿蜒曲折、没有尽头的走廊也会呈现为一种挑战，迫使我们去寻找意义。就像西西弗斯的巨石一样，加缪认为，它也可能有意义。对于叔本华和尼采来说，救赎存在于艺术，尤其是音乐之中。然而，即使他们所说的真理也可以做些修改。艺术——各种艺术——的确是一种救赎，但是，不知疲倦的思想探索、发现、提出富有洞察力的创见和深入地理解同样也是一种救赎。审美体验和理解过程从转动的世界来看是静止不动的；但是，对于身临其境者来说，就是狂暴的飓风。

法国大作家司汤达写道："美给人幸福的承诺。"对有些人来说，幸福是一种情感而非生活条件，他们会倾向于认为，幸福让一切都变得如此美好。如果美给人幸福的承诺，那么它可能无法兑现承诺：美丽的容颜如此，临死之日的黎明之美也是如此——除非主动迎接死亡。然而，美具有治愈心灵创伤的魔力，所有的美——无论是一张俊俏的面庞、一件艺术品、一处风景，还是一个数理证明、一个哲学洞见、一个极具破坏力的真相都是如此。之所以存在一些问题，那是因为我们的定义设置了太多限制性条件。

相对论者会问，我们对他人或过去了解多少呢？我会引领他去阅读《荷马史诗》中的一个章节，讲的是阿喀琉斯在海边走着，为普特洛克勒斯而神伤；去阅读《维吉尔》的一个章节，其中尼苏斯看到欧吕阿鲁斯被鲁图里亚所包围，大喊着让自己顶替他。谁不曾

第十四章 人生及其哲学

有过这样的情感？当奥维德在那个闷热的午后将科琳娜幻化到自己的诗歌之中时，他提出了这个问题：谁不知道答案呢？（"谁不知道接下来发生的事呢？"）毫无疑问，人类拥有共同的主题，它超越了时间和文化、年龄和经验，始终是我们共同建造一座大厦的基础。在这座大厦中，人人都有属于自己的时间和空间——一个可观赏风景的空间：一种人生哲学。

这至少是在我们这个时代运用生活哲学的一个例证。一些哲学家，尤其是秉持"分析"传统、专门研究语言和心灵哲学、科学或逻辑哲学等技术领域的哲学家——甚至是那些专门研究伦理学的哲学家，他们的伦理思想（元伦理学）所用概念和推理几乎完全受到分析哲学的限制——遵循朝九晚五式的生活方式，工作时间之外仍然过着规范性的生活。"大陆"哲学家中的领军人物则更倾向于过一种有清醒自我意识的个人生活。在这两方面，那些公认的哲学家看待哲学对生活的影响，与那些编写充斥着伪哲学概念的通俗读物者存在巨大差异——此类读物危害性甚大，如果一个人为了哲学思考要搜索相关资料，而"生活法则"和"（某某名人）启示录"之类的书就如同一碗寡淡无味的稀粥，他们不禁会这样想："此类哲学于我何益？"人生哲学不像无意识中灌输规范性的书籍一样可从书架上取出。从书架上取出自己的哲学，就像人不假思索地接受规范性价值观一样，是被动的接受者。相反，人生哲学必须是个人能动性的产物，是属于自己的哲学，由自己掌控生活，这是自己选择要过的生活。

第十五章　为人生做准备

　　从这本书可以得到什么启示？

　　人类最让人惊奇之事之一是，进步是由少数人取得的成果，而多数人对自己所做的正常活动缺乏质疑，因而每一代人所取得的成就和犯下的错误从来都只是少数人的专利。人类天才所取得的优秀成果也是如此，他们所能挽救的一切，就像微弱闪烁的烛光穿越时间和冷漠无情的洪流，也只属于少数人。这些秉烛者就像加尔文宗的上帝选民一样知道自己的使命。与加尔文宗不同的是，他们总是希望把他人带向更远的彼岸。对上述评论需要补充的重要一点是，秉烛者的邀约向所有人敞开，这也是苏格拉底之问的意义所在。

　　从苏格拉底之问的讨论中得出的信息就像穿越洪流的烛光，照亮那些有志于此者的前进方向。个人的生活哲学必须由个人自主且有意识地选择得来，这是简单而又深刻的道理，需要持之以恒；需要再次指出的是，人人都按照某种哲学生活着，然而绝大多数人对

第十五章 为人生做准备

其生活哲学并没有清醒的意识，那也不是他们自主选择的结果，而是由他们生活中的人以及所处时代和环境在不知不觉中灌输给他们的东西——一种在不知不觉中控制他们的哲学而非自主选择的哲学。

如果我们的生活哲学都是有意识的自主选择，那么这种哲学就属于我们自己。我们可能会发现自己的选择、价值观和生活方式与许多人一致，这并非因为我们复制了别人的选择，而是因为这选择有其内在优点，我们都看到了这些优点，理性反思出现重合，从而产生了一致意见。

本书的所有内容旨在给读者一些帮助，希望各取所需——或接受，或拒绝，或赞同，或反对，或修改，或调整，但是，无论如何，在做出任何行动之前都需要进行思考。

我们从这一信息得出的推论是，哲学既是一种准备，也是生活本身，既在为生活做准备，又在过生活本身，因为生活总是与未来联系在一起：下一刻、下一天、下个月、下一年以及下个十年。就像在你的前方展开的长地毯，你迈出的每一步、做出的每个选择都会产生影响，并带来后果。即使"现在"也是一种未来，是由马上就到的每秒、每分钟、每小时和每天所组成。哲学思考就是在做准备，为徐徐展开的现在和即将到来的未来做准备——永远处在准备之中。

如果生活是为了未来，你可能会问："那过去的用途何在？"答案是：用途多得很。过去是可以应用于生活之中的各种经验、教训和示范的大宝库。未来是由我们时时刻刻的选择和行动创造出来的结果，它们受到我们的所见所闻和所作所为的指导，由我们的尝试和实践所构成，当然也包括我们和他人从前犯下的错误，如果我们能吸取经验教训的话。

如果过去在某种程度上纠缠或伤害了我们，从而束缚了我们，那么哲学就更有存在的必要了。从斯宾诺莎到弗洛伊德——实际上是从苏格拉底到现在——慎思明辨一直被公认为是赢得自由之举，尤其是在思想出现混淆或模糊之时，好比人奔跑中根本无法停下之时却发现鞋子里有一粒尖锐的石子——这正是生活的本来面目。

诚然，有些已发生的事无法避免，它们源自己经做出的选择所导致的结果，伴随着这些选择，我们从过去走向未来。有些未来发生的事可能已经写入我们的基因和经验塑造我们的方式。但是，我们可以让某些事的发展保持在正常轨道之上，因为我们可以通过现在的行为使过去做出的选择改变方向、发生变化甚至避免原本可能产生的结果。今天所发生的事和我们在当今每一刻所做的选择，都会使明天出现很大的变化。因此，未来所发生的大部分事取决于我们真正做出的选择，这与地毯在我们面前徐徐展开、其未来我们却一无所知的情况大为不同，也更胜一筹——一无所知是因为在此情况下，我们拥有的并非自己的哲学而是他人的哲学；这种让我们感到有些不自在的哲学使我们无法充分意识到自己的存在，难以拥有独立思考能力，通常也不愿意努力思考并辨认出最佳选择，最后使我们不得不被动接受传统的结果，并为自己开脱，说这是不可避免的云云，希望最终一切都好。

"希望最终一切都好"不是哲学，做出努力使一切都好才是哲学。

一个人在自我认定的方向上即便做出最大的努力，最终也可能失败。从来不会失败的是真诚尝试本身。事实上，鉴于我们可利用的资源有限，加上我们的习性特征和随身携带的种种包袱，极少有人能达到接近完美的地步。但是，这并非重点。最大的失败在于我们不愿意去尝试，借口就是完美生活和完美自我皆根本无法企及。

一个人之所以拥有"值得过"的人生，那是因为生活中的积极方面超过了消极方面。如果积极方面远远超过消极方面，那么这样的生活就显得特别值得过，而且让人感到满足。至于差距是否大到足以让人满足，最好的裁判就是过这种生活的人。他可能对积极方面的要求并不高，积极方面可能只是"没有太多痛苦、烦恼或需求"——伊壁鸠鲁式生活。批评者可能会说，过极简生活就如同使用叉子喝汤，它排除了任何一位智者的众多可能性，他不甘心只是简单地活着，只是以阻力最小的方式存在，而是想做更多的事。许多人被习惯和常规动作所禁锢，在熟悉的同一块区域内循环往复，因为这样做既没有风险又没有太高要求。对他们而言，每天都处于循环往复中是他们的愿望，并且乐在其中。一天又一天的重复也就等同于一天；如果把它们加起来，那么总数要少于人的寿命，因为每重复一天就会从总数中减去一天。相反，人若过着创造性的生活——每天都有新行动、新想法、新发现和自我的延伸——其寿命比起自然寿命更长，因为人生的每一天都成倍地增加和延伸了，他可能一辈子活了别人的很多辈子。这种人生不仅有价值，而且有意义。

有意义的生活之所以有意义，取决于过着这种生活的人——可能是正在读着本书的你——真诚希望你尽其所能使生活变得有意义，在面对有些人的质疑——这种生活会对他人造成影响——时，可以说服对方理解生活的意义。规范性的生活在很大程度上属于一大群人组成的联合体，而有意义的生活只属于过着这种生活的个体。然而，有一点是属于每个人的，这是确定无疑的，而且是不可被剥夺的，那就是他们的生活究竟是属于他人还是属于自己。如果属于自己，也就意味着你已经找到或正在追寻苏格拉底之问的答案。

附 录

三大实例
斯多葛派的正义、伊壁鸠鲁派的体验、雅典与耶路撒冷

第三、四章的讨论跟概念体系有关。通过观察这些概念在实践中的应用实例,我们可以加深对它们的理解。我选取的实例包括公元1世纪罗马的斯多葛派、19世纪的近代伊壁鸠鲁派,以及启蒙时期和浪漫主义时期思想的"雅典与耶路撒冷"对比,其思想分别通过伊曼努尔·康德和索伦·克尔凯郭尔有关《创世记》中亚伯拉罕与以撒故事的观点表达出来。正如这些实例所呈现的那样,"某某主义"的概念具有其内在复杂性,值得对其进行更深入的研究。

回想一下,塞涅卡是罗马皇帝尼禄的导师,他在尼禄统治的前五年担任执政官,且卓有成效。在担任执政官期间,他竭力促使尼

禄在司法审判中坚持怀柔宽大之策——这不仅符合道德，更符合实定法[1]原则。他认为，怀柔宽大应在司法判决中拥有一席之地，这是基于个案的具体差异，虽然既成事实暗示有罪，但做出有罪判决是不公正的。他尤其认为怀柔宽大不应等同于宽恕，因为宽恕意味着事实上的过错已经铸成，但得到了原谅；怀柔宽大也不应该与怜悯混为一谈，后者同样意味着已经铸成过错，但相应的惩罚被免除，这坏了司法公正。

塞涅卡和马可·奥勒留代表了斯多葛派的一种思想传统，即所有人都是"宇宙城邦"的公民这样一种世界大同和四海一家的思想，这就要求我们认识到彼此之间的亲密关系，以善意和同理心对待彼此——奥勒留称其为"慈父的态度"——而永远不心怀愤怒和怨恨。斯多葛派的世界主义与亚里士多德的社会生活本地化和等级差异观念形成鲜明的对比。

斯多葛派的另一分支在坚持原则上更加坚决。鲍曼在对古罗马犯罪与惩罚的研究中将他们称为"强硬斯多葛派"，他们并不认同塞涅卡有关司法判罚的观点。他们认为，为了保持明确性和一致性，对某一既定罪行的惩罚应按照法律规定执行，不容许自由裁量，也就没有"怀柔宽大"的余地。其主要理由是，严格执行法律符合公共利益。人人都知道法律的要求，谁也不应该受到区别对待。强硬斯多葛派的观点在元老院中一直占据主导地位，直到尼禄及其继任

---

[1] 实定法 (ius positum)，是指人为制定的用于确定义务或者规范行为的法律。实定法有时也指为某一个体或群体设定具体权利。——译者注

者们再也无法容忍这些人对抗他们所代表的宽容行为。

"佩达尼乌斯案"就是强硬斯多葛派的一个例证。佩达尼乌斯·塞肯丢斯是一位被自己的奴隶杀害的罗马官员。按照一项保护奴隶主的法律规定，如果奴隶杀害主人，那么谋杀发生时家中的所有奴隶都必须接受拷问并被处以死刑，其依据是所有人都是同谋的假设。奴隶能提出的唯一辩护是，他已竭尽所能来阻止这一不幸事件的发生。佩达尼乌斯约有400个奴隶，包括男人、女人和儿童，他们受到元老院的集体审判。辩论的核心问题是法律规定的刑罚——拷打和死刑——是否应当执行、减轻或免除。斯多葛派元老院的议员卡西乌斯·朗吉努斯认为不管他们是否有罪，规定的刑罚应当全部执行。其主要论点是为了公共利益——为了控制奴隶，严刑律法被认为是理所应当的。从前的家庭奴隶对主人忠心耿耿，帝国的扩张使得不同背景的奴隶进入罗马人的家庭，这一事实使得他的观点具有了更大影响力。他说："毫无疑问，被处死者中有无辜者。但是，当军队打了败仗，被执行十一抽杀律的刑罚时，英勇的士兵也必须与其他人共同面对。每次大的判案都有不公正因素，但公共利益高于个人利益。"

元老院的大多数议员不顾大规模的抗议而投票支持卡西乌斯的提议——尼禄不得不在前往行刑地的沿途派驻军队——最终执行了判决，除了一点：在这400人中有一些自由民，元老院提议他们应与其他人一起受罚，但处罚方式是流放而非处决（两者都是死刑惩罚的形式，但严厉程度明显不同）。尼禄否决了处罚所有人的法令，但对其他人也没有实行怀柔和宽大政策。

在鲍曼看来，尼禄的怀柔宽大政策只针对自由民而非奴隶，这一做法从两个方面反映了塞涅卡的教导对他产生的持久影响。首先，他执行的是适度的怀柔宽大政策；其次，他在涉及元老院大多数议员利益的问题上保持谨慎，不会公然与他们为敌（在他统治的这一阶段）——毕竟他们是罗马拥有巨大财富且势力强大的奴隶主阶层。正如历史学家苏维托尼乌斯和塔西佗所说，尼禄在其执政后期并没有表现出受塞涅卡的多大影响；苏维托尼乌斯声称，尼禄想把一些人扔进鳄鱼群中吃掉作为处死方式。

在有关正义的著作中，塞涅卡提出了以下观点：

> 智者（即斯多葛派）不应允许宽恕，因为宽恕是免除罪有应得者的惩罚。智者不会免除他应施与的惩罚，但认为可以用一种更体面的方式——饶恕、体谅、纠正——起到与宽恕一样的效果。对年龄尚小、还有改过自新希望的犯错者，可以只严厉训斥而不施以刑罚。对于罪证确凿者，若是误入歧途或受酒精麻醉所致，也可免受惩罚。所有这些都是出于怀柔宽大的考虑，而非宽恕。怀柔是指根据事情本身是否合理和公平，而非依据某个准则做出的自由裁量……但是，不会低于公正的标准，因为对于怀柔而言，其本身就是在做最公正之事。

他还认为，如果情况允许，矫正比惩罚更好；法官不能在愤怒时做出判决，而应该花费更长时间仔细思考，从容地做出判罚。

这些都是睿智的观点。卡西乌斯·朗吉努斯也有同样睿智的观点，但带有明显不同的实用性和社会性倾向。然而可以预料的是，更为严厉和前后一贯的斯多葛主义导致了斯多葛派议员与尼禄之间的严重裂痕，尼禄的行为变得反复无常，既不符合法律，也不符合罗马人和斯多葛派的美德标准。在尼禄执政的最后几年，冲突一度达到顶峰，起因是一些斯多葛派议员被指控参与了推翻他的阴谋，即皮索党阴谋。塞涅卡和卡西乌斯·朗吉努斯等人被判处死刑，尤其需要提到的是普劳提乌斯·拉特兰努斯，他因以下原因被爱比克泰德称赞为斯多葛派的典范。普劳提乌斯被尼禄判处死刑，却没有被允许在自尽之前与家人告别，这是贵族享有的权利，而是立即被拖到专门处决奴隶的场所，在那里被一个名叫斯塔提乌斯·普鲁克穆斯的人行刑——此人也是皮索党阴谋的密谋者之一，但普劳提乌斯并没有揭发他。斯塔提乌斯在此情况下对杀死同伙感到不安，所以对普劳提乌斯的颈部下手很轻。爱比克泰德说，普劳提乌斯只是有过短暂的畏缩，然后将颈部伸得更长，以方便对方第二次出手，这体现了斯多葛派的勇气和对待死亡的正确态度。

　　鲍曼写道："与斯多葛派的冲突在公元66年到了关键时刻，当时特拉塞亚·派图斯（需要补充的一点是，他与路贝里乌斯·普劳图斯和贝利亚·索拉努斯三人被并称为'斯多葛派殉道士'，都曾师从著名的斯多葛派导师穆索尼乌斯·鲁弗斯）和其他人受到元老院的审判。尼禄不仅对犯下牵涉斯多葛派的罪行的个人，而且还对该派别本身予以打击。正如塔西佗所说：'杀戮如此众多杰出人物之后，尼禄最终打算彻底消灭美德本身。'"

以上所述表明，虽然在罗马时期，斯多葛主义是受过良好教育者广泛认同的价值观，但是，它并非铁板一块，而是在侧重点上存在众多差异。塞涅卡和卡西乌斯在正义观上的对比可以很好地说明这一点。然而，很显然，塞涅卡和卡西乌斯都属于斯多葛派，其差别没有那些自封的斯多葛派和自封的伊壁鸠鲁派之间的差别那么大。

在斯多葛派眼中，伊壁鸠鲁式生活方式就是一种软弱和自我放纵，他们不会羡慕，虽然有些人——比如塞涅卡本人——可能欣赏其教义中的智慧。

从对罗马斯多葛派的阐述转向近代伊壁鸠鲁派，完全可以被称为经历了一场"文化冲击"。沃尔特·佩特于1873年出版《文艺复兴：艺术与诗歌研究》，其结语部分是对近代伊壁鸠鲁派的经典表述，因此值得长篇引述。佩特写道：

> 哲学和思辨文化的目的在于激发和唤醒人类精神，使之开启敏锐而热切的观察。每一刻都有一些东西在我们手中或面前变得完美；每一刻都有山川或大海的一些律动比起其他更为悦耳；每一刻都有激情、领悟或智识的一些愉悦对我们具有无法抵挡的吸引力——唯有在那一刻。不是体验的结果，重要的是体验本身。我们得到的只有为数不多的一些丰富多彩而又激动人心的人生脉动。我们如何利用敏锐的感官去体验这一切？又该如何在不同的节点之间迅速切换，以及在以当下最纯粹的方式聚集最大生命能量的时刻来体验这一切？

闪耀着宝石般的光焰炽烈地燃烧,并且不断保持这种亢奋的精神状态,乃是生命的成功。在某种意义上甚至可以说,一旦形成某种习惯,即意味着自己的失败。毕竟,习惯与俗套的模式化世界有关,而在粗疏的眼光下,不同的两个人、两件事、两种情境常常会被同等看待。只有当一切在我们脚下熔化,我们才能看清种种强烈的激情,种种似乎能提高人的眼界、使人精神豁然开朗的知识进步,种种感官刺激,例如奇色异彩,奇香异味,以及艺术家的匠心和手艺,或者老友的面容。我们与周围的人们相处,在任何时刻,如果一点儿看不出受激情支配的姿态,从人性的光辉才华中竟然看不出某种力量分配的悲剧,那么,在我们这既有冰霜、又有阳光的短暂时日中,就意味着不待黄昏来临便昏昏睡去。感受到人生经验的五色缤纷及倏忽无常,我们拼出全部力气去观察和接触,哪里还有时间去为自己观察和接触到的事物制定出一套套理论……

呜呼!人人皆有罪,正如维克多·雨果所言,我们都收到了死刑判决,不过是缓期执行罢了,只有活着的这段时间属于我们,之后我们就不存在了。在这段时间里,有人萎靡堕落,有人沉溺激情,而那些被称为"天之骄子"的睿智之人选择了艺术和音乐。对于唯一的一次生命机会,我们要做的就是使这段时间变得更加丰富多彩,在有限时间内获得尽可能多的生命律动。高贵的激情会加速我们对生命的感悟,体验爱的至喜和至悲以及形形色色情感波澜。

无论我们是否感兴趣，这些都会自然而然地发生在我们许多人身上。需要确定的一点是，激情的确给你带来不断加快的、成倍增加的感受。大部分智慧就存在于对诗歌的激情、对美好的渴求，以及为艺术而热爱艺术，艺术会明确地告诉你只会带给你高贵的须臾之间，只为了那倏忽一瞬。

上述文字一经发表就引发了巨大争议。一些人——如奥斯卡·王尔德——将其视为"唯美主义"的宣言，而对那个高雅的维多利亚时代的另外一些人来说则散发着堕落、道德败坏和衰亡的腐臭气息。王尔德及其情人阿尔弗莱德·道格拉斯，以及他们的追随者似乎证实了这一点。对此，波西是确定无疑的，但是，王尔德本人事实上要比人们对他的刻板印象严肃得多。他是个天才，是唯美主义实践者，他绝非故作姿态而是认真对待的。其作品《道林·格雷的画像》仍被看作是颓废的证据，是那个时代品德败坏的纨绔子弟的典型做派。

佩特并不想以这种隐蔽的方式与"唯美主义"发生联系，因此，并不喜欢王尔德。为了纠正这一点，佩特在其小说《伊壁鸠鲁的信徒马利乌斯：他的情感和观点》中描写了一个道德高尚、同时内心深处又充满哲思的人。这部小说的背景设定在公元2世纪的罗马帝国，马利乌斯曾为马可·奥勒留效力，最终他发现即便是作为斯多葛派的奥勒留也存在冷漠的一面，对于可能出现的美好事物（包括友谊）缺乏情感付出。在小说的最后，马利乌斯结交了一些基督徒，他本人并没有成为基督徒，但是，他发现他们的信仰带来的兄弟情谊和安全感有很多值得称道之处。小说评论家们试图用各种方法来解释这段他们认为含混不清的情节，他们问道："如果马利乌斯活得足够长，他会皈依基督教吗？"很显然，佩特想通过马利乌斯对基督徒行为的欣赏来表明，自己所属的伊壁鸠鲁学派同样包含道德正直原则。这是他对自己被视为颓废先知的抗辩。

因此，这也是将伊壁鸠鲁主义与昔勒尼主义（享乐主义）——批评家们将这两者联系起来——区分开来的时期，这一阶段漫长而且充满误解或怨恨。尽管佩特和王尔德对伊壁鸠鲁派的道德观有不同解释，但是，19世纪为伊壁鸠鲁主义积极肯定生命所折服的人远不止他们两人（请再次注意"伦理与道德"的区别：伦理与品德有关，而道德与行为有关）。另外两人是马克思和尼采，前者认为伊壁鸠鲁是"希腊启蒙运动中最伟大的代表"，反对黑格尔对伊壁鸠鲁不屑一顾的看法；后者则对其田园诗般的哲学实践大加赞赏，在给他的朋友彼得·加斯特的信中写道："我们想在哪里重建伊壁鸠鲁花园呢？"

中年时期的尼采也曾被伊壁鸠鲁派代表友谊理想的花园所吸引，他们住在偏远之地、生活在一群具有自由精神的人之中，过着一种"无人关注的"、朴素的、自我修身养性的隐退生活。然而，在后期他对周围社会的日益不满逐渐将其推向更加外向的、更为激进的先知角色——查拉图斯特拉，召集听众，或者至少是能够理解他传达的信息的人，呼吁他们成为价值创造者，成为"超人"，而不是被廉价的"奴隶道德"所束缚，这种道德被其视为"人类文化的敌人"。

尼采属于哲学上的浪漫主义者。克尔凯郭尔属于另一种截然不同的类型,他将大多数人所处的状态——以自我为中心、沉迷于感官享受且无法满足、表现出一种混乱的怀疑和讽刺的混合体、无聊的痛苦已经达到存在危机的程度——贴上"审美主义"(按字面意思为"感官上的")的标签。比审美阶段更高的生存阶段是伦理阶段,包括以审慎和明智的方式处理日常事务时所运用的传统道德观。但是,克尔凯郭尔认为,还有比伦理阶段要求更高、可能与传统伦理准则相冲突的东西。这个"东西"在《创世记》中的亚伯拉罕身上有所体现,也就是上帝要求亚伯拉罕祭献儿子以撒的故事。让我们看看康德和克尔凯郭尔如何对这个故事提出截然相反的观点。

康德是启蒙运动中的伟大人物之一。事实上,在他的文章《什么是启蒙》中,康德将启蒙定义为通过摆脱迷信和绝对权威(无论是世俗的还是宗教的)的束缚,运用理性来使人们的思想变得开明。康德将理性用于亚伯拉罕和以撒的故事上,他指出,虽然我们可以确定他杀害自己儿子是错误的,但我们无法确定给他发出指示的显灵就是上帝。他写道:"人无法通过感官来理解无限的世界,无法将其与可感知的存在区分开,并通过这种方式认识世界。但是,在某些情况下,人类可以确定他听到的声音并非来自上帝。因为如果这个声音发出的命令让他做违背道德法则之事,那么无论这个显灵有多么威严,无论它看起来是如何超自然,人们都必须将其视为幻觉。"他又补充道:"我们可以将亚伯拉罕遵照上帝命令准备杀害并祭烧自己唯一的儿子看作祭祀神话的例子(可怜的孩子甚至不知道,自己背负着生火用的木柴)。亚伯拉罕应该对这个所谓上帝的声音回答:'我不应杀害自己的好儿子,这是肯定无疑的。但是,我不确定,永远无法确定的是,你的这个显灵就是上帝,即使这声音从天堂传到我这里。'"康德想表达的意思是,在我们这个不注重礼貌的时代,我们应该对来自天上的声音用简单明了的粗话回怼过去。

这种观点背后是康德的道德法则概念,它是通过"绝对命令"来表达的,即"除非愿意将自己的准则变为普遍规律,否则你不应该行动"。"道德意志的决定性基础"是完全正式的合法性概念,是理性概念。它独立于法律的内容,其形式特征在于,处于相同位置的人会认为,人人都必须理性地遵守这一点。这就是康德的观点:杀害自己的儿子是错误的,任何有理性的人都能认识到这一点。如果上帝存在的话,那么上帝也是完全理性的。因此,他不会命令任何人去杀害自己的儿子。

当然,克尔凯郭尔对这个故事的看法完全不同。他将其看作是对上帝无条件的绝对服从和信仰的典范,甚至超越了不得杀子或杀人的伦理,属于"更高一等的东西"。在《畏惧与颤栗》一书中,克尔凯郭尔用各种不同方式去解读这个故事,其中之一是,以撒因为父亲被上帝命令去做极度反常和邪恶之事而丧失对上帝的信仰。但是,克尔凯郭尔从这个故事得出的各种结论存在矛盾之处。其中之一是,"因为信仰,牺牲自己的儿子成为一件神圣之事",这个结论与信仰强制性的义务高于道德这一观点是一致的。但是,他同时声称,亚伯拉罕确定的一点是,上帝最终不会让他祭献以撒。"他始终坚信,尽管上帝提出了这个要求,但不会让他祭献以撒,虽然他随时做好准备。他相信这源于一种无法理解的力量,不再属于人类的算计问题……亚伯拉罕登上山,刀在他的手中发出寒光,但他相信上帝不会让他献祭以撒。"克尔凯郭尔强调，对亚伯拉罕来说，这不是顺从，而是真正的信仰；因为顺从意味着"可悲、缺乏热情和怠惰"，而信仰允许你听从上帝之命祭献自己的儿子。

克尔凯郭尔用大量的笔墨描写了前往摩利亚山的三天行程，包括收集木柴、备驴、磨刀等细节信息，尤其是这三天——不，克尔凯郭尔坚持认为是三天半时间——对于亚伯拉罕来说足够长，他可以利用这段时间来思考即将面临的恐惧。克尔凯郭尔让这一段变得跌宕起伏，因为他想让信仰直面并回应存在的恐惧，即使回应这种恐惧需要对信仰持续和重复的承诺。他在其两卷本《非此即彼》的上卷（审美）部分和《致死的疾病》中对审美人生中注定的绝望、空虚和无聊进行了剖析。他反对这一观点，即"信仰的飞跃"（实际上并非他的原话）通过拥抱亚伯拉罕所展示的信仰从而超越"逻辑的束缚和科学的专制"。正如一位评论家所写，"通过'飞跃'这一辩证方法，他试图超越审美和伦理阶段。个体完全孤独，与同伴隔绝，意识到自己的虚无是接纳上帝真理的前提条件。只有当人意识到自己的非实体性时——一种纯主观的，而且不可言喻的体验，他才能找回真正的自我，并站立在上帝面前。"

这里还存在另一对矛盾。克尔凯郭尔认为，我们之所以面临存在恐惧，其根源在于我们在做出行为选择时缺乏标准。然而，"畏惧"——在克尔凯郭尔看来，源自《非此即彼》上卷的审美主义导致的空虚和无聊——似乎意味着还存在另外一种理性动机下的选择。然而，他想称赞的是，信仰是一种非理性行为，即"飞跃"——这是隐藏在其观点中的浪漫主义冲动，因为浪漫主义的核心内涵就是肯定感觉优于理性，权威让位于情感、直觉和欲望。在政治上，浪漫主义激发诸如部落、种族、血统、祖国和爱国主义等情感的形成。我们都知道它所起的巨大作用。当然也不能没有浪漫主义音乐、艺术和诗歌。但是，哲学中的浪漫主义会带来问题，因为从根本上说，它是对"逻辑束缚"的排斥，从理性标准来看，它是非伦理的。但是，浪漫主义认为有充分的理由，他们断言存在"更高一等的东西"——这"东西"既模糊又神秘，没有一个词可对它进行界定。最终的问题是，丢弃逻辑这个"扶手"并不会让我们在做出选择时拥有更充分的理由。克尔凯郭尔可能选择信仰小精灵和地下宝藏守护神或中国人的祖先从而实现信仰的飞跃，就如同他对基督教教义的信仰。缺乏理性的选择是随意性的，因此，从根本上说并非真正的选择。

这些例子说明，当我们对一个哲学观点从更精细的层面分析其内涵以及它在实践中如何运作时会发生什么。罗马斯多葛派具有一致性和连贯性，但他们在实际运用这些教义时会表达不同的看法，这一点并不会让人感到惊讶。他们并非在质疑本派的教义，而是说明斯多葛派的观点和教义与实际生活产生了必然联系——实际上就像地图与领土的关系一样。在佩特看来，伊壁鸠鲁派生动地向我们展示了如何能够——也应该——通过体验和目标使花园变得丰富起来，这是快乐的应有之义：对当下每一时刻的最佳体验。如果忽略了这个假设，即最高级的艺术和思想享受源自知识，获得、拥有和运用这些知识是快乐的组成部分，那么这种快乐就会变成昔勒尼式享乐；佩特所说的快乐是高度智识型的。我们可以从这个案例发现，如何从快乐延伸到产生快乐的源头，从这两方面推导出什么是值得过的生活：我们将痛苦和焦虑拒之门外，因为快乐挤占了它们的位置，使它们没有立足之地。

所有希腊化学派都基于这样一个承诺：生活应该建立在理性基础之上。与此形成鲜明对比的是，人们不再对绝对信仰抱有幻想，这在康德和克尔凯郭尔对以撒故事的态度中得到了最鲜明的体现。这两者之间的对比尤其引人注目，康德的观点展现出一种不容置疑的宏观理性，即使是最确信无疑的神性展现在它面前，也必须臣服于它。它能提供这个问题的答案："我在寻求理解和得出解决方法的时候有什么可以让我抓住的东西如扶手吗？"因为理性的作用在于仔细审视、反思、提供证据、寻找一致性、建设性地质疑，以及对缺乏充分依据的命题予以否定。在对"信念伦理"的辩论中，19世纪剑桥数学家和哲学家威廉·克利福德表达了这一重要原则："无论何人何地，在证据不充分的情况下相信任何东西都是一种谬误。"而上述对比的另一方不仅将在证据不充分的情况下的轻信视为美德，而且在明明有相反证据摆在眼前，仍然把相信视为美德，因为"信仰"的定义本来就是如此。

译后记

译者吴万伟曾在本书作者A.C.格雷林教授的另一本书《天才时代：17世纪的乱世与现代世界观的创立》（吴万伟、肖志清合译，北京：中信出版社2019年版）的译后记中谈及他翻译其作品的经历和感受以及对作者的介绍。为方便读者了解，这里稍作重复。格雷林教授是英国著名哲学家，2011年6月创办了学费1.8万英镑一年的高端私立大学——伦敦人文新学院。2011年之前他一直是伦敦大学哲学教授，牛津大学圣安妮学院编外研究员，著述颇丰，出版哲学著作30种，是很多学术期刊的编委，英国哲学协会"亚里士多德学会"的荣誉秘书，英国人文学者协会副主席，英国皇家文学学会会员，英国皇家艺术学会会员。他也是《卫报》《泰晤士报》专栏作家，《伦敦评论》《展望》杂志编辑，经常为《泰晤士报》《金融时报》《经济学人》《新政治家》《展望》撰稿。他相信哲学应该在社会中发挥积极和有用的角色，是英国最著名的知识分子之一，经常做客英国广播公司（BBC）3台、4台和环球服务频道。他还是达沃斯世界经济论坛前研究员、联合国人权理事会代表。

格雷林是个充满热情的思想家，他把幽默、常识和洞察力融合在一起。本书探讨的是人人都必须探索而且要不断提问和回答的人生大问题：我该如何度过人生？我该拥有什么样的价值观？我该成为什么样的人？我的人生目标是什么？作者说这些就是苏格拉底之问，但是大部分人都不提出这些问题，而只是不假思索地借用规范观点做出回答。作者用干脆利落、简练清晰、引人入胜的文笔讲述了从斯多葛派到存在主义的主要哲学理论，从哲学、历史和文学经典的角度谈论了人生哲学的根本问题，如爱情、死亡、悲痛、友谊、艺术、勇气、刚毅、智慧。讲述了古今中外的大思想家，如苏格拉底、孔子、释迦牟尼、塞涅卡、尼采、莎士比亚、弗洛伊德、乌纳穆诺、萨特、加缪、乔治·艾略特、马萨·努斯鲍姆、伯纳德·威廉姆斯等。介绍这些贤哲如何回答哲学与美好生活之间的关系，如何理解哲学就是一种生活方式，以及它是如何帮助人们在这个日趋复杂和不确定的世界生存下来的。作者指出，人人都必须亲自去思考究竟值得过的人生和有意义的人生有何差异。

作为哲学家，格雷林在2019年曾经出版过一本《哲学史》，其核心主题之一就是哲学的持久价值，遵循伯特兰·罗素的《西方哲学史》的传统，讲述了自古至今的哲学发展过程，不仅涵盖古希腊罗马哲学、中世纪学院派哲学、文艺复兴人文主义者及20世纪分析哲学和大陆哲学，而且比较研究了印度哲学、阿拉伯哲学、中国哲学和非洲哲学，还涉及洛克的政治理论、维特根斯坦的语言哲学、休谟的道德哲学、康德的认识论。格雷林长期以来一直支持哲学在公共生活中发挥重要作用，在他看来，柏拉图、亚里士多德和康德是最伟大的哲学家，不是说他们的观点都正确，而是给我们提供灵感和清晰性用以应对当今面临的问题。格雷林反对一种常见的误解，即哲学是乏味无聊、晦涩难解、让人昏昏欲睡的，哲学家的观点可能复杂，但绝不乏味无聊，他们往往卷入政治和广泛的社会活动中，因而生活往往跌宕起伏，如波爱修斯被指控卷入阴谋而被处决，伯特兰·罗素因为政治立场而两次被关进监狱等。(Daniel James Sharp, 2019) 这让我们不由得想起本书中描述的塞涅卡的传奇一生。他说理性并不像我们想象的那样是行动的主要动机，情感在我们的个人和社会生活中占据更加重要的地位，希望理性能够指导人们将情感引向世人最需要的友善、通感和兄弟情谊上面。

格雷林教授在本书中有专门一章论述死亡问题，这里，本书的两位译者提出如何度过有意义的人生的若干建议与各位读者共勉，包括注重厚重的人格特质；做出正确的选择；认真过好每一天；不要计划成功计划失败；选择让自我疲惫不堪的快乐；勿以善小而不为；尽量谦虚和幽默。

一、注重厚重的人格特质

迈克尔·科尔比在与人合著的《死亡哲学》中指出，牛津大学杰出的哲学家德里克·帕菲特（1942—2017）说，从终极来说，身份并不重要，真正重要的是我们嵌入的生物学人性的持续性，生活中的丰富细节：我们的关切、记忆、希望、计划、欲望、持续的自我意识以及让我们个体的生活值得过的那些东西——"厚重的人格特质"。（Michael Cholbi and Travis Timmerman, 2021, p.115.）

二、做出正确的选择

纽约大学哲学教授萨缪尔·谢弗的观点是，我们的道德观和它创造的时间上帝的稀缺性迫使我们确立"优先选择，依靠什么值得做，什么值得关心和选择的概念来指导我们的人生该怎么过"。致力于某个追求的意义连同伴随着的目的意识对我们来说非常重要。当作家或艺术家去世时，我们惊叹或者钦佩他们致力于"毕生的追求"的方式。当朋友整天游手好闲，没有承诺，从事看不到前途的工作，整日里喝得醉醺醺的，我们可能担忧他在浪费生命。我们不时地担忧我们该如何度过自己的人生，我们是否在生活中做出正确的选择。（Michael Cholbi and Travis Timmerman, 2021,p.148.）

三、认真过好每一天

在查拉图斯特拉看来，人们通常都没有在适当的时间死亡。相反，他们往往拖到年纪很大的时候，往往痛苦不堪，因为懦弱，因为害怕死亡。（Michael Cholbi and Travis Timmerman,2021,p.155.）哲学家马丁·海德格尔说，死亡——我们存在的终结——是焦虑的源头。我们的死亡难以避免，但并不确定。说难以避免是因为我们是肉体凡胎，当然是要死的。但是，这个必然性没有具体的日期。我们或许老年后患癌症死掉，或者出门被汽车撞死。我们是必死的生物，这一点不仅体现在人生轨迹的终点，而是在人生的每个时刻。我们最终的虚无是陪伴我们人生的常客。(Ibid., p.157.) 我们怎么办？无论如何，我们不是神仙，最好询问如何度过剩余的日子，如何让人生过得有意义。虽然承认当下的宝贵和稍纵即逝，同时我们要通过参与其中的工程以理解未来的脆弱性。我们必须成为既不会为了将来放弃当下的人，也不会为了当下放弃将来的人。(Ibid.,p.160.)

四、不要计划成功计划失败

放弃成功欲望，反而选择失败，我们将能够自由地从事任何困难和有风险的工程，或者出于不同的理由做事。如果我不需要成功，我就有接受不同理由的开放性，没有成功压力的行为选择在我看来是更好的主意，能够克服各种困难寻找自己的金矿。伊丽莎白·吉尔伯特和布勒内·布罗尔说"不要计划成功计划失败"。"如果你知道你可能会失败，你该怎么办？""如果你知道你可能要失败，仍然值得做的事是什么？"与失败舒服地相处能够把我们解放出来，去追求艰苦的和有价值的事业。(Mariana Alessandri, 2017, pp.35—37.)

五、选择让自我疲惫不堪的快乐

阿图尔·加万德在其《纽约时报》畅销书《凡人终有一死》中说:"在人类看来,人生之所以有意义就是因为它有个故事。故事就有整体感,在故事中,最终结尾很重要。"(Michael Cholbi, 2016, p.158.)福里斯特有个最简单的故事:"国王死了,接着王后也悲痛而亡。"(Ibid.,p.173.)菲舍尔区分了两种快乐,"可重复的快乐",如看自己喜欢的电影或者做爱,另一种是"让自我疲惫不堪的快乐",比如南极探险或者完成博士论文。(Ibid.,p.209.)如果时间充裕,重复多次,甚至最快乐和最愉快的活动也会失去光彩,让永生成为我们希望避免的没完没了的无聊命运。相反,让永生变得栩栩如生,引人入胜的唯一方式是我们在习性方面的巨大变化——我们的价值观、兴趣、偏爱等——变成和我们完全不同的人。(Ibid., p.221.)

六、勿以善小而不为

书中多次提及的纳粹大屠杀幸存者维克多·弗兰克尔在《活出生命的意义》中说,拥有生活意义的人在面对饥饿、疾病、疲惫和集中营的恶劣生活中更容易活下来。"天使迷失在无限荣耀的永久诱惑之中。"停下脚步给报贩问声好,给干活的人搭把手,帮人健身,当个好家长,夜晚坐在满天星斗下面冥想,和朋友一起祈祷,开办一个咖啡馆让路人歇歇脚,认真聆听亲人的故事,种花种草。所有这些都很寻常普通,但综合起来就能让世界丰富多彩。(Emily

Esfahani Smith, 2017.)

七、尽量谦逊和幽默

芝加哥大学法学和哲学教授马萨·努斯鲍姆、芝加哥大学法律学院教务长索尔·莱夫莫尔合写的一本书《衰老至死》，探讨了人生最后阶段面临的很多挑战如无聊、失望、焦虑等。(Martha C. Nussbaum, and Saul Levmore, 2017, Introduction.) 马萨注意到婴儿潮一代人大胆地抗拒老年以后他们对肉体的厌恶和羞耻感。老人应该具有的特征是谦逊和幽默感。(Ibid., Aging and Control in King Lear.) 马萨·努斯鲍姆使用"基本厌恶"指老年人对肉体的厌恶和羞耻，那是对衰弱和死亡相关内容的排斥，我们拒绝成为动物衰老和脆弱性的成员，拒绝接受日益衰老的动物性。还有"投射性厌恶"，人们在自己和自己的动物性之间创建缓冲带，通过辨认出一个群体（通常是弱势的少数群体），将其视为准动物，把各种动物性特征投射到这个群体身上，如难闻的气味、动物一样的性欲等。皱纹、松松垮垮的皮肤以及衰老的其他迹象在很多文化中都普遍存在。随着年龄的增长，出现了自我妖魔化、自我排斥，日益衰老的肉体被视为衰败和死亡的所在。(Ibid., Our Bodies, Our Selves.) 她说，人类肉体是一条时间之河，不是理想的美学形式。首先，人们要关注对方真实的身体而不是理想化的肉体形式。(Ibid., Lies of Richard Strauss, Truth of Shakespeare.) 相互依赖是人类生活的典型特征，尊重和学会相互依赖，人们能够随着年龄的增长准备好更多地依赖他人。其次，老年人需要注意情感上的自我控制。诚实并不意味着随意发泄自己的恐惧、恼怒和牢骚。最后，竭力想象亲人的视角，利他主义总是巨大的挑战，因为人是自私的动物，意识到这个风险，竭力避免，尽力做到优雅、幽默、谦逊。（Ibid., Aging and Altruism）

就在本书即将完成之时，译者吴万伟碰巧读到克莱尔·卡莱尔在《国家》杂志上为克尔凯郭尔的《致死的疾病》新译本所写的书评，他曾试图翻译其《心灵哲学家：索伦·克尔凯郭尔焦躁不安的一生》而没有成功，卡莱尔在文章中说，索伦·克尔凯郭尔是现代压力学说的创始人。他说："我们丧失自我的最大风险是悄然发生的，似乎啥事也没有。而其他的丧失如丢掉一条胳膊、一条腿或者丢失5美元，或者丧失配偶都清晰可见。"他对绝望的分析基于人和自我的区分。他解释说，人是"有限与无限，暂时与永恒，自由与必然"的矛盾的综合体，但这不是自我，要成为自我，作为关系集合体的人需要建立起一种与自身的关系，需要意识和欲望，这就意味着意识到自我和渴望成为自我。太多的必然性，我们丧失所有想象力和希望，我们无法呼吸；太多的可能性，我们在生活的天空中漂浮；太多的有限性，我们迷失在鸡毛蒜皮的琐事中；太多的无限性，我们丧失与世界的联系。因为人生很少是平衡的，绝望也就成为必然，但是在克尔凯郭尔看来，意识到这一点帮助我们打开一种新的视角，如何生活在这种必然性中。人生不易。（Clare Carlisle, 2023）

在世界更加动荡的当下，我们不妨回顾一下格雷林在2018年出版的《战争探索》（*War: An Enquiry*）一书。格雷林并不赞成战争

译后记

是人类天性的观点，他认为战争是文化的产物，是社会的政治经济和文化安排的结果。我们仍然应该保留希望，相信文明有摆脱战争的潜能。格雷林觉得当今的主要挑战是传统军事力量如何适当处理非对称战争。"消除战争的工作需要比冲上战场更多的决心、勇气和坚定不移，这才是人类表现出的真正的英雄主义。"（Chad Trainer, 2019）格雷林的话语将持续激励我们不断提出人生的各种问题，更深入地思考，并用行动做出回答。

本书是吴万伟和崔家军合作翻译的成果。吴负责前半部分，即第一章至第八章及第十五章的初译，崔负责后半部分，即第九章至第十四章的初译，两人相互修改对方的译稿之后，由吴负责最后的审校修改。鉴于译者知识水平和中英文功底有限，书中差错在所难免，我们恳请读者不吝指教。

本书出版之际，译者要感谢东方巴别塔（北京）文化传媒有限公司刘洋先生的信任和支持。感谢译者所在工作单位 2023 级硕士生尹文博、牛琪、张邦、欧阳明珠、罗宜昊等同学提供的帮助。

译者

2024 年 6 月于武汉青山

参考文献

Alessandri, Mariana. The freedom to fail, *The Search for Personal Utopia* Womankind, May, 31, 2017 pp.35–37.

Bennett, Andrew. Suicide century: *literature and suicide from James Joyce to David Foster Wallace*, Cambridge: Cambridge University Press, 2017.

Carlisle, Clare. A Cursed Blessing, the Nation, December 11/18, 2023issue https://www.thenation.com/article/culture/kierkegaard-sickness-unto-death/

Cholbi, Michael. *Immortality and the philosophy of death*. London: Rowman & Littlefield International Ltd, 2016.

Cholbi, Michael and Travis Timmerman, *Exploring the Philosophy of Death and Dying: Classical and Contemporary Perspectives*, New York: Routledge, 2021.

Nussbaum, Martha C. and Saul Levmore, *Aging Thoughtfully: Conversations about Retirement, Romance, Wrinkles, and Regret*, New York: Oxford University Press, 2017.

Sharp, Daniel James. A. C. Grayling's *The History of Philosophy*. Book Review 02/07/2019 A.C. Grayling's *The History of Philosophy*. Book Review -Areo (areomagazine.com)

Smith, Emily Esfahani, *The power of Meaning : crafting a life that matters*, New York : Crown, 2017.

Trainer, Chad. Review of *War: An Enquiry*, by A.C. Grayling, 2019. *War: An Enquiry* by A.C. Grayling (Issue 130) Philosophy Now.

内容简介

在面临生活的不确定时，你是否会想：我要怎样度过我的一生？我要成为什么样的人？怎么活才算有价值？我到底想要什么？很多人接受了外界，如父母、学校、朋友、电视、社交媒体关于人生的观念，并不自觉地按照这些观念生活，从而束缚了自己的人生。其实，你可以做一个积极的选择者，你可以选择自己的人生。

本书回顾了哲学作品和文学作品中，从斯多葛主义哲学到存在主义哲学对生活哲学的讨论，比如成功与失败、幸福与悲痛、死亡与爱情、善与恶、是与非、勇气与仁爱、人生的必然挑战和终极意义等重大问题，激励我们思考什么样的人生才是真正值得过的，怎么样才能掌握自己的命运。

作者从诸多思想家的人生经验和著作中旁征博引，既包括苏格拉底、孔子、帕斯卡、尼采、罗素、萨特、加缪等诸多哲学家，也包括莎士比亚、伏尔泰、司汤达、毛姆等诸多文学家，总结不同时代、世界各大文明体系的智慧，提出在复杂的当代世界中如何为人的指引。

作者简介

[英] A. C. 格雷林（A. C. Grayling），英国哲学家、私立大学"新人文学院"院长、英国人文主义协会副会长，皇家艺术学会和皇家文学学会成员。他出版了《企鹅哲学史》《天才时代》等 30 余部著作，广泛论及哲学、伦理学、美学、历史、戏剧等。他经常为《观察家》《星期日泰晤士报》《经济学人》等媒体撰稿，并参与 BBC（英国广播公司）等媒体的节目。格雷林于 2015 年获得伯特兰·罗素奖，2017 年获颁大英帝国司令勋章（CBE）。

译者简介

吴万伟，武汉科技大学外语学院教授，翻译研究所所长。已出版的翻译作品主要有：《中国新儒家》《分配正义简史》《儒家民主：杜威式重建》《贤能政治》《圣境：宋明理学的当代意义》《生死之间：哲学家实践理念的故事》《哲学的价值》《自然道德》《有思想的生活》等。

崔家军，2006 年毕业于湖北大学外国语学院，获教育学硕士学位，现任教于武汉科技大学外国语学院。研究方向：语言习得、翻译理论与实践。

# 良好生活的哲学：
为不确定的人生找到确定的力量

Philosophy and Life: Exploring the Great Questions of How to Live

［英］A. C. 格雷林（A. C. Grayling）

深读书系

就这样，斯拉沃热成了齐泽克：一位声名鹊起的知识分子的社会学考察
How Slavoj Became Žižek: The Digital Making of a Public Intellectual
［以］埃利兰·巴莱尔 著

个体化社会
The Individualized Society
［英］齐格蒙特·鲍曼 著

男性气质
Masculinities
［澳］R. W. 康奈尔 著

后现代主义：晚期资本主义的文化逻辑
Postmodernism, or, The Cultural Logic of Late Capitalism
［美］弗雷德里克·詹姆逊 著